普通高等教育规划教材

高等数学 上册

侯方博　张书欣　主编
叶海江　主审

Advanced
Mathematics

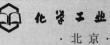化学工业出版社
·北京·

内 容 简 介

《高等数学》以应用型人才培养为出发点，围绕应用性、系统性展开编撰，上册主要内容包括函数与极限、一元函数微分学、一元函数积分学、微分方程、向量代数与空间解析几何等。同时各章配有知识、能力、素质小结及按认知目标分级划分的章节目标测试，有利于学生的学，并可辅助于教师的教。

本书可作为高等院校农林、理工、医药、食品、生物、经管类等专业的高等数学教材，也可作为其他院校相关课程的教材或参考书，还可作为工程技术人员、科技工作者的参考书。

图书在版编目（CIP）数据

高等数学. 上册/侯方博，张书欣主编. —北京：化学工业出版社，2021.10 （2024.8重印）
普通高等教育规划教材
ISBN 978-7-122-39656-3

Ⅰ.①高… Ⅱ.①侯… ②张… Ⅲ.①高等数学-高等学校-教材 Ⅳ.①O13

中国版本图书馆 CIP 数据核字（2021）第 152558 号

责任编辑：旷英姿　邢启壮
责任校对：李雨晴　　　　　　　　　　装帧设计：王晓宇

出版发行：化学工业出版社（北京市东城区青年湖南街 13 号　邮政编码 100011）
印　　装：河北延风印务有限公司
787mm×1092mm　1/16　印张 15　字数 369 千字　2024 年 8 月北京第 1 版第 4 次印刷

购书咨询：010-64518888　　　　　　　售后服务：010-64518899
网　　址：http://www.cip.com.cn
凡购买本书，如有缺损质量问题，本社销售中心负责调换。

定　　价：39.80 元　　　　　　　　　　　　　　　版权所有　违者必究

  本书是吉林省高等教育教学改革研究课题《大学数学课程思政的育人内涵研究与实践》的主要成果之一，是项目组在多年应用型本科数学教学改革与实践的基础上，运用集体智慧通力合作的结晶。

  高等数学是高等学校理工、农林、医药、经管各学科的基础课程，它向学生阐述重要的数学思想、理论及其应用，培养学生的数学思维能力和逻辑思维能力，提高学生的数学素养，为他们进一步学习本专业后续课程打下一定基础。

  本书在编写中注意贯彻"加强基础、注重应用、增加弹性、兼顾体系"的原则。编写中紧密结合高等教育背景下应用型本科院校生源的实际，注重理论联系实际、深入浅出、删繁就简、重点突出、难点分散并兼顾数学文化素养的培养；着重讲清问题的思路和方法的应用，变严格的理论证明为通俗的语言描述说明，降低理论难度，强化实际运用，使教材具有易教、易自学的特点。本教材体现了以下特点：

  一是兼顾与中学数学的过渡与衔接。由于高考大纲和中学教材体系的调整，学生在中学阶段没有学习反三角函数和极坐标内容，本教材及时做了补充。

  二是注重数学思想方法的渗透，注重数学在各方面的应用。不过于强调理论上的推导，淡化繁杂的数学计算，同时追求科学性与实用性的双重目标，以利于应用型本科院校学生掌握数学的基本思想与方法，提高科学素质，增强运用数学来分析和解决实际问题的能力。

  三是适合于应用型本科院校的不同专业、不同学时高等数学课程的教学使用。应用型本科院校基本上都是多学科型院校，如果不同专业选择不同类别的教材，会给教师教学带来诸多不便。然而，纵观理工类、经济类、农林类等高等数学教材，内容体系大体相同，主要是应用部分的案例不同。本教材依据上述需求，将各种应用基本全部列出，供不同专业、不同学时的课程使用时选择。

  四是各章节配有知识、能力、素质小结及按认知等级划分的目标测试，有助于学习者展开学习、总结和目标达成训练。为明确各章节知识内容、能力训练及素质目标，编写组根据布鲁姆认知目标的分级，设计了目标测试，有助于教师的教、学生的学。

  五是兼顾了数学文化素养的培养。编写组设计编写了"数学文化拓展"内容，为学习者提供了数学文化、数学史方面的知识，拓展其认知并丰富其感官认识，培养学习者的数学文化素养。

  本书由侯方博、张书欣主编，马辉、国冰副主编。具体编写分工如下：第一、四章由马辉编写，第二章由国冰编写，第三章由侯方博编写，第五章由张书欣编写。全书由侯方博策划与统稿，叶海江主审。

本书内容丰富，应用背景广泛，为应用型本科院校不同专业的教学提供了充分的选择余地，对超出"教学基本要求"的部分标 * 号注明，在教学实际中可视情况选用，教学时数亦可灵活安排。化学工业出版社以一贯严谨的科学态度和高度的责任心对书稿严格把关，并确保印刷质量，力求把精品教材呈献给广大师生，教材编写组对此表示由衷的谢意！

由于编写时间仓促，书中有不妥之处在所难免，敬请广大读者和同行多提宝贵意见，以便不断完善。

编者

2021 年 6 月

目录

第一章
函数与极限

初等数学的研究对象基本上是不变的量，高等数学则以变量为研究对象．本教材主要研究初等函数的性态．所谓函数关系就是变量之间的关系，引入初等函数概念后，重点研究极限理论，极限理论是研究变量的一种基本方法，我们运用极限理论进一步去研究导数、积分等，它是微积分的基础．本章主要介绍集合、变量、函数等基本概念，以及极限、函数连续的概念和它们的一些性质．

第一节　函数

一、集合与区间

1. 集合

定义 1　一般地，把具有某种性质的对象的全体称为**集合**．其中的对象称为集合的**元素**．通常用大写英文字母表示集合，而用小写英文字母表示集合的元素．

若元素 a 是集合 A 的元素，则记为 $a \in A$，读作 a 属于 A；若元素 a 不是集合 A 的元素，则记为 $a \notin A$，读作 a 不属于 A．

定义 2　由有限个元素构成的集合称为**有限集**；由无限个元素构成的集合称为**无限集**；不含任何元素的集合称为**空集**．

集合的表示法有两种：

列举法　是把集合的所有元素一一列出来，写在一个花括号内．例如，方程 $x^2-1=0$ 的解集可以表示为 $S=\{-1,1\}$．

描述法　若集合 A 是由具有某种性质 P 的元素 x 的全体所构成，就可表示成 $A=\{x \mid x$ 具有性质 $P\}$．例如，方程 $x^2-1=0$ 的解集也可以表示为 $S=\{x \mid x^2-1=0\}$．

习惯上，我们用 **N** 表示自然数集，用 **Z** 表示整数集，用 **Q** 表示有理数集，用 **R** 表示实数集．

下面我们定义集合之间的关系：

定义 3　设 A，B 是两个集合，如果集合 A 的元素都是集合 B 的元素，则称 A 是 B 的**子集**，记作 $A \subset B$（读作 A 包含于 B）或 $B \supset A$（读作 B 包含 A）．如果集合 A 与集合 B 互为子集，即 $A \subset B$ 且 $B \subset A$，则称集合 A 与集合 B **相等**，记作 $A=B$．

集合的基本运算有以下几种：并、交、差．

定义 4　设 A、B 是两个集合，由所有属于 A 或者属于 B 的元素组成的集合，称为 A 与 B 的**并集**（简称**并**），记作 $A \cup B$，即 $A \cup B=\{x \mid x \in A$ 或 $x \in B\}$；设 A、B 是两个集

合，由所有属于 A 又属于 B 的元素组成的集合，称为 A 与 B 的**交集**（简称**交**），记作 $A\bigcap B$，即 $A\bigcap B=\{x\,|\,x\in A$ 且 $x\in B\}$；设 A、B 是两个集合，由所有属于 A 又不属于 B 的元素组成的集合，称为 A 与 B 的**差集**（简称**差**），记作 $A-B$，即 $A-B=\{x\,|\,x\in A$ 且 $x\notin B\}$.

由所研究的所有对象构成的集合称为**全集**，记为 I. 称 $I-A$ 为 A 的**余集**或**补集**，记为 $\overline{A}$.

2. 区间和邻域

区间是用得较多的一类数集. 设 a 和 b 都是实数，且 $a<b$.

定义 5 $(a,b)=\{x\,|\,a<x<b\}$ 称为**开区间**；$[a,b]=\{x\,|\,a\leqslant x\leqslant b\}$ 称为**闭区间**；$[a,b)=\{x\,|\,a\leqslant x<b\}$ 和 $(a,b]=\{x\,|\,a<x\leqslant b\}$ 称为**半开区间**. 它们都是**有限区间**，数 $b-a$ 称为**这些区间的长度**. 此外还有**无限区间**，引进记号 $+\infty$（读作正无穷大）或 $-\infty$（读作负无穷大），则 $[a,+\infty)=\{x\,|\,x\geqslant a\}$ 和 $(-\infty,b)=\{x\,|\,x<b\}$ 都是无限区间.

邻域也是一个经常用到的概念.

定义 6 以点 a 为中心的任何开区间称为点 a 的**邻域**，记作 $U(a)$. 设 δ 是任一正数，则开区间 $(a-\delta,a+\delta)$ 就是点 a 的一个邻域，这个邻域称为点 a 的 **δ 邻域**，记作 $U(a,\delta)$，即 $U(a,\delta)=\{x\,|\,a-\delta<x<a+\delta\}$. 点 a 称为**邻域的中心**，δ 称为**邻域的半径**. 若把邻域 $U(a,\delta)$ 的中心去掉，所得到的邻域称为点 a 的**去心 δ 邻域**，记作 $\mathring{U}(a,\delta)$，即 $\mathring{U}(a,\delta)=\{0<|x-a|<\delta\}$.

二、函数的概念

先给出映射的定义.

定义 7 设 X，Y 是两个非空集合，如果存在一个法则 f，使得对 X 中每个元素 x，按法则 f，在 Y 中有唯一确定的元素 y 与之对应，则称 f 为从 X 到 Y **映射**，记作 $f:X\rightarrow Y$，其中 y 称为元素 x 的像，并记作 $f(x)$，即 $y=f(x)$.

当映射定义在实数集上时，给出函数的概念.

定义 8 设数集 $D\subset R$，则称映射 $f:D\rightarrow R$ 为定义在 D 上的**函数**，通常记为

$$y=f(x),x\in D,$$

其中 x 称为**自变量**，y 称为**因变量**，D 称为**定义域**.

函数定义中，对于每个 $x\in D$，按对应法则 f，总有唯一确定的值 y 与之对应，这个值称为函数 f 在 x 处的函数值，记作 $f(x)$，即 $y=f(x)$. 函数值 $f(x)$ 的全体所构成的集合称为函数 f 的**值域**，记作 R.

表示函数的记号是可以任意选取的，除了常用的 f 外，还可用其他的字母，例如"φ""F"等，这时函数就记作 $y=\varphi(x)$，$y=F(x)$ 等.

值得注意的是，在函数定义中，并不要求在整个定义域上只能用一个表达式来表示对应法则，我们把在不同的定义区间上用不同的表达式来表示对应法则的函数称为**分段表示的函数**，简称为**分段函数**.

以下是几个分段函数的例子.

例 1 绝对值函数

$$y = |x| = \begin{cases} x & x \geqslant 0 \\ -x & x < 0 \end{cases}$$

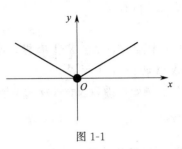

的定义域 $D = (-\infty, +\infty)$，值域 $R = [0, +\infty)$. 如图 1-1 所示.

例 2 符号函数 $y = \operatorname{sgn} x = \begin{cases} 1 & x > 0 \\ 0 & x = 0 \\ -1 & x < 0 \end{cases}$ 的定义域 $D =$

图 1-1

$(-\infty, +\infty)$，值域 $R = \{-1, 0, 1\}$. 如图 1-2 所示.

例 3 取整函数 $y = [x]$，其中 $[x]$ 表示不超过 x 的最大整数. 如图 1-3 所示. 例如，$[\pi] = 3$、$[-2.3] = -3$.

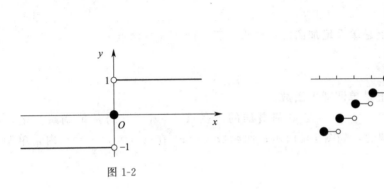

图 1-2   图 1-3

例 4 狄利克雷函数

$$y = D(x) = \begin{cases} 1, & 当 \ x \ 是有理数时 \\ 0, & 当 \ x \ 是无理数时 \end{cases}$$

的定义域 $D = (-\infty, +\infty)$，值域 $R = \{0, 1\}$.

例 5 设 $f(x) = \begin{cases} x^2, & x \leqslant 0 \\ x^2 + x, & x > 0 \end{cases}$，求 $f(-x)$.

解 作变换 $x = -t$，则有 $f(-t) = \begin{cases} (-t)^2, & t \geqslant 0 \\ (-t)^2 + (-t), & t < 0 \end{cases}$，$f(-t) = \begin{cases} t^2, & t \geqslant 0 \\ t^2 - t, & t < 0 \end{cases}$，

故 $f(-x) = \begin{cases} x^2, & x \geqslant 0, \\ x^2 - x, & x < 0. \end{cases}$

例 6 求函数 $y = \sqrt{x-2} + \dfrac{1}{x-3} + \ln(5-x)$ 的定义域.

解 在实数范围内，当 $x - 2 \geqslant 0$ 时，$\sqrt{x-2}$ 有意义；当 $x \neq 3$ 时，$\dfrac{1}{x-3}$ 有意义；当 $5 - x > 0$ 时，$\ln(5-x)$ 有意义. 因此，所给函数的定义域必须同时满足 $x \geqslant 2$，$x \neq 3$，$x < 5$. 解之得到定义域

$$D = \{x \mid 2 \leqslant x < 5, 且 \ x \neq 3, x \in \mathbf{R}\} = [2, 3) \cup (3, 5).$$

三、函数的几种特性

1. 函数的有界性

定义 9 设函数 $f(x)$ 的定义域为 D，数集 $X \subset D$，若存在一个正数 M，使得对一切 x

$\in X$，恒有
$$|f(x)| \leqslant M,$$
则称函数 $f(x)$ 在 X 上**有界**，或称 $f(x)$ 是 X 上的**有界函数**．若这样的 M 不存在，则称函数 $f(x)$ 在 X 上**无界**．

例如，函数 $y=\sin x$ 在 $(-\infty,+\infty)$ 内有界，因为对任何实数 x，恒有 $|\sin x| \leqslant 1$；函数 $y=\dfrac{1}{x}$ 在 $(0，1)$ 上无界．

2. 函数的单调性

定义 10 设函数 $f(x)$ 的定义域为 D，区间 $I \subset D$，如果对于区间 I 任意两点 x_1 及 x_2，当 $x_1 < x_2$ 时，恒有
$$f(x_1) < f(x_2),$$
则称函数 $f(x)$ 在区间 I 上是**单调增加函数**；如果对于区间 I 任意两点 x_1 及 x_2，当 $x_1 < x_2$ 时，恒有
$$f(x_1) > f(x_2),$$
则称函数 $f(x)$ 在区间 I 上是**单调减少函数**．

例如，$y=x^2$ 在 $[0，+\infty)$ 内是单调增加的，在 $(-\infty，0]$ 内是单调减少的，在 $(-\infty，+\infty)$ 内不是单调的，如图 1-4 所示；而函数 $y=x^3$ 在 $(-\infty，+\infty)$ 内是单调增加的，如图 1-5 所示．

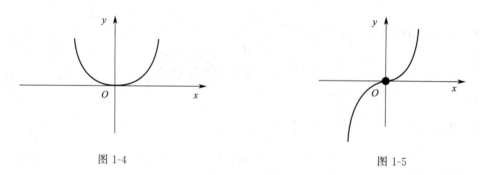

图 1-4　　　　　　　　　　　　图 1-5

3. 函数的奇偶性

定义 11 设函数 $f(x)$ 的定义域 D 关于原点对称（即若 $x \in D$，则必有 $-x \in D$）．如果对于任一 $-x \in D$，$f(-x)=f(x)$ 恒成立，则称为**偶函数**．如果对于任一 $-x \in D$，$f(-x)=-f(x)$ 恒成立，则称为**奇函数**．偶函数的图形关于 y 轴是对称的，奇函数的图形关于原点是对称的．

例如，函数 $y=\sin x$ 是奇函数；函数 $y=\cos x$ 是偶函数；函数 $y=\sin x+\cos x$ 既非奇函数也非偶函数．

4. 函数的周期性

定义 12 设函数 $f(x)$ 的定义域为 D，如果存在一个正数 T，使得对于任一 $x \in D$ 有 $(x \pm T) \in D$，且 $f(x+T)=f(x)$ 恒成立，则称 $f(x)$ 为**周期函数**，T 称为 $f(x)$ 的**周期**．通常周期函数的周期指的是**最小正周期**．

例如，函数 $\sin x，\cos x$ 都是以 2π 为最小正周期的周期函数．但并非每个周期函数都有

最小正周期.

例 7 狄利克雷函数
$$y=D(x)=\begin{cases}1,\text{当 } x \text{ 是有理数时} \\ 0,\text{当 } x \text{ 是无理数时}\end{cases},$$

容易验证这是一个周期函数，任何正有理数都是它的周期，因为不存在最小的正有理数，所以它没有最小正周期.

四、反函数

定义 13 设函数 $f:D\to f(D)$ 是单射，则它存在逆映射 $f^{-1}:f(D)\to D$，称此映射 f^{-1} 为函数 f 的**反函数**. 相对于反函数原来的函数称为**直接函数**.

按此定义，对每个 $y\in f(D)$，有唯一的 $x\in D$，使得 $f(x)=y$，于是有 $x=f^{-1}(y)$. 通常都用 x 作为自变量，y 作为因变量. 因此可记为 $y=f^{-1}(x)$.

例如，$y=x^3$，$x\in\mathbf{R}$ 是单射，所以它的反函数存在，其反函数为 $x=y^{\frac{1}{3}}$，$y\in\mathbf{R}$，记作 $y=x^{\frac{1}{3}}$，$x\in\mathbf{R}$.

函数 $y=f(x)$ 的图形与它的反函数 $y=f^{-1}(x)$ 的图形关于直线 $y=x$ 对称.

若函数 f 在 D 上是单调增加（或单调减少）的函数，则它在 D 上是一对一的函数，从而 f 在 D 上有反函数，单调增加（或单调减少）函数的反函数也是单调增加（或单调减少）的.

例如，指数函数 $y=a^x(a>0,a\neq1)$ 和它的反函数 $y=\log_a x$ 关于 $y=x$ 是对称的，且在定义域内均为单调函数.

例 8 求下列函数的反函数.

(1) $y=(x-1)^3$；(2) $y=\log_4 2+\log_4\sqrt{x}$；

(3) $y=\log_a(x+\sqrt{x^2+1})$，$a>0$ 且 $a\neq1$.

解

(1) 由 $y=(x-1)^3$ 解得 $x=1+\sqrt[3]{y}$，所以 $y=(x-1)^3$ 的反函数
$$y=1+\sqrt[3]{x},x\in\mathbf{R};$$

(2) $y=\log_4 2+\log_4\sqrt{x}=\log_4 2\sqrt{x}$，可得 $4^y=2\sqrt{x}$，$x=4^{2y-1}$，所以 $y=\log_4 2+\log_4\sqrt{x}$ 的反函数为
$$y=4^{2x-1},x\in\mathbf{R};$$

(3) $y=\log_a(x+\sqrt{x^2+1})$，可解得 $x=\frac{1}{2}(a^y-a^{-y})$，故 $y=\log_a(x+\sqrt{x^2+1})$ 的反函数为 $y=\frac{1}{2}(a^x+a^{-x})$.

五、复合函数

定义 14 设函数 $y=f(u)$ 的定义域为 D_f，函数 $u=g(x)$ 的定义域为 D_g，且其值域 $R_g\subset D_f$，则由下式确定的函数
$$y=f[g(x)],x\in D_g,$$

称为由函数 $u=g(x)$ 与函数 $y=f(u)$ 构成的**复合函数**，它的定义域为 D_g，变量 u 称为**中间变量**.

函数 g 与函数 f 构成的复合函数，即按先 g 后 f 的次序复合的函数，通常记为 $f \circ g$，即 $(f \circ g)(x)=f[g(x)]$.

例9　设函数 $f(x)=\sin x, g(x)=x^2$，求 $f \circ g$ 与 $g \circ f$.

解　$f \circ g=f[g(x)]=f(x^2)=\sin(x^2)$，$x \in \mathbf{R}$.

$\qquad g \circ f=g[f(x)]=g(\sin x)=\sin^2 x, x \in \mathbf{R}$.

例10　确定 $y=\mathrm{e}^{\arcsin^2 x}$ 是由哪些函数复合而成的.

由 $y=\mathrm{e}^u, u=v^2, v=\arcsin x$ 复合而成，u, v 为中间变量.

六、初等函数

在初等数学中已经讲过下面几类函数：

幂函数：$y=x^\mu (\mu \in \mathbf{R}$ 是常数$)$；

指数函数：$y=a^x (a>0$ 且 $a \neq 1)$；

对数函数：$y=\log_a x (a>0$ 且 $a \neq 1)$；

三角函数：如 $y=\sin x$，$y=\cos x$，$y=\tan x$，$y=\cot x$ 等；

反三角函数：如 $y=\arcsin x$，$y=\arccos x$，$y=\arctan x$，$y=\mathrm{arccot} x$ 等.

以上这五类函数统称为**基本初等函数**. 基本初等函数的定义域、图像、三角公式等，同学们课后自行查阅，这里不再赘述.

由常数和基本初等函数经过有限次的四则运算和有限次的函数复合步骤所构成并可用一个式子表示的函数，称为**初等函数**. 例如

$$y=\sqrt{1-x^2}, y=\sin^2 x, y=\sqrt{\cot \frac{x}{2}}$$

等都是初等函数. 在本课程中所讨论的函数绝大多数都是初等函数. 在工程技术中常用到下面的初等函数.

定义15　下面几个函数统称为**双曲函数**.

双曲正弦函数：$\mathrm{sh} x=\dfrac{\mathrm{e}^x-\mathrm{e}^{-x}}{2}$，$x \in \mathbf{R}$；

双曲余弦函数：$\mathrm{ch} x=\dfrac{\mathrm{e}^x+\mathrm{e}^{-x}}{2}$，$x \in \mathbf{R}$；

双曲正切函数：$\mathrm{th} x=\dfrac{\mathrm{e}^x-\mathrm{e}^{-x}}{\mathrm{e}^x+\mathrm{e}^{-x}}$，$x \in \mathbf{R}$；

双曲余切函数：$\mathrm{cth} x=\dfrac{\mathrm{e}^x+\mathrm{e}^{-x}}{\mathrm{e}^x-\mathrm{e}^{-x}}$，$x \in \mathbf{R}$.

函数 $\mathrm{sh} x$，$\mathrm{th} x$，$\mathrm{cth} x$ 是奇函数，函数 $\mathrm{ch} x$ 是偶函数.

双曲函数有类似于三角函数的关系式. 例如：

$$\mathrm{sh}(x+y)=\mathrm{sh} x \mathrm{ch} y+\mathrm{ch} x \mathrm{sh} y,$$
$$\mathrm{sh}(x-y)=\mathrm{sh} x \mathrm{ch} y-\mathrm{ch} x \mathrm{sh} y,$$
$$\mathrm{ch}(x+y)=\mathrm{ch} x \mathrm{ch} y+\mathrm{sh} x \mathrm{sh} y,$$
$$\mathrm{ch}(x-y)=\mathrm{ch} x \mathrm{ch} y-\mathrm{sh} x \mathrm{sh} y,$$

$$\text{sh}2x = 2\text{sh}x\,\text{ch}x,$$
$$\text{ch}2x = \text{ch}^2 x + \text{sh}^2 x,$$
$$\text{ch}^2 x - \text{sh}^2 x = 1.$$

七*、经济学中常用的函数

1. 需求函数和供给函数

定义 16　一种商品的市场需求量 D 与该商品的价格 p 密切相关，则
$$D = f(p),$$

称为**需求函数**.

一般地，需求量随价格上涨而减少. 因此，需求量 D 是价格 p 的单调减少函数.

在企业管理和经济学中常见的需求函数如下：

(1) 线性需求函数：$D = a - bp$，其中 $b \geqslant 0$，$a \geqslant 0$ 均为常数；

(2) 二次曲线需求函数：$D = a - bp - cp^2$，其中 $a \geqslant 0$，$b \geqslant 0$，$c \geqslant 0$ 均为常数；

(3) 指数需求函数：$D = A e^{-bp}$，其中 $b \geqslant 0$，$A \geqslant 0$ 均为常数.

定义 17　一种商品的市场供给量 Q 与该商品的价格 p 密切相关，则
$$Q = f(p),$$

称为**供给函数**.

一般地，商品供给量随商品价格上涨而增加，因此，供给量 Q 是价格 p 的单调增加函数. 常见的供给函数有线性供给函数、二次曲线供给函数、指数供给函数等.

2. 成本函数

从事生产，就需要有投入，例如需要有场地、机器设备、劳动力、能源、原材料等. 这些从事生产所需要的投入，就是成本. 在成本投入中大体可分为两大部分：其一是在短时间内不发生变化或不明显地随产品数量增加而变化的，如厂房、设备，称为**固定成本**；其二是随产品数量的变化而直接变化的部分，如原材料、能源等，称为**可变成本**，生产 x 个单位的产品时某种商品的可变成本与固定成本之和，称为**总成本**.

常见的总成本函数有线性成本函数、二次成本函数、三次成本函数等.

只给出总成本函数不足以说明企业生产情况的好坏，通常用生产 x 个单位产品时的**平均成本**，亦即生产 x 个产品时，单位产品的成本为

$\overline{C}(x) = C(x)/x$，其中 $C(x)$ 为总成本.

3. 收益函数和利润函数

收益是指商品售出后生产者获得的收入，常见的收益函数有总收益函数和平均收益函数.

定义 18　**总收益**是销售者售出一定数量商品所得的全部收入，常用 R 表示. **平均收益函数**是售出一定数量商品时，平均每售出一个单位商品的收入，也就是销售一定数量商品时的单位商品的销售价格，常用 $\overline{R}$ 表示.

设 p 为商品的价格，q 为商品量（一般地，这个 q 对销售者来说就是销售的商品量，对消费者来说就是需求量），于是有

$$R = R(q) = qp(q), \quad \overline{R} = \frac{R(q)}{q} = p(q).$$

定义 19　生产一定数量的产品的总收入与总成本之差就是它的**总利润**.

若生产 x 个单位的产品,则总利润为

$$L(x) = R(x) - C(x).$$

平均利润为

$$\overline{L} = \overline{L}(x) = \frac{L(x)}{x}.$$

例 11　某厂生产某种商品的最高日产量为 100t,固定成本为 130 万元,每生产 1t,成本增加 6 万元. 试求该厂日产量的总成本函数和平均成本函数.

解　设日产量为 x(单位:t)总成本函数为 $C(x)$(单位:万元),则依题设有

$$C(x) = 130 + 6x, x \in [0, 100],$$

而平均成本函数为

$$\overline{C}(x) = 6 + \frac{130}{x}, x \in (0, 100].$$

例 12　设生产某种商品 x 件时的总成本为 $C(x) = 20 + 2x + 0.5x^2$(单位:万元). 若每售出一件该商品的收入是 20 万元,求生产 20 件商品时的总利润和平均利润.

解　由题意该商品的价格 $p = 20$(万元),故售出 x 件商品的总收入函数为

$$R(x) = px = 20x.$$

因此,$L(x) = R(x) - C(x) = 20x - (20 + 2x + 0.5x^2) = -20 + 18x - 0.5x^2.$

当 $x = 20$ 时,总利润为 $L(20) = (-20 + 18x - 0.5x^2)|_{x=20} = 140$(万元),

平均利润 $\overline{L}(20) = \frac{L(20)}{20} = \frac{140}{20} = 7$(万元).

习题 1-1

1. 求下列函数的定义域.

(1) $y = \sqrt{3x+2}$;　　　　(2) $y = \ln(x+1)$;

(3) $y = \arcsin(x-3)$;　　(4) $y = \frac{1}{x} - \sqrt{1-x^2}$.

2. 设 $f(x) = \begin{cases} 1+x, & -\infty < x \leqslant 0, \\ 2^x, & 0 < x < +\infty. \end{cases}$ 求 $f(-2)$,$f(1)$,$f(0)$.

3. 设 $f(x) = \frac{1}{1-x}$,求 $f[f(x)]$.

4. 试证下列函数在指定区间内的单调性:

(1) $y = \frac{x}{1-x}$,$(-\infty, 1)$;(2) $y = x + \ln x$,$(0, +\infty)$.

5. 下列函数中哪些是偶函数,哪些是奇函数,哪些既非奇函数也非偶函数?

(1) $y = \sin x + \cos x - 1$;(2) $y = \ln(x + \sqrt{x^2+1})$;

(3) $y = x\cos x$;　　　　　(4) $y = \frac{e^x + 1}{e^x - 1}$.

6. 下列函数中哪些是周期函数?对于周期函数,指出其周期.

(1) $y = \sin^2 x$;(2) $y = 1 + \tan x$;(3) $y = \cos 4x$.

7. 求下列函数的反函数：

(1) $y = \sqrt[3]{x+1}$；(2) $y = 1 + \ln(x+2)$；(3) $y = \dfrac{1-x}{1+x}$.

8. 在下列各题中，求由所给函数构成的复合函数：

(1) $y = \sin u$，$u = 2x$；(2) $y = \sqrt{u}$，$u = 1 + x^2$；

(3) $y = e^u$，$u = x^2$；(4) $y = u^2$，$u = e^x$.

9. 设 $f(x)$ 的定义域为 $D = [0, 1]$，求下列函数的定义域：

(1) $y = f(\sin x)$；(2) $y = f(x^2)$.

10. 收音机每台售价为 90 元，成本为 60 元．厂方为鼓励销售商大量采购，决定凡是订购量超过 100 台以上的，每多订购 1 台，售价就降低 1 分，但最低价为每台 75 元．

（1）将每台的实际售价 p 表示为订购量 x 的函数；

（2）将厂方所获的利润 P 表示成订购量 x 的函数．

11. 某厂生产某种产品，销售量在 100 件以内时，每件价格为 150 元；超过 100 件到 200 件的部分按九折出售；超过 200 件的部分按八五折出售．试求该产品的总收入函数．

第二节　极限的概念

因为很多实际问题的精确解仅仅通过有限次的算术运算是求不出来的，极限的概念就此产生．例如，我国古代数学家刘徽利用圆内接正多边形来推算圆面积的方法——割圆术，就是极限思想在几何学上的应用．

一、数列的极限

首先给出数列的定义：

定义 1　如果按照某一法则，对每个 $n \in \mathbf{N}$，对应着一个确定的实数 x_n，这些实数 x_n 按照下标 n 从小到大排列得到的一个序列

$$x_1, x_2, x_3, \cdots, x_n, \cdots$$

就叫做**数列**，简记为数列 $\{x_n\}$．

数列中的每一个数叫做数列的**项**，第 n 项 x_n 叫做数列的**一般项**．例如：

$$\frac{1}{2}, \frac{2}{3}, \frac{3}{4}, \cdots, \frac{n}{n+1}, \cdots$$

$$\frac{1}{2}, \frac{1}{4}, \frac{1}{8}, \cdots, \frac{1}{2^n}, \cdots$$

$$1, -1, 1, \cdots, (-1)^{n+1}, \cdots$$

$$2, 4, 8, \cdots, 2^n, \cdots$$

都是数列的例子，它们的一般项分别为

$$\frac{n}{n+1}, \frac{1}{2^n}, (-1)^{n+1}, 2^n.$$

注　数列 $\{x_n\}$ 可看作自变量为正整数 n 的函数 $x_n = f(n)$，$n \in \mathbf{N}$．当自变量 n 依次取 1，2，3，$\cdots$ 一切正整数时，对应的函数值就排列成数列 $\{x_n\}$．

对一个数列，我们关心的是当 n 无限增大时，对应的 x_n 是否能无限接近于某个确定的

数值；如果能够的话，这个数值等于多少；就数列 $\left\{\dfrac{n}{n+1}\right\}$ 来说，当 n 无限增大时，$x_n=\dfrac{n}{n+1}$ 的值无限接近于 1，意味着 $|x_n-1|=\dfrac{1}{n+1}$ 的值无限地变小，而且要它多小就可以有多小，只要 n 足够大．例如，若要 $|x_n-1|=\dfrac{1}{n+1}<0.01$，只要 $n>99$ 即可，即从第 100 项起都能使不等式 $|x_n-1|=\dfrac{1}{n+1}<0.01$ 成立；若要使 $\left|\dfrac{n}{n+1}-1\right|=\dfrac{1}{n+1}<0.001$，只要 $n>999$ 即可，如此等等．这样的数 1，叫做数列 $\left\{\dfrac{n}{n+1}\right\}$ 当 $n\to\infty$ 时的极限.

一般地，有如下的数列极限的定义．

定义 2 设 $\{x_n\}$ 为一数列，如果存在常数 a，对于任意给定的正数 ε（无论它多么小），总存在正整数 N，使得当 $n>N$ 时，不等式

$$|x_n-a|<\varepsilon$$

都成立，那么就称常数 a 是数列 $\{x_n\}$ 的极限，或者称数列 $\{x_n\}$ 收敛于 a，记为

$$\lim_{n\to\infty}x_n=a$$

或

$$x_n\to a\,(n\to\infty).$$

根据这个定义，前面的四个数列 $\lim\limits_{n\to\infty}\dfrac{n}{n+1}=1$，$\lim\limits_{n\to\infty}\dfrac{1}{2^n}=0$，而 $\lim\limits_{n\to\infty}(-1)^{n+1}$ 和 $\lim\limits_{n\to\infty}2^n$ 均不存在．

数列 $\{x_n\}$ 是否以 a 为极限，取决于对于任给的 $\varepsilon>0$，是否存在相应的正整数 N．下面我们通过几个例子说明极限证明中的 ε-N 语言．

例 1 根据极限定义证明 $\lim\limits_{n\to\infty}\dfrac{1}{\sqrt{n}}=0$.

证明 对于任给的 $\varepsilon>0$，要使

$$\left|\dfrac{1}{\sqrt{n}}-0\right|=\dfrac{1}{\sqrt{n}}<\varepsilon,$$

只要 $n>\dfrac{1}{\varepsilon^2}$．所以，对任给的 $\varepsilon>0$，取 $N=\left[\dfrac{1}{\varepsilon^2}\right]$，则当 $n>N$ 时就有

$$\left|\dfrac{1}{\sqrt{n}}-0\right|<\varepsilon,$$

即

$$\lim_{n\to\infty}\dfrac{1}{\sqrt{n}}=0.$$

例 2 根据极限定义证明常值数列 c，c，c，$\cdots$ 收敛，且 $\lim\limits_{n\to\infty}c=c$.

证明 任给 $\varepsilon>0$，对所有的 n，均有

$$|c-c|=0<\varepsilon,$$

因此任一正整数都可作为 N，故 $\lim\limits_{n\to\infty}c=c$.

例 3 设 $|q|<1$，证明等比数列 1，q，q^2，$\cdots$，q^{n-1}，$\cdots$ 的极限是 0.

证明 对于任给的 $\varepsilon>0$（设 $\varepsilon<1$），要使

$$|q^{n-1}-0|=|q|^{n-1}<\varepsilon,$$

只要 $(n-1)\ln|q|<\ln\varepsilon$. 因 $|q|<1$，$\ln|q|<0$，故

$$n>1+\frac{\ln\varepsilon}{\ln|q|}.$$

取 $N=\left[1+\dfrac{\ln\varepsilon}{\ln|q|}\right]$，则当 $n>N$ 时，就有

$$|q^{n-1}-0|<\varepsilon,$$

即 $\lim\limits_{n\to\infty}q^{n-1}=0$.

例 4 证明：$\lim\limits_{n\to\infty}\sqrt[n]{a}=1(a>0)$.

证明 分三种情况讨论.

（1）当 $a=1$ 时，命题显然成立.

（2）当 $a>1$ 时，对任意 $\varepsilon>0$，考察 $|\sqrt[n]{a}-1|=\sqrt[n]{a}-1<\varepsilon$，即 $a<(1+\varepsilon)^n$，两边取对数得 $n>\dfrac{\ln a}{\ln(1+\varepsilon)}$，于是对任意 $\varepsilon>0$，找到了 $N=\left[\dfrac{\ln a}{\ln(1+\varepsilon)}\right]$，当 $n>N$ 时，恒有 $|\sqrt[n]{a}-1|<\varepsilon$ 成立，故 $\lim\limits_{n\to\infty}\sqrt[n]{a}=1$.

（3）当 $0<a<1$ 时，令 $a=\dfrac{1}{b}$，则 $b=\dfrac{1}{a}>1$，

$$|\sqrt[n]{a}-1|=\left|\frac{1}{\sqrt[n]{b}}-1\right|=\frac{|\sqrt[n]{b}-1|}{\sqrt[n]{b}}<|\sqrt[n]{b}-1|,$$ 由（2）得证.

综上所述，当 $a>0$ 时，总有 $\lim\limits_{n\to\infty}\sqrt[n]{a}=1$.

结论 例 4 中当 $a=n$ 结论成立，即 $\lim\limits_{n\to\infty}\sqrt[n]{n}=1$.

二、函数的极限

1. 自变量趋于有限值时函数的极限

现在考察当自变量 x 无限接近于某一点 x_0 时函数 $f(x)$ 的变化趋势. 如果在 $x\to x_0$ 的过程中，对应的函数值 $f(x)$ 无限接近于确定的数值 A，那么就说 A 是函数 $f(x)$ 当 $x\to x_0$ 时的极限. 当然，这里我们首先假定函数 $f(x)$ 在点 x_0 的某个去心邻域内是有定义的.

下面我们给出函数极限的定义：

定义 3 设函数 $f(x)$ 在点 x_0 的某一去心邻域内有定义. 如果存在常数 A，对于任意给定的正数 ε（无论它多么小），总存在正数 δ，使得对于满足不等式 $0<|x-x_0|<\delta$ 的一切 x，总有 $|f(x)-A|<\varepsilon$，则称常数 A 为函数 $f(x)$ 当 **$x\to x_0$ 时的极限**. 记作

$$\lim\limits_{x\to x_0}f(x)=A \text{ 或 } f(x)\to A(x\to x_0).$$

在这个定义中，不等式 $0<|x-x_0|<\delta$ 体现了 x 无限接近于 x_0，但 $x\neq x_0$，不等式 $|f(x)-A|<\varepsilon$ 体现了 $f(x)$ 无限接近于 A.

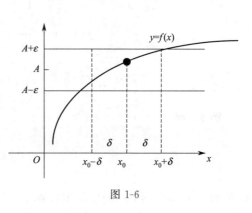

图 1-6

如图 1-6 所示，其几何意义是对于任给的正数 ε，作两条直线 $y=A+\varepsilon$ 和 $y=A-\varepsilon$，则总存在 x_0 的一个去心邻域 $\mathring{U}(x_0,\delta)$，使得在此邻域内函数 $y=f(x)$ 的图像落在这两条直线之间的带形区域.

例 5 证明 $\lim\limits_{x\to x_0} x=x_0$.

证明 这里 $|f(x)-A|=|x-x_0|$，因此对任给的 $\varepsilon>0$，总可取 $\delta=\varepsilon$，当 $0<|x-x_0|<\delta=\varepsilon$ 时，能使不等式 $|f(x)-A|=|x-x_0|<\varepsilon$ 成立. 所以

$$\lim\limits_{x\to x_0} x=x_0.$$

例 6 证明 $\lim\limits_{x\to 1}\dfrac{x^2-1}{x-1}=2$.

证明 因为

$$|f(x)-A|=\left|\frac{x^2-1}{x-1}-2\right|=|x-1|,$$

故对任给的 $\varepsilon>0$，要使 $|f(x)-A|<\varepsilon$，只需取 $\delta=\varepsilon$，当 $0<|x-x_0|<\delta$ 时，就有

$$\lim\limits_{x\to 1}\frac{x^2-1}{x-1}=2.$$

定义 4 设函数 $f(x)$ 在点 x_0 的左邻域（或右邻域）内有定义，在 x_0 处可以没有定义. 如果存在常数 A，对于任意给定的正数 ε（无论它多么小），总存在正数 δ，使得对于满足不等式 $x_0-\delta<x<x_0$（或 $x_0<x<x_0+\delta$）的一切 x，总有 $|f(x)-A|<\varepsilon$，则称**常数 A 为函数 $f(x)$ 当 x 趋于 x_0 时的左（或右）极限**. 记作

$$\lim\limits_{x\to x_0^-} f(x)=A\big[\text{或}\ \lim\limits_{x\to x_0^+} f(x)=A\big]$$

或

$$f(x_0^-)=A\big[\text{或}\ f(x_0^+)=A\big].$$

左极限和右极限统称为**单侧极限**.

定理 1 $\lim\limits_{x\to x_0} f(x)=A$ 的充分必要条件是 $\lim\limits_{x\to x_0^-} f(x)=\lim\limits_{x\to x_0^+} f(x)=A$.

例 7 设 $f(x)=\dfrac{1}{\mathrm{e}^{\frac{1}{x-1}}-1}$，求 $f(1^+),f(1^-)$.

解 因为 $\lim\limits_{x\to 0^+}\dfrac{1}{x}=+\infty$，$\lim\limits_{x\to 0^-}\dfrac{1}{x}=-\infty$，所以 $\lim\limits_{x\to 1^+}\mathrm{e}^{\frac{1}{x-1}}=+\infty$，$\lim\limits_{x\to 1^-}\mathrm{e}^{\frac{1}{x-1}}=0$. 从而有

$$f(1^+)=\lim\limits_{x\to 1^+} f(x)=\lim\limits_{x\to 1^+}\frac{1}{\mathrm{e}^{\frac{1}{x+1}}-1}=0,$$

$$f(1^-)=\lim\limits_{x\to 1^-} f(x)=\lim\limits_{x\to 1^-}\frac{1}{\mathrm{e}^{\frac{1}{x+1}}-1}=-1.$$

例 8 函数

$$f(x)=\begin{cases} x-1, & x<0,\\ 0, & x=0,\\ x+1, & x>0. \end{cases}$$

证明当 $x\to 0$ 时，$f(x)$ 的极限不存在.

证明 当 $x\to 0$ 时，$f(x)$ 的左极限

$$\lim_{x \to 0^-} f(x) = \lim_{x \to 0^-} (x-1) = -1,$$

而当 $x \to 0$ 时，$f(x)$ 的右极限 $\lim_{x \to 0^+} f(x) = \lim_{x \to 0^+} (x+1) = 1$，因为左极限和右极限存在但不相等，所以 $\lim_{x \to 0} f(x)$ 不存在. 如图 1-7 所示.

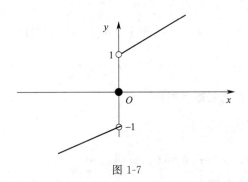

图 1-7

2. 自变量趋于无穷大时函数的极限

如果在 $x \to \infty$ 的过程中，对应的函数值 $f(x)$ 无限接近于确定的数值 A，那么 A 叫做函数 $f(x)$ 当 $x \to \infty$ 时的极限. 精确地说，就是符合以下定义：

定义 5　设函数 $f(x)$ 当 $|x|$ 大于某一正数时有定义，如果存在常数 A，对于任意给定的正数 ε（无论它多么小），总存在正数 X，使得对于满足不等式 $|x| > X$ 的一切 x，总有

$$|f(x) - A| < \varepsilon,$$

则称常数 A 为函数 $f(x)$ 当 $x \to \infty$ 时的极限. 记作

$$\lim_{x \to \infty} f(x) = A \text{ 或 } f(x) \to A (x \to \infty).$$

定义 6　设函数 $f(x)$ 当 x 大于某一正数时有定义，如果存在常数 A，对于任意给定的正数 ε（无论它多么小），总存在正数 X，使得对于满足不等式 $x > X$ 的一切 x，总有

$$|f(x) - A| < \varepsilon,$$

则称常数 A 为函数 $f(x)$ 当 $x \to +\infty$ 时的极限. 记作

$$\lim_{x \to +\infty} f(x) = A \text{ 或 } f(x) \to A (x \to +\infty).$$

定义 7　设函数 $f(x)$ 当 x 小于某一个数时有定义，如果存在常数 A，对于任意给定的正数 ε（无论它多么小），总存在正数 X，使得对于满足不等式 $x < -X$ 的一切 x，总有

$$|f(x) - A| < \varepsilon,$$

那么常数 A 为函数 $f(x)$ 当 $x \to -\infty$ 时的极限. 记作

$$\lim_{x \to -\infty} f(x) = A \text{ 或 } f(x) \to A (x \to -\infty).$$

例 10　证明 $\lim\limits_{x \to \infty} \dfrac{1}{x} = 0$.

证明　对任意 $\varepsilon > 0$，要证存在 $X > 0$，当 $|x| > X$ 时，不等式

$$\left| \frac{1}{x} - 0 \right| < \varepsilon$$

都成立，即 $|x| > \dfrac{1}{\varepsilon}$. 如果取 $X = \dfrac{1}{\varepsilon}$，那么当 $|x| > X$ 时，不等式 $\left| \dfrac{1}{x} - 0 \right| < \varepsilon$ 成立，这

就证明了

$$\lim_{x \to \infty} \frac{1}{x} = 0.$$

习题 1-2

1. 观察如下数列 $\{x_n\}$ 一般项 x_n 的变化趋势，写出它们的极限.

(1) $x_n = \frac{1}{2^n}$；(2) $x_n = (-1)^n \frac{1}{n}$；(3) $x_n = 2 + \frac{1}{n^2}$；(4) $x_n = (-1)^n n$.

2. 根据数列极限的定义证明如下极限.

(1) $\lim_{n \to \infty} \frac{1}{n^2} = 0$；(2) $\lim_{n \to \infty} \frac{3n+1}{2n+1} = \frac{3}{2}$.

3. 设数列 $\{x_n\}$ 有界，又 $\lim_{n \to \infty} y_n = 0$，证明：$\lim_{n \to \infty} x_n y_n = 0$.

4. 根据函数极限的定义证明如下极限.

(1) $\lim_{x \to \infty} \frac{1+x^3}{x^3} = 1$；   (2) $\lim_{x \to 3} 3x - 1 = 8$；

(3) $\lim_{x \to 2} (5x+2) = 12$；(4) $\lim_{x \to -2} \frac{x^2 - 4}{x+2} = -4$.

5. 讨论函数 $f(x) = \frac{|x|}{x}$ 当 $x \to 0$ 时的极限.

6. 设 $f(x) = \begin{cases} x, & x \geq 0 \\ -x+1, & x < 0 \end{cases}$，求 $\lim_{x \to 0} f(x)$.

7. 当 $x \to 2$ 时，$y = x^2 \to 4$. 问 δ 等于多少，使当 $|x-2| < \delta$ 时，$|y-4| < 0.001$?

第三节　极限的运算法则和性质

一、极限的运算法则

极限的运算法则是极限计算的主要手段，它也是讨论初等函数的连续性、导数与微分、级数等内容的基础。

定理 1　如果 $\lim_{x \to x_0} f(x) = A$，$\lim_{x \to x_0} g(x) = B$，那么

(1) $\lim_{x \to x_0} [f(x) \pm g(x)] = \lim_{x \to x_0} f(x) \pm \lim_{x \to x_0} g(x) = A \pm B$；

(2) $\lim_{x \to x_0} [f(x)g(x)] = \lim_{x \to x_0} f(x) \lim_{x \to x_0} g(x) = AB$；

(3) 若又有 $B \neq 0$，则

$$\lim_{x \to x_0} \frac{f(x)}{g(x)} = \frac{\lim_{x \to x_0} f(x)}{\lim_{x \to x_0} g(x)} = \frac{A}{B}.$$

注　(1) 法则 (1)、(2) 均可推广到有限个函数的情形.

(2) 定理 1 中的 $x \to x_0$ 可以换成 $x \to \infty$.

(3) 对于数列也有同样的运算法则.

推论 1 如果 $\lim\limits_{x \to x_0} f(x)$ 存在，而 C 为常数，则

$$\lim_{x \to x_0} Cf(x) = C \lim_{x \to x_0} f(x).$$

即常数因子可以移到极限符号外面.

推论 2 如果 $\lim\limits_{x \to x_0} f(x)$ 存在，而 n 是正整数，则

$$\lim_{x \to x_0} [f(x)]^n = \left[\lim_{x \to x_0} f(x) \right]^n.$$

例 1 求 $\lim\limits_{x \to 1} (2x - 1)$.

解 $\lim\limits_{x \to 1} (2x - 1) = \lim\limits_{x \to 1} 2x - \lim\limits_{x \to 1} 1 = 2\lim\limits_{x \to 1} x - 1 = 1.$

例 2 求 $\lim\limits_{x \to 3} \dfrac{x-3}{x^2-9}$.

解 $\lim\limits_{x \to 3} \dfrac{x-3}{x^2-9} = \lim\limits_{x \to 3} \dfrac{1}{x+3} = \dfrac{\lim\limits_{x \to 3} 1}{\lim\limits_{x \to 3}(x+3)} = \dfrac{1}{6}.$

例 3 求 $\lim\limits_{x \to 0} \dfrac{\sqrt{1+x}-1}{x}$.

解 $\lim\limits_{x \to 0} \dfrac{\sqrt{1+x}-1}{x} = \lim\limits_{x \to 0} \dfrac{(\sqrt{1+x}-1)(\sqrt{1+x}+1)}{x(\sqrt{1+x}+1)} = \lim\limits_{x \to 0} \dfrac{1}{\sqrt{1+x}+1} = \dfrac{1}{2}.$

例 4 求 $\lim\limits_{x \to \infty} \dfrac{3x^3+4x^2+2}{7x^3+5x^2-3}$.

解 $\lim\limits_{x \to \infty} \dfrac{3x^3+4x^2+2}{7x^3+5x^2-3} = \lim\limits_{x \to \infty} \dfrac{3+4\dfrac{x^2}{x^3}+2\dfrac{1}{x^3}}{7+5\dfrac{x^2}{x^3}-3\dfrac{1}{x^3}} = \dfrac{\lim\limits_{x \to \infty}\left(3+4\dfrac{x^2}{x^3}+2\dfrac{1}{x^3}\right)}{\lim\limits_{x \to \infty}\left(7+5\dfrac{x^2}{x^3}-3\dfrac{1}{x^3}\right)} = \dfrac{3}{7}.$

例 5 求 $\lim\limits_{x \to \infty} \dfrac{3x^2-2x-1}{2x^3-x^2+5}$.

解 $\lim\limits_{x \to \infty} \dfrac{3x^2-2x-1}{2x^3-x^2+5} = \lim\limits_{x \to \infty} \dfrac{3\dfrac{x^2}{x^3}-2\dfrac{x}{x^3}-\dfrac{1}{x^3}}{2-\dfrac{x^2}{x^3}+5\dfrac{1}{x^3}} = \dfrac{\lim\limits_{x \to \infty}\left(3\dfrac{x^2}{x^3}-2\dfrac{x}{x^3}-\dfrac{1}{x^3}\right)}{\lim\limits_{x \to \infty}\left(2-\dfrac{x^2}{x^3}+5\dfrac{1}{x^3}\right)} = 0.$

例 4 和例 5 具有共同形式为自变量趋向于无穷大时多项式分式的极限，此类极限处理方法为分式上下同时除以最高次幂，将无穷大转化成无穷小.

一般地，当 $a_0 \neq 0$，$b_0 \neq 0$ 且 m 和 n 为非负整数时，有

$$\lim_{x \to \infty} \frac{a_0 x^m + a_1 x^{m-1} + \cdots + a_m}{b_0 x^n + b_1 x^{n-1} + \cdots + b_n} = \begin{cases} \dfrac{a_0}{b_0}, & n = m, \\ 0, & n > m, \\ \infty, & n < m. \end{cases}$$

例 6 求极限 $\lim\limits_{n \to \infty} \left(\dfrac{1}{3} + \dfrac{1}{15} + \dfrac{1}{35} + \cdots + \dfrac{1}{4n^2-1} \right)$.

解 $\lim\limits_{n \to \infty} \left(\dfrac{1}{3} + \dfrac{1}{15} + \cdots + \dfrac{1}{4n^2-1} \right) = \lim\limits_{n \to \infty} \dfrac{1}{2} \left[\left(1 - \dfrac{1}{3}\right) + \left(\dfrac{1}{3} - \dfrac{1}{5}\right) + \cdots + \left(\dfrac{1}{2n-1} - \dfrac{1}{2n+1}\right) \right]$

$$= \lim_{n \to \infty} \frac{1}{2}\left(1 - \frac{1}{2n+1}\right) = \frac{1}{2}.$$

定理 2（复合函数的极限运算法则） 设函数 $y = f[g(x)]$ 是由函数 $u = g(x)$ 与函数 $y = f(u)$ 复合而成，$f[g(x)]$ 在点 x_0 的某去心邻域内有定义，若 $\lim\limits_{x \to x_0} g(x) = u_0$，$\lim\limits_{u \to u_0} f(u) = A$，且存在 $\delta_0 > 0$，当 $x \in \mathring{U}(x_0, \delta_0)$ 时，有 $g(x) \neq u_0$，则

$$\lim_{x \to x_0} f[g(x)] = \lim_{u \to u_0} f(u) = A.$$

证明 因为 $\lim\limits_{u \to u_0} f(u) = A$，对任给的 $\varepsilon > 0$，存在 $\eta > 0$，当 $0 < |u - u_0| < \eta$ 时，$|f(x) - A| < \varepsilon$ 成立.

又由于 $\lim\limits_{x \to x_0} g(x) = u_0$，对于上面得到的 $\eta > 0$，存在 $\delta_1 > 0$，当 $0 < |x - x_0| < \delta_1$ 时，$|g(x) - u_0| < \eta$ 成立.

由假设，当 $x \in \mathring{U}(x_0, \delta_0)$ 时，有 $g(x) \neq u_0$. 取 $\delta = \min\{\delta_0, \delta_1\}$，则当 $0 < |x - x_0| < \delta$ 时，$|g(x) - u_0| < \eta$ 及 $|g(x) - u_0| \neq 0$ 同时成立，即 $0 < |g(x) - u_0| < \eta$ 成立，从而

$$|f[g(x)] - A| = |f(u) - A| < \varepsilon$$

成立，这就证明了定理结论.

例 7 $\lim\limits_{x \to 2} \dfrac{\sqrt{x^2 + 5}\, \lg(6x^4 + 4)}{(x^2 + 2)\arctan \dfrac{x}{2}}$.

解 直接用和、差、积、商及复合函数极限运算法则，则

$$\text{原式} = \frac{\lim\limits_{x \to 2}\sqrt{x^2 + 5}\, \lim\limits_{x \to 2}\lg(6x^4 + 4)}{\lim\limits_{x \to 2}(x^2 + 2)\lim\limits_{x \to 2}\arctan \dfrac{x}{2}} = \frac{\sqrt{2^2 + 5} \times \lg(6 \times 2^4 + 4)}{(2^2 + 2) \times \arctan 1} = \frac{3\lg 100}{6\pi/4} = \frac{4}{\pi}.$$

二、极限的性质

1. 收敛数列的性质

定理 3（极限的唯一性） 如果数列 $\{x_n\}$ 收敛，那么它的极限唯一.

证明 用反证法. 假设数列 $\{x_n\}$ 同时有两个不同的极限 a 和 b，且 $a < b$. 取 $\varepsilon = \dfrac{b - a}{2}$. 因为 $\lim\limits_{n \to \infty} x_n = a$，故存在正整数 N_1，使得当 $n > N_1$ 时，不等式

$$|x_n - a| < \frac{b - a}{2}$$

都成立. 同理，因为 $\lim\limits_{n \to \infty} x_n = b$，故存在正整数 N_2，使得当 $n > N_2$ 时，不等式

$$|x_n - b| < \frac{b - a}{2}$$

都成立. 取 $N = \max\{N_1, N_2\}$，则当 $n > N$ 时，上述两个不等式同时成立，于是有 $x_n < \dfrac{a + b}{2}$，同时 $x_n > \dfrac{a + b}{2}$，这是不可能的. 这一矛盾表明只能有 $a = b$.

定义 1 对于数列 $\{x_n\}$，如果存在正数 M，使得对于一切 x_n 都满足不等式

$$|x_n| \leqslant M,$$

则称数列 $\{x_n\}$ 是**有界的**；如果这样的正数 M 不存在，就说数列 $\{x_n\}$ 是无界的.

例如，数列 $\left\{\dfrac{n}{n+1}\right\}$ 是有界数列，而数列 $\{2^n\}$ 是无界数列.

定理 4（收敛数列的有界性） 如果数列 $\{x_n\}$ 收敛，那么数列 $\{x_n\}$ 一定有界.

证明 设 $\lim\limits_{n\to\infty}x_n=a$. 取 $\varepsilon=1$，则存在正整数 N，使得当 $n>N$ 时，不等式

$$|x_n-a|<1$$

都成立. 于是，当 $n>N$ 时，

$$|x_n|=|(x_n-a)+a|\leqslant|x_n-a|+|a|<1+|a|.$$

取 $M=\max\{|x_1|,|x_2|,\cdots,|x_N|,1+|a|\}$，那么数列 $\{x_n\}$ 中的一切 x_n 都满足不等式

$$|x_n|\leqslant M.$$

这就证明了数列 $\{x_n\}$ 是有界的.

注 此定理表明，如果数列 $\{x_n\}$ 无界，那么数列 $\{x_n\}$ 一定发散. 但是，如果数列 $\{x_n\}$ 有界，却不能断定数列 $\{x_n\}$ 一定收敛，例如数列 $(-1)^{n+1}$ 有界，但它是发散数列.

定理 5（收敛数列的保号性） 如果 $\lim\limits_{n\to\infty}x_n=a$，且 $a>0$（或 $a<0$），那么存在正整数 N，当 $n>N$ 时，都有 $x_n>0$（或 $x_n<0$）.

证明 先证 $a>0$ 的情形. 按定义，对 $\varepsilon=\dfrac{a}{2}>0$，存在正整数 N，当 $n>N$ 时，都有

$$|x_n-a|<\frac{a}{2},$$

从而 $x_n>a-\dfrac{a}{2}=\dfrac{a}{2}>0.$

同理可证 $a<0$ 的情形.

推论 如果数列 $\{x_n\}$ 从某项起有 $x_n\geqslant0$（或 $x_n\leqslant0$），且 $\lim\limits_{n\to\infty}x_n=a$，则 $a\geqslant0$（或 $a\leqslant0$）.

证明 证数列 $\{x_n\}$ 从第 N_1 项起有 $x_n\geqslant0$ 的情形. 用反证法. 若 $\lim\limits_{n\to\infty}x_n=a<0$，则根据定理 5，存在正整数 N_2，当 $n>N_2$ 时，有 $x_n<0$. 取 $N=\max\{N_1,N_2\}$，则当 $n>N$ 时，按假定有 $x_n\geqslant0$，按定理 5 有 $x_n<0$，矛盾. 故必有 $a\geqslant0$.

同理可证数列 $\{x_n\}$ 从某项起有 $x_n\leqslant0$ 的情形.

*定理 6（收敛数列与其子数列间的关系） 如果数列 $\{x_n\}$ 收敛于 a，那么它的任一子数列也收敛，且极限也是 a.

由定理 6 可知，如果数列 $\{x_n\}$ 有两个子数列收敛于不同的极限，那么数列 $\{x_n\}$ 是发散的. 例如数列 $(-1)^{n+1}$ 的子数列 $\{x_{2k-1}\}$ 收敛于 1，而子数列 $\{x_{2k}\}$ 收敛于 -1，因此数列 $(-1)^{n+1}$ 是发散的.

2. 函数极限的性质

下面仅以 $x\to x_0$ 的极限形式给出函数极限的性质，其证明方法与数列极限相应性质的证明类似. 其他形式的函数极限的性质，只需做些修改即可得到.

定理 7（函数极限的唯一性） 如果 $\lim\limits_{x \to x_0} f(x)$ 存在，那么此极限唯一.

定理 8（函数极限的局部有界性） 如果 $\lim\limits_{x \to x_0} f(x) = A$，那么存在常数 $M > 0$ 和 $\delta > 0$，使得当 $0 < |x - x_0| < \delta$ 时，有 $|f(x)| < M$.

定理 9（函数极限的局部保号性） 如果 $\lim\limits_{x \to x_0} f(x) = A$，且 $A > 0$（或 $A < 0$），那么存在常数 $\delta > 0$，使得当 $0 < |x - x_0| < \delta$ 时，有 $f(x) > 0$（或 $f(x) < 0$）.

推论 如果在 x_0 的某去心邻域内 $f(x) \geqslant 0$（或 $f(x) \leqslant 0$），而且 $\lim\limits_{x \to x_0} f(x) = A$，那么 $A \geqslant 0$（或 $A \leqslant 0$）.

例 8 已知 $\lim\limits_{x \to 1} \dfrac{x^2 + ax + b}{x - 1} = 3$，试求 a，b 的值.

解 因为 $\lim\limits_{x \to 1}(x - 1) = 0$，所以必须有 $\lim\limits_{x \to 1}(x^2 + ax + b) = 0$，即 $1 + a + b = 0$，将 $b = -1 - a$ 代入原式，得

$$\lim_{x \to 1} \frac{x^2 + ax - 1 - a}{x - 1} = \lim_{x \to 1} \frac{(x - 1)(x + 1 + a)}{x - 1} = \lim_{x \to 1}(x + 1 + a) = 2 + a = 3,$$

故 $a = 1$，$b = -2$.

习题 1-3

1. 计算下列极限：

(1) $\lim\limits_{x \to \infty}\left(1 + \dfrac{1}{x}\right)\left(2 - \dfrac{1}{x^2}\right)$；

(2) $\lim\limits_{x \to 2} \dfrac{x^2 + 5}{x - 3}$；

(3) $\lim\limits_{x \to 1} \dfrac{x^2 - 2x + 1}{x^2 - 1}$；

(4) $\lim\limits_{x \to \infty} \dfrac{x^2 - 1}{2x^2 - x - 1}$；

(5) $\lim\limits_{x \to 1}\left(\dfrac{1}{1 - x} - \dfrac{3}{1 - x^3}\right)$；

(6) $\lim\limits_{x \to +\infty}\left(\sqrt{x^2 + x} - \sqrt{x^2 - 1}\right)$；

(7) $\lim\limits_{x \to \infty} \dfrac{x^2 + x}{x^4 - 3x^2 + 1}$；

(8) $\lim\limits_{n \to \infty}\left(1 + \dfrac{1}{2} + \dfrac{1}{4} + \cdots + \dfrac{1}{2^n}\right)$；

(9) $\lim\limits_{n \to \infty} \dfrac{1 + 2 + 3 + \cdots + (n - 1)}{n^2}$；

(10) $\lim\limits_{n \to \infty} \dfrac{(n + 1)(n + 2)(n + 3)}{5n^3}$.

2. 证明：若 $\lim\limits_{x \to x_0} f(x) = a$，则必唯一.

3. 下列陈述中，哪些是对的，哪些是错的？如果是对的，说明理由；如果是错的，试给出一个反例.

(1) 如果 $\lim\limits_{x \to x_0} f(x)$ 存在，但 $\lim\limits_{x \to x_0} g(x)$ 不存在，那么 $\lim\limits_{x \to x_0}[f(x) + g(x)]$ 不存在.

(2) 如果 $\lim\limits_{x \to x_0} f(x)$ 和 $\lim\limits_{x \to x_0} g(x)$ 都不存在，那么 $\lim\limits_{x \to x_0}[f(x) + g(x)]$ 不存在.

(3) 如果 $\lim\limits_{x \to x_0} f(x)$ 存在，但 $\lim\limits_{x \to x_0} g(x)$ 不存在，那么 $\lim\limits_{x \to x_0}[f(x)g(x)]$ 不存在.

第四节　极限存在准则与两个重要极限

下面给出判定极限存在的两个准则以及作为应用准则的例子，讨论两个重要极限，利用

两个重要极限可讨论许多函数的极限问题.

一、两边夹准则

定理 1（数列的两边夹准则） 设数列 $\{x_n\}$，$\{y_n\}$，$\{z_n\}$ 满足条件：

（1）从某项起，即存在 $n_0 \in \mathbf{N}$，当 $n > n_0$ 时，有 $y_n \leqslant x_n \leqslant z_n$；

（2）$\lim\limits_{n \to \infty} y_n = a$，$\lim\limits_{n \to \infty} z_n = a$.

那么数列 $\{x_n\}$ 的极限存在，且 $\lim\limits_{n \to \infty} x_n = a$.

证明 因为 $y_n \to a$，$z_n \to a$，所以根据数列极限的定义，对任给的 $\varepsilon > 0$，存在正整数 N_1，当 $n > N_1$ 时，有 $|y_n - a| < \varepsilon$. 又存在正整数 N_2，当 $n > N_2$ 时，有 $|z_n - a| < \varepsilon$. 取 $N = \max\{n_0, N_1, N_2\}$，当 $n > N$ 时，有 $|y_n - a| < \varepsilon$，$|z_n - a| < \varepsilon$ 同时成立，即 $a - \varepsilon < y_n < a + \varepsilon$，$a - \varepsilon < z_n < a + \varepsilon$ 同时成立. 又因当 $n > N$ 时，x_n 介于 y_n 和 z_n 之间，从而有

$$a - \varepsilon < y_n \leqslant x_n \leqslant z_n < a + \varepsilon,$$

即 $|x_n - a| < \varepsilon$ 成立. 这就证明了 $\lim\limits_{n \to \infty} x_n = a$.

注 利用两边夹准则计算极限，关键对数列进行合理的放缩，使得满足准则条件.

例 1 证明 $\lim\limits_{n \to \infty} \left(\dfrac{1}{\sqrt{n^2 + 1}} + \dfrac{1}{\sqrt{n^2 + 2}} + \cdots + \dfrac{1}{\sqrt{n^2 + n}} \right) = 1$.

证明 因为 $\dfrac{n}{\sqrt{n^2 + n}} < \dfrac{1}{\sqrt{n^2 + 1}} < \dfrac{1}{\sqrt{n^2 + 2}} + \cdots + \dfrac{1}{\sqrt{n^2 + n}} < \dfrac{n}{\sqrt{n^2 + 1}}$，

而 $\lim\limits_{n \to \infty} \dfrac{n}{\sqrt{n^2 + n}} = \lim\limits_{n \to \infty} \dfrac{1}{\sqrt{1 + \dfrac{1}{n}}} = 1$，$\lim\limits_{n \to \infty} \dfrac{n}{\sqrt{n^2 + 1}} = \lim\limits_{n \to \infty} \dfrac{1}{\sqrt{1 + \dfrac{1}{n^2}}} = 1$，由两边夹准则，

得 $\lim\limits_{n \to \infty} \left(\dfrac{1}{\sqrt{n^2 + 1}} + \dfrac{1}{\sqrt{n^2 + 2}} + \cdots + \dfrac{1}{\sqrt{n^2 + n}} \right) = 1$.

例 2 设 $A = \max\{a_1, a_2, \cdots, a_m\}$ $(a_i > 0, i = 1, 2, \cdots, n)$，证明：

$$\lim\limits_{n \to \infty} \sqrt[n]{a_1^n + a_2^n + \cdots + a_m^n} = A.$$

证明 利用两边夹准则

因为 $\sqrt[n]{A^n} < \sqrt[n]{a_1^n + a_2^n + \cdots + a_m^n} < \sqrt[n]{nA^n}$，而 $\lim\limits_{n \to \infty} \sqrt[n]{n} = 1$，故

$\lim\limits_{n \to \infty} \sqrt[n]{A^n} = \lim\limits_{n \to \infty} \sqrt[n]{nA^n} = A$. 由两边夹准则知 $\lim\limits_{n \to \infty} \sqrt[n]{a_1^n + a_2^n + \cdots + a_m^n} = A$.

定理 2（函数的两边夹准则） 设函数 $f(x)$，$g(x)$，$h(x)$ 满足条件：

（1）当 $x \in \mathring{U}(x_0, r)$（或 $|x| > M$）时，有 $g(x) \leqslant f(x) \leqslant h(x)$；

（2）$\lim\limits_{\substack{x \to x_0 \\ (x \to \infty)}} g(x) = \lim\limits_{\substack{x \to x_0 \\ (x \to \infty)}} h(x) = A$.

那么 $\lim\limits_{\substack{x \to x_0 \\ (x \to \infty)}} f(x)$ 存在，且等于 A.

重要极限 I $\qquad\qquad\qquad \lim\limits_{x \to 0} \dfrac{\sin x}{x} = 1$

证明　首先注意到，函数 $\dfrac{\sin x}{x}$ 对一切 $x \neq 0$ 都有定义. 在如图 1-8 所示的四分之一的单位圆中，设圆心角 $\angle AOB = x\,(0 < x < \dfrac{\pi}{2})$，点 A 处的切线与 OB 的延长线相交于 C，又 $BD \perp OA$，则 $\sin x = DB$，$x = \overset{\frown}{AB}$，$\tan x = AC$.

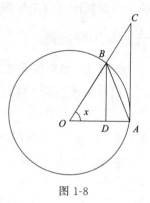

图 1-8

因为 $\triangle AOB$ 的面积 $<$ 扇形 AOB 的面积 $<$ $\triangle AOC$ 的面积，所以，$\dfrac{1}{2}\sin x < \dfrac{1}{2}x < \dfrac{1}{2}\tan x$，即 $\sin x < x < \tan x$. 不等号各边都除以 $\sin x$，就有 $1 < \dfrac{x}{\sin x} < \dfrac{1}{\cos x}$，或 $\cos x < \dfrac{\sin x}{x} < 1$. 因为当 x 用 $-x$ 代替时，$\cos x$ 与 $\dfrac{\sin x}{x}$ 都不变，所以上面的不等式对于开区间 $\left(-\dfrac{\pi}{2}, 0\right)$ 内的一切 x 也是成立的.

因为 $\lim\limits_{x \to 0}\cos x = \lim\limits_{x \to 0} 1 = 1$，根据两边夹准则知 $\lim\limits_{x \to 0}\dfrac{\sin x}{x} = 1$.

推广　$\lim\limits_{\substack{x \to x_0 \\ (x \to \infty)}}\dfrac{\sin f(x)}{f(x)} = 1$，当 $\lim\limits_{\substack{x \to x_0 \\ (x \to \infty)}} f(x) = 0$ 时.

采用重要极限 I 计算极限时，首先观察是不是带有三角函数形式的 $\dfrac{0}{0}$ 型，如果是就可以尝试重要极限或适当的三角变换或其他形式凑成重要极限.

例 3　计算下列极限：

(1) $\lim\limits_{x \to 0}\dfrac{\tan x}{x}$；（2）$\lim\limits_{x \to 0}\dfrac{1 - \cos x}{x^2}$.

解　(1) $\lim\limits_{x \to 0}\dfrac{\tan x}{x} = \lim\limits_{x \to 0}\dfrac{\sin x}{x} \times \dfrac{1}{\cos x} = 1$；

(2) $\lim\limits_{x \to 0}\dfrac{1 - \cos x}{x^2} = \lim\limits_{x \to 0}\dfrac{2\sin^2\dfrac{x}{2}}{x^2} = \dfrac{1}{2}\left[\lim\limits_{x \to 0}\dfrac{\sin\dfrac{x}{2}}{\dfrac{x}{2}}\right]^2 = \dfrac{1}{2}$.

例 4　计算下列极限：

(1) $\lim\limits_{x \to \frac{\pi}{2}}\dfrac{\cos x}{x - \dfrac{\pi}{2}}$；（2）$\lim\limits_{x \to 0}\dfrac{\arcsin x}{x}$.

解　(1) $\lim\limits_{x \to \frac{\pi}{2}}\dfrac{\cos x}{x - \dfrac{\pi}{2}} \overset{\text{令}x - \frac{\pi}{2} = t}{=\!=\!=} \lim\limits_{t \to 0}\dfrac{\cos\left(t + \dfrac{\pi}{2}\right)}{t} = \lim\limits_{t \to 0}\dfrac{-\sin t}{t} = -1$；

(2) $\lim\limits_{x \to 0}\dfrac{\arcsin x}{x} \overset{\text{令}u = \arcsin x}{=\!=\!=} \lim\limits_{u \to 0}\dfrac{u}{\sin u} = 1$.

二、单调有界收敛准则

收敛的数列一定有界，但有界的数列不一定收敛. 如果数列不仅有界，而且是单调的，那么这数列的极限必定存在.

定理 3 单调有界数列必有极限.

定理 3 的几何解释：从数轴上看，对应于单调数列的点 x_n 只可能向一个方向移动，所以只有两种可能情形：点 x_n 沿数轴移向无穷远（$x_n \to +\infty$ 或 $x_n \to -\infty$）；或者点 x_n 无限趋近某一个定点 A（图 1-9），也就是数列 $\{x_n\}$ 趋于一个极限.

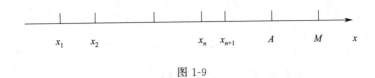

图 1-9

例 5 设 $x_n = 1 + \dfrac{1}{2^2} + \dfrac{1}{3^2} + \cdots + \dfrac{1}{n^2}$，$n = 1, 2, \cdots$，证明数列 $\{x_n\}$ 收敛.

证明 显然 $x_n \leqslant x_{n+1}$，即数列 $\{x_n\}$ 是单调增加的. 又因为

$$x_n = 1 + \frac{1}{2^2} + \frac{1}{3^2} + \cdots + \frac{1}{n^2} \leqslant 1 + \frac{1}{1 \times 2} + \frac{1}{2 \times 3} + \cdots + \frac{1}{(n-1) \times n}$$

$$= 1 + \left(1 - \frac{1}{2}\right) + \left(\frac{1}{2} - \frac{1}{3}\right) + \cdots + \left(\frac{1}{n-1} - \frac{1}{n}\right) = 2 - \frac{1}{n} < 2, \quad n = 1, 2, \cdots$$

这说明数列 $\{x_n\}$ 有界，则由定理 3 可知数列 $\{x_n\}$ 收敛.

例 6 设 $x_1 = 1$，$x_{n+1} = 1 + \dfrac{x_n}{1 + x_n}$ $(n = 1, 2, \cdots)$，求 $\lim\limits_{n \to \infty} x_n$.

解 先用数学归纳法证明数列是单调的.

因为 $x_2 = 1 + \dfrac{1}{2} = \dfrac{3}{2} > x_1$，假设 $x_n > x_{n-1}$，则

$$x_{n+1} - x_n = \left(1 + \frac{x_n}{1 + x_n}\right) - \left(1 + \frac{x_{n-1}}{1 + x_{n-1}}\right) = \frac{x_n - x_{n-1}}{(1 + x_n)(1 + x_{n-1})} > 0,$$

即 $x_n > x_{n-1}$，由数学归纳法知数列 $\{x_n\}$ 是单调增加的.

又 $x_{n+1} = 1 + \dfrac{x_n}{1 + x_n} = 2 - \dfrac{1}{1 + x_n} < 2$，可知数列 $\{x_n\}$ 有界，所以 $\lim\limits_{n \to \infty} x_n$ 必存在.

设 $\lim\limits_{n \to \infty} x_n = a$，在等式 $x_{n+1} = 1 + \dfrac{x_n}{1 + x_n}$ 两边取极限得 $a = 1 + \dfrac{a}{1 + a}$，即

$a^2 - a - 1 = 0 \Rightarrow a = \dfrac{1}{2}(1 \pm \sqrt{5})$. 因为 $x_n > 0$，故 $\lim\limits_{n \to \infty} x_n = \dfrac{1}{2}(1 + \sqrt{5})$.

重要极限 Ⅱ
$$\lim_{x \to \infty} \left(1 + \frac{1}{x}\right)^x = \mathrm{e}$$

证明 下面考虑 x 取正整数 n 而趋于 $+\infty$ 的情形.

设 $x_n = \left(1 + \dfrac{1}{n}\right)^n$，我们来证明数列 $\{x_n\}$ 单调增加并且有界. 按牛顿二项公式，有 $x_n = \left(1 + \dfrac{1}{n}\right)^n$

$$=1+\frac{n}{1!}\times\frac{1}{n}+\frac{n(n-1)}{2!}\times\frac{1}{n^2}+\frac{n(n-1)(n-2)}{3!}\times\frac{1}{n^3}+\cdots+\frac{n(n-1)\cdots(n-n+1)}{n!}\times\frac{1}{n^n}$$

$$=1+1+\frac{1}{2!}\left(1-\frac{1}{n}\right)+\frac{1}{3!}\left(1-\frac{1}{n}\right)\left(1-\frac{2}{n}\right)+\cdots+\frac{1}{n!}\left(1-\frac{1}{n}\right)\left(1-\frac{2}{n}\right)\cdots\left(1-\frac{n-1}{n}\right),$$

类似地,

$$x_{n+1}=1+1+\frac{1}{2!}\left(1-\frac{1}{n+1}\right)+\frac{1}{3!}\left(1-\frac{1}{n+1}\right)\left(1-\frac{2}{n+1}\right)+\cdots+\frac{1}{n!}\left(1-\frac{1}{n+1}\right)\left(1-\frac{2}{n+1}\right)\cdots$$

$$\left(1-\frac{n-1}{n+1}\right)+\frac{1}{(n+1)!}\left(1-\frac{1}{n+1}\right)\left(1-\frac{2}{n+1}\right)\cdots\left(1-\frac{n}{n+1}\right),$$

由此可见 $x_n<x_{n+1}$, 这说明数列 $\{x_n\}$ 是单调增加的.

又因为

$$x_n<1+1+\frac{1}{2!}+\frac{1}{3!}+\cdots+\frac{1}{n!}<1+1+\frac{1}{2}+\frac{1}{2^2}+\cdots+\frac{1}{2^{n-1}}=1+\frac{1-\frac{1}{2^n}}{1-\frac{1}{2}}=3-\frac{1}{2^{n-1}}<3,$$

这就说明数列 $\{x_n\}$ 是有界的. 根据单调有界收敛准则, 这个数列 $\{x_n\}$ 的极限存在, 通常用字母 e 来表示它, 即

$$\lim_{n\to\infty}\left(1+\frac{1}{n}\right)^n=\mathrm{e}.$$

取正整数 $n=[x]$, $n\leqslant x<n+1$, $x\to+\infty\Leftrightarrow n\to+\infty$, 则

$$\left(1+\frac{1}{n+1}\right)^n<\left(1+\frac{1}{x}\right)^x<\left(1+\frac{1}{n}\right)^{n+1}.$$

而

$$\lim_{n\to\infty}\left(1+\frac{1}{n}\right)^{n+1}=\lim_{n\to\infty}\left(1+\frac{1}{n}\right)^n\left(1+\frac{1}{n}\right)=\mathrm{e},$$

$$\lim_{n\to\infty}\left(1+\frac{1}{n+1}\right)^n=\lim_{n\to\infty}\left(1+\frac{1}{n+1}\right)^{n+1}\left(1+\frac{1}{n+1}\right)^{-1}=\mathrm{e},$$

应用两边夹准则得 $\lim\limits_{x\to+\infty}\left(1+\frac{1}{x}\right)^x=\mathrm{e}$.

令 $x=-(t+1)$, 则 $x\to-\infty$ 时, $t\to+\infty$, 而

$$\lim_{x\to-\infty}\left(1+\frac{1}{x}\right)^x=\lim_{t\to+\infty}\left(1-\frac{1}{t+1}\right)^{-(t+1)}=\lim_{t\to+\infty}\left(1+\frac{1}{t}\right)^{t+1}=\lim_{t\to+\infty}\left(1+\frac{1}{t}\right)^t=\mathrm{e}.$$

注 上述极限式也可以写成 $\lim\limits_{x\to0}(1+x)^{\frac{1}{x}}=\mathrm{e}$.

推广 $\lim\limits_{\substack{x\to x_0\\(x\to\infty)}}(1+f(x))^{\frac{1}{f(x)}}=\mathrm{e}$, 当 $\lim\limits_{\substack{x\to x_0\\(x\to\infty)}}f(x)=0$ 时.

利用第二类重要极限计算极限时关键看是不是幂指函数满足 1^∞ 形式, 满足后将底写成 $1+f(x)$ 凑成重要极限即可.

例 7 求极限 $\lim\limits_{x\to\infty}\left(1+\frac{2}{x}\right)^x$.

解 $\lim\limits_{x\to\infty}\left(1+\dfrac{2}{x}\right)^x=\lim\limits_{x\to\infty}\left(1+\dfrac{2}{x}\right)^{\frac{x}{2}\times2}=\left[\lim\limits_{x\to\infty}\left(1+\dfrac{2}{x}\right)^{\frac{x}{2}}\right]^2=\mathrm{e}^2.$

例 8 求极限 $\lim\limits_{x\to\infty}\left(1-\dfrac{1}{x}\right)^x.$

解 $\lim\limits_{x\to\infty}\left(1-\dfrac{1}{x}\right)^x=\lim\limits_{x\to\infty}\left[\left(1+\left(-\dfrac{1}{x}\right)\right)^{-x}\right]^{-1}=\mathrm{e}^{-1}.$

例 9 求极限 $\lim\limits_{x\to1}x^{\frac{2}{x-1}}.$

解 $\lim\limits_{x\to1}\left[(1+x-1)^{\frac{1}{x-1}}\right]^2=\mathrm{e}^2.$

例 10 求极限 $\lim\limits_{x\to2}(x-1)^{\frac{2x-3}{x-2}}.$

解 $\lim\limits_{x\to2}(1+x-2)^{\frac{1}{x-2}+2}=\lim\limits_{x\to2}(1+x-2)^{\frac{1}{x-2}}(1+x-2)^2=\mathrm{e}.$

习题 1-4

1.用极限存在准则证明：

(1) $\lim\limits_{n\to\infty}n\left(\dfrac{1}{n^2+\pi}+\dfrac{1}{n^2+2\pi}+\cdots+\dfrac{1}{n^2+n\pi}\right)=1$；

(2) 数列 $\sqrt{2}$，$\sqrt{2+\sqrt{2}}$，$\sqrt{2+\sqrt{2+\sqrt{2}}}$，$\cdots$ 的极限存在.

2.计算下列极限：

(1) $\lim\limits_{x\to0}\dfrac{\tan3x}{x}$；(2) $\lim\limits_{x\to0}\dfrac{\sin\omega x}{x}$；

(3) $\lim\limits_{x\to0}\dfrac{\sin3x}{\sin5x}$；(4) $\lim\limits_{x\to0}\dfrac{1-\cos2x}{x\sin x}$；

(5) $\lim\limits_{x\to0}\dfrac{\tan x-\sin x}{x}$；(6) $\lim\limits_{x\to0}\dfrac{\sin4x}{\sqrt{x+1}-1}$.

3.计算下列极限：

(1) $\lim\limits_{x\to0}(1-x)^{\frac{1}{x}}$；(2) $\lim\limits_{x\to0}\left(1+\dfrac{3}{x}\right)^{2x}$；

(3) $\lim\limits_{x\to0}\left(\dfrac{1+x}{1-x}\right)^{\frac{1}{x}}$；(4) $\lim\limits_{x\to\infty}\left(\dfrac{1+x}{x}\right)^{2x}$；

(5) $\lim\limits_{x\to0}(1+\tan x)^{\cot x}$；(6) $\lim\limits_{x\to\infty}\left(\dfrac{2x+2}{2x-1}\right)^x$.

4.设 $f(x-1)=\begin{cases}-\dfrac{\sin x}{x},&x>0,\\2,&x=0,\\x-1,&x<0.\end{cases}$ 求 $\lim\limits_{x\to0}f(x).$

5.已知 $\lim\limits_{x\to\infty}\left(\dfrac{x+c}{x-c}\right)^{\frac{x}{2}}=3$，求 c.

第五节　无穷小与无穷大

一、无穷小的概念和性质

1. 无穷小量定义

定义 1　如果函数 $f(x)$ 当 $x \to x_0$（或 $x \to \infty$）时的极限为零，那么称函数 $f(x)$ 为当 $x \to x_0$（或 $x \to \infty$）时的无穷小量（无穷小）.

例如，函数 $f(x) = x - 1$ 是 $x \to 1$ 时的无穷小；函数 $f(x) = \dfrac{1}{x}$ 是 $x \to \infty$ 时的无穷小.

注　(1) 无穷小是一个变量，它的绝对值可以小于任意给定的正数 ε，不能把它与很小的常数混为一谈，在常数中只有零可以作为无穷小.

(2) 无穷小始终与极限过程联系在一起.

2. 无穷小量的性质

(1) 有限个无穷小的和仍是无穷小.

(2) 有界函数与无穷小的乘积是无穷小.

(3) 有限个无穷小的乘积仍是无穷小.

3. 无穷小与函数极限的关系

定理 1　在自变量的同一变化过程 $x \to x_0$（或 $x \to \infty$）中，函数 $f(x)$ 具有极限 A 的充要条件是 $f(x) = A + \alpha$，其中 α 是无穷小.

证明　先证必要性. 设 $\lim\limits_{x \to x_0} f(x) = A$，则对于任意给定的 $\varepsilon > 0$，总存在正数 δ，使得对于满足不等式 $0 < |x - x_0| < \delta$ 一切 x，总有 $|f(x) - A| < \varepsilon$. 令 $\alpha = f(x) - A$，则 α 是当 $x \to x_0$ 时的无穷小，且 $f(x) = A + \alpha$.

再证充分性. 设 $f(x) = A + \alpha$，其中 A 是常数，α 是当 $x \to x_0$ 时的无穷小，于是 $|f(x) - A| = |\alpha|$. 因为 α 是当 $x \to x_0$ 时的无穷小，所以对于任意给定的 $\varepsilon > 0$，总存在正数 δ，使得对于满足不等式 $0 < |x - x_0| < \delta$ 一切 x，总有 $|\alpha| < \varepsilon$，即 $|f(x) - A| < \varepsilon$. 这就证明了 A 是函数 $f(x)$ 当 $x \to x_0$ 时的极限.

类似地可证明当 $x \to \infty$ 时的极限.

二、无穷小的比较

1. 无穷小比较的定义

无穷小是极限为零的量，而不同的无穷小量趋于零的快慢程度可能是不同的. 下面就来讨论这一问题. 设 α，β 是同一个自变量的变化过程中的无穷小，且 $\alpha \neq 0$，$\lim \dfrac{\beta}{\alpha}$ 也是这个变化过程中的极限.

定义 2　如果 $\lim \dfrac{\beta}{\alpha} = 0$，就说 β 是比 α 高阶的无穷小，记作 $\beta = o(\alpha)$；

如果 $\lim \dfrac{\beta}{\alpha} = \infty$，就说 β 是比 α 低阶的无穷小；

如果 $\lim\dfrac{\beta}{\alpha}=c\neq 0$，就说 β 与 α 是同阶无穷小；

如果 $\lim\dfrac{\beta}{\alpha^{k}}=c\neq 0$，$k>0$，就说 β 是关于 α 的 k 阶无穷小；

如果 $\lim\dfrac{\beta}{\alpha}=1$，就说 β 与 α 是等价无穷小，记作 $\alpha\sim\beta$.

例如，因为 $\lim\limits_{x\to 0}\dfrac{3x^{2}}{x}=0$，所以当 $x\to 0$ 时，$3x^{2}$ 是比 x 高阶的无穷小.

因为 $\lim\limits_{n\to\infty}\dfrac{\frac{1}{n}}{\frac{1}{n^{2}}}=\infty$，所以当 $n\to\infty$ 时，$\dfrac{1}{n}$ 是比 $\dfrac{1}{n^{2}}$ 低阶的无穷小.

因为 $\lim\limits_{x\to 3}\dfrac{x^{2}-9}{x-3}=6$，所以当 $x\to 3$ 时，$x^{2}-9$ 与 $x-3$ 是同阶无穷小.

2. 重要的等价无穷小关系

当 $x\to 0$ 时，我们有下列重要的等价无穷小关系：

$$\sin x\sim x;\tan x\sim x;\arcsin x\sim x;1-\cos x\sim\frac{1}{2}x^{2};$$

$$\ln(1+x)\sim x;\mathrm{e}^{x}-1\sim x;\sqrt{1+x}-1\sim\frac{1}{2}x.$$

3. 等价无穷小替换定理

定理 2 β 与 α 是等价无穷小的充分必要条件为
$$\beta=\alpha+o(\alpha).$$

证明 必要性：设 $\alpha\sim\beta$，则 $\lim\dfrac{\beta-\alpha}{\alpha}=\lim\left(\dfrac{\beta}{\alpha}-1\right)=\lim\dfrac{\beta}{\alpha}-1=0$，因此，$\beta-\alpha=o(\alpha)$，即 $\beta=\alpha+o(\alpha)$.

充分性：设 $\beta=\alpha+o(\alpha)$，则 $\lim\dfrac{\beta}{\alpha}=\lim\dfrac{\alpha+o(\alpha)}{\alpha}=\lim\left(1+\dfrac{o(\alpha)}{\alpha}\right)=1$，因此 $\alpha\sim\beta$.

定理 3 设 $\alpha\sim\alpha'$，$\beta\sim\beta'$，且 $\lim\dfrac{\beta'}{\alpha'}$ 存在，则

$$\lim\frac{\beta}{\alpha}=\lim\frac{\beta'}{\alpha'}.$$

证明 $\lim\dfrac{\beta}{\alpha}=\lim\left(\dfrac{\beta}{\beta'}\times\dfrac{\beta'}{\alpha'}\times\dfrac{\alpha'}{\alpha}\right)=\lim\dfrac{\beta}{\beta'}\times\lim\dfrac{\beta'}{\alpha'}\times\lim\dfrac{\alpha'}{\alpha}=\lim\dfrac{\beta'}{\alpha'}.$

定理表明，求两个无穷小之比的极限时，分子和分母都可用等价无穷小代替，因此，如果用来代替的无穷小选得适当的话，可以使计算简化.

例 1 求 $\lim\limits_{x\to 0}\dfrac{\tan 2x}{\sin 5x}$.

解 当 $x\to 0$ 时，$\tan 2x\sim 2x$，$\sin 5x\sim 5x$. 所以，

$$\lim_{x\to 0}\frac{\tan 2x}{\sin 5x}=\lim_{x\to 0}\frac{2x}{5x}=\frac{2}{5}.$$

例 2 求 $\lim\limits_{x \to 0} \dfrac{\sin x}{x^3 + x}$.

解 当 $x \to 0$ 时，$\sin x \sim x$，所以，

$$\lim_{x \to 0} \frac{\sin x}{x^3 + x} = \lim_{x \to 0} \frac{x}{x(x^2 + 1)} = \lim_{x \to 0} \frac{1}{x^2 + 1} = 1.$$

例 3 求 $\lim\limits_{x \to 0} \dfrac{(1 + x^2)^{\frac{1}{3}} - 1}{\cos x - 1}$.

解 当 $x \to 0$ 时，$(1 + x^2)^{\frac{1}{3}} - 1 \sim \dfrac{1}{3} x^2$，$\cos x - 1 \sim -\dfrac{1}{2} x^2$，所以

$$\lim_{x \to 0} \frac{(1 + x^2)^{\frac{1}{3}} - 1}{\cos x - 1} = \lim_{x \to 0} \frac{\frac{1}{3} x^2}{-\frac{1}{2} x^2} = -\frac{2}{3}.$$

三、无穷大

1. 无穷大的定义

如果当 $x \to x_0$（或 $x \to \infty$）时函数 $f(x)$ 的绝对值 $|f(x)|$ 无限增大，就说 $f(x)$ 当 $x \to x_0$（或 $x \to \infty$）时是无穷大量．确切地说，就是下列定义．

定义 3 设函数 $f(x)$ 在 x_0 的某一去心邻域内有定义（或 $|x|$ 大于某一正数时有定义）．如果对于任意给定的正数 M（无论它多么大），总存在正数 δ（或正数 X），对于满足不等式 $0 < |x - x_0| < \delta$（或 $|x| > M$）的一切 x，总有

$$|f(x)| > M,$$

则称函数 $f(x)$ 为当 $x \to x_0$（或 $x \to \infty$）时是无穷大量（无穷大）．

注 （1）按函数极限的定义，极限是不存在的．但为了便于叙述，我们也说函数的极限是无穷大，并记作 $\lim\limits_{x \to x_0} f(x) = \infty$（或 $\lim\limits_{x \to \infty} f(x) = \infty$）．如果把 $|f(x)| > M$ 换成 $f(x) > M$（或 $f(x) < -M$），就记作 $\lim\limits_{\substack{x \to x_0 \\ (x \to \infty)}} f(x) = +\infty$（或 $\lim\limits_{\substack{x \to x_0 \\ (x \to \infty)}} f(x) = -\infty$）．

（2）无穷大不是一个数，不可与很大的数混为一谈．例如 $\lim\limits_{x \to 1} \dfrac{1}{x - 1} = \infty$．

2. 无穷大与无穷小的关系

定理 4 在自变量的同一变化过程中，如果 $f(x)$ 为无穷大，则 $\dfrac{1}{f(x)}$ 为无穷小；反之，如果 $f(x)$ 为无穷小，且 $f(x) \neq 0$，则 $\dfrac{1}{f(x)}$ 为无穷大．

习题 1-5

1. 在下列各题中，哪些变量是无穷大？哪些变量是无穷小？

（1）$f(x) = \dfrac{x - 1}{x^2 - 4}$，当 $x \to -2$ 时；

（2）$f(x) = \ln x$，当 $x \to 0^+$ 时；

（3）$f(x)=\dfrac{\pi}{2}-\arctan x$，当 $x\to+\infty$ 时；

（4）$f(x)=a^{\frac{1}{x}}$，当 $x\to0^{+}$ 时（$a>1$）．

2．求下列极限并说明理由：

（1）$\lim\limits_{x\to\infty}\dfrac{2x+1}{x}$；（2）$\lim\limits_{x\to0}\dfrac{1-x^{2}}{1-x}$．

3．两个无穷小的商是否一定是无穷小？举例说明之．

4．当 $x\to0$ 时，$2x-x^{2}$ 与 $x^{2}-x^{3}$ 相比，哪一个是高阶无穷小？

5．当 $x\to0$ 时，$1-\cos x$ 与 mx^{n} 等价，求 m 和 n 的值．

6．利用等价无穷小的性质求下列极限：

（1）$\lim\limits_{x\to0}\dfrac{\tan3x}{2x}$；　　　　（2）$\lim\limits_{x\to0}\dfrac{\ln(1+2x)}{\arcsin3x}$；

（3）$\lim\limits_{x\to0}\dfrac{\ln(1+x)}{\sqrt{1+x}-1}$；　　（4）$\lim\limits_{x\to0}\dfrac{e^{5x}-1}{x}$；

（5）$\lim\limits_{x\to0}\dfrac{\sqrt{1+x^{2}}-1}{1-\cos x}$；　　（6）$\lim\limits_{x\to0}\dfrac{\sqrt{1+x\sin x}-1}{x\arctan x}$．

7．若当 $x\to0$ 时，$(1-ax^{2})^{\frac{1}{3}}-1$ 与 $\cos x-1$ 是等价无穷小，求 a．

第六节　连续函数的概念与性质

一、函数的连续性

自然界中有许多现象，如气温的变化、河水的流动、植物的生长等等，都是连续变化的．这种现象在函数关系上的反映，就是函数的连续性．例如就气温的变化来看，当时间变动很微小时，气温的变化也很微小，这种特点就是所谓连续性．

定义 1　设函数 $f(x)$ 在点 x_{0} 的某一邻域内有定义，如果当自变量的增量 $\Delta x=x-x_{0}$ 趋于零时，对应的函数的增量 $\Delta y=f(x+x_{0})-f(x)$ 也趋于零，即

$$\lim_{\Delta x\to0}\Delta y=0,$$

那么就称函数 $f(x)$ 在点 x_{0} 连续．

因为

$\lim\limits_{\Delta x\to0}\Delta y=0\Leftrightarrow\lim\limits_{\Delta x\to0}\left[f(x_{0}+\Delta x)-f(x_{0})\right]=0\Leftrightarrow\lim\limits_{x\to x_{0}}f(x)=f(x_{0})$（令 $x=x_{0}+\Delta x$），由此可得连续的等价定义．

定义 2　设函数 $f(x)$ 在点 x_{0} 的某一邻域内有定义，如果 $\lim\limits_{x\to x_{0}}f(x)=f(x_{0})$，那么就称函数 $f(x)$ 在点 x_{0} 连续．

例 1　证明函数

$$f(x)=\begin{cases}x\sin\dfrac{1}{x},&x\neq0\\[2mm]0,&x=0\end{cases}$$

在 $x=0$ 处是连续的.

证明 由已知 $f(0)=0$，而

$$\lim_{x\to 0}f(x)=\lim_{x\to 0}x\sin\frac{1}{x}=0.$$

由此可知 $\lim_{x\to 0}f(x)=f(0)$，即 $f(x)$ 在 $x=0$ 处是连续的.

定义 3 如果 $f(x_0^-)$ 存在且等于 $f(x_0)$，即

$$f(x_0^-)=f(x_0),$$

就称函数 $f(x)$ 在点 x_0 **左连续**. 如果 $f(x_0^+)$ 存在且等于 $f(x_0)$，即

$$f(x_0^+)=f(x_0),$$

就称函数 $f(x)$ 在点 x_0 **右连续**.

定义 4 若函数 $f(x)$ 在开区间 (a,b) 内每一点都连续，则称它在开区间 (a,b) 内连续；若函数 $f(x)$ 在开区间 (a,b) 内连续，并且在左端点 a 右连续，在右端点 b 左连续，则称 $f(x)$ 在闭区间 $[a,b]$ 上连续.

例 2 证明 $y=\sin x$ 在区间 $(-\infty,+\infty)$ 上处处连续.

证明 设 x 是区间 $(-\infty,+\infty)$ 内任意取定的一点. 当 x 有增量 Δx 时，对应的函数的增量为

$$\Delta y=\sin(x+\Delta x)-\sin x,$$

由三角公式有

$$\sin(x+\Delta x)-\sin x=2\sin\frac{\Delta x}{2}\cos\left(x+\frac{\Delta x}{2}\right),$$

注意到

$$\left|\cos\left(x+\frac{\Delta x}{2}\right)\right|\leqslant 1,$$

就推得

$$|\Delta y|=|\sin(x+\Delta x)-\sin x|\leqslant 2\left|\sin\frac{\Delta x}{2}\right|.$$

因为对于任意的角度 α，当 $\alpha\neq 0$ 时有 $|\sin\alpha|<|\alpha|$，所以

$$0\leqslant|\Delta y|=|\sin(x+\Delta x)-\sin x|<|\Delta x|.$$

因此，当 $\Delta x\to 0$ 时，由两边夹准则得 $|\Delta y|\to 0$，这就证明了 $y=\sin x$ 对于任一 $x\in(-\infty,+\infty)$ 是连续的.

二、函数的间断点

设函数 $f(x)$ 在点 x_0 的某一邻域内有定义，在此前提下，如果函数 $f(x)$ 有下列三种情形之一：

(1) 在 $x=x_0$ 没有定义；

(2) 在 $x=x_0$ 有定义，但 $\lim\limits_{x\to x_0}f(x)$ 不存在；

(3) 在 $x=x_0$ 有定义，且 $\lim\limits_{x\to x_0}f(x)$ 存在，但 $\lim\limits_{x\to x_0}f(x)\neq f(x_0)$.

则函数 $f(x)$ 在点 x_0 不连续.

定义 5 使函数 $f(x)$ 不连续的点 x_0 称为函数的**间断点**.

定义 6 设 x_0 是函数 $f(x)$ 的间断点，如果 $f(x)$ 在 x_0 处的左、右极限存在，则称 x_0 是**函数 $f(x)$ 的第一类间断点**；如果左、右极限至少有一个不存在，则称 x_0 是**函数**

$f(x)$的第二类间断点.

第一类间断点又可分为两种:一种是左极限$f(x_0^-)$与右极限$f(x_0^+)$存在且相等,则称x_0是函数$f(x)$的**可去间断点**;另一种是左极限$f(x_0^-)$与右极限$f(x_0^+)$存在但不相等,称x_0是函数$f(x)$的**跳跃间断点**.

第二类间断点中常见的有**无穷间断点**和**振荡间断点**.

例3 函数$y=\dfrac{x^2-1}{x-1}$在点$x=1$没有定义,所以函数在点$x=1$不连续.但

$$\lim_{x\to 1}\frac{x^2-1}{x-1}=\lim_{x\to 1}(x+1)=2.$$

如果补充定义:令$x=1$时$y=2$,则所给函数在$x=1$成为连续,所以$x=1$是该函数的可去间断点.

例4 函数

$$f(x)=\begin{cases}x-1,x<0,\\0,\qquad x=0,\\x+1,x>0.\end{cases}$$

这里,当$x\to 0$时,
$$\lim_{x\to 0^-}f(x)=\lim_{x\to 0^-}(x-1)=-1,$$
$$\lim_{x\to 0^+}f(x)=\lim_{x\to 0^+}(x+1)=1.$$

左极限与右极限虽都存在,但不相等,故极限$\lim_{x\to 0}f(x)$不存在,所以点$x=0$是函数$f(x)$的间断点.因$y=f(x)$的图形在$x=0$处产生跳跃现象,我们称$x=0$为函数$f(x)$的跳跃间断点.

例5 函数$y=\dfrac{1}{x}$在$x=0$没有定义,所以点$x=0$是函数$\dfrac{1}{x}$的间断点.因为$\lim_{x\to 0}\dfrac{1}{x}=\infty$,故$x=0$是函数$\dfrac{1}{x}$的无穷间断点.

例6 函数$y=\sin\dfrac{1}{x}$当$x=0$时函数值在-1与$+1$之间无限次振荡,所以点$x=0$是函数$\sin\dfrac{1}{x}$的振荡间断点.

例7 指出$f(x)=\dfrac{x^2-x}{|x|(x^2-1)}$的间断点,并说明其类型.

解 函数$f(x)=\dfrac{x^2-x}{|x|(x^2-1)}$在$x=0$,$x=1$及$x=-1$处无定义,故为函数的间断点.又因为

$$\lim_{x\to 0^-}f(x)=\lim_{x\to 0^-}\frac{x^2-x}{|x|(x^2-1)}=\lim_{x\to 0^-}\frac{x^2-x}{-x(x^2-1)}=\lim_{x\to 0^-}\frac{1}{-(x+1)}=-1,$$
$$\lim_{x\to 0^+}f(x)=\lim_{x\to 0^+}\frac{x^2-x}{|x|(x^2-1)}=\lim_{x\to 0^+}\frac{x^2-x}{x(x^2-1)}=\lim_{x\to 0^+}\frac{1}{x+1}=1.$$

故$x=0$为跳跃间断点.

$\lim_{x\to 1}f(x)=\lim_{x\to 1}\dfrac{x-1}{x^2-1}=\lim_{x\to 1}\dfrac{1}{x+1}=\dfrac{1}{2}$,故$x=1$为可去间断点.

$$\lim_{x \to -1} f(x) = \lim_{x \to -1} \frac{x^2 - x}{-x(x^2 - 1)} = \lim_{x \to -1} \frac{-1}{x+1} = \infty, \text{ 故 } x = -1 \text{ 为无穷间断点.}$$

三、连续函数的运算与初等函数的连续性

定理 1（连续函数的和、差、积及商的连续性） 设函数 $f(x)$ 和 $g(x)$ 在点 x_0 连续，则函数 $f(x) \pm g(x)$，$f(x)g(x)$，$\dfrac{f(x)}{g(x)}(g(x_0) \neq 0)$ 都在点 x_0 连续.

定理 2（反函数的连续性定理） 如果函数 $y = f(x)$ 在区间 I_x 上单调增加（或单调减少）且连续，那么它的反函数 $x = f^{-1}(y)$ 也在对应的区间 $I_y = \{y \mid y = f(x), x \in I_x\}$ 上单调增加（或单调减少）且连续.

定理 3（复合函数的连续性） 设函数 $y = f[g(x)]$ 是由函数 $u = g(x)$ 与函数 $y = f(u)$ 复合而成，$U(x_0) \subset D_{f \circ g}$. 若函数 $u = g(x)$ 在 $x = x_0$ 连续，且 $g(x_0) = u_0$，而函数 $y = f(u)$ 在 $u = u_0$ 连续，则复合函数 $y = f[g(x)]$ 在 $x = x_0$ 连续.

综上所述：基本初等函数在其定义域内都是连续的.

定理 4（初等函数的连续性） 一切初等函数在其定义区间内都是连续的.

四、闭区间上连续函数的性质

定义 7 对于在区间 I 上有定义的函数 $f(x)$，如果有 $x_0 \in I$，使得对于任一 $x \in I$ 都有

$$f(x) \leqslant f(x_0) \quad [f(x) \geqslant f(x_0)],$$

则称 $f(x_0)$ 是函数 $f(x)$ 在区间 I 上的最大值（最小值）.

例如，函数 $f(x) = 1 + \sin x$ 在区间 $[0, 2\pi]$ 上有最大值 2 和最小值 0. 但函数 $f(x) = x$ 在开区间 (a, b) 内既无最大值又无最小值.

定理 5（有界性和最大值最小值定理） 在闭区间上连续的函数在该区间上有界且一定能取得它的最大值和最小值.

注 如果函数在开区间内连续，或函数在闭区间上有间断点，那么函数在该区间上不一定有界，也不一定有最大值或最小值.

例如，函数

$$y = f(x) = \begin{cases} -x + 1, & 0 \leqslant x < 1, \\ 1, & x = 1, \\ -x + 3, & 1 < x \leqslant 2. \end{cases}$$

在闭区间 $[0, 2]$ 上有间断点 $x = 1$，函数 $f(x)$ 在闭区间 $[0, 2]$ 上虽然有界，但是既无最大值又无最小值.

定义 8 如果 x_0 使 $f(x_0) = 0$，则称为函数 $f(x)$ 的零点.

定理 6（零点定理） 设函数 $f(x)$ 在闭区间 $[a, b]$ 上连续，且 $f(a)$ 与 $f(b)$ 异号（即 $f(a)f(b) < 0$），那么在开区间 (a, b) 内至少有一点 ξ，使

$$f(\xi) = 0.$$

证明略.

从几何上看，零点定理表示，如果连续曲线弧 $y = f(x)$ 的两个端点位于 x 轴的上、下两侧，那么这段曲线弧与 x 轴至少有一个交点.

例 8 证明方程 $x^3 - 4x^2 + 1 = 0$ 在区间 $(0, 1)$ 内至少有一个根.

证明 令函数 $f(x)=x^3-4x^2+1$，显然函数在闭区间上 $[0,1]$ 上连续，且 $f(0)=1>0$，$f(1)=-2<0$. 根据零点定理，在开区间 $(0,1)$ 内至少存在一点 ξ，使 $f(\xi)=0$，即 $\xi^3-4\xi^2+1=0(0<\xi<1)$. 这说明了方程 $x^3-4x^2+1=0$ 在区间 $(0,1)$ 内至少有一个根是 ξ.

例 9 试证方程 $x=2\sin x+1$ 至少有一个小于 3 的正根.

证明 设 $f(x)=x-2\sin x-1$，则 $f(x)$ 在 $[0,3]$ 上连续.

$$f(0)=-1<0,\quad f(3)=2-2\sin 3>0.$$

则由零点定理知至少存在一点 $\xi\in(0,3)$，使得 $f(\xi)=0$，即 $\xi=2\sin\xi+1$，故方程 $x=2\sin x+1$ 至少有一个小于 3 正根.

定理 7（介值定理） 设函数 $f(x)$ 在闭区间 $[a,b]$ 上连续，且在这区间的端点取不同的函数值 $f(a)=A$，$f(b)=B$，$A\neq B$，那么对于 A 与 B 之间的任意一个数 C，在开区间 (a,b) 内至少有一点 ξ，使

$$f(\xi)=C(a<\xi<b).$$

证明 设 $\varphi(x)=f(x)-C$，则 $\varphi(x)$ 在闭区间 $[a,b]$ 上连续，且 $\varphi(a)=f(a)-C$ 与 $\varphi(b)=f(b)-C$ 异号. 根据零点定理，在开区间 (a,b) 内至少有一点 ξ，使 $\varphi(\xi)=0$ $(a<\xi<b)$. 但 $\varphi(\xi)=f(\xi)-C$，因此上式即得 $f(\xi)=C(a<\xi<b)$.

推论 在闭区间上连续的函数必取得介于最大值 M 与最小值 m 之间的任何值.

习题 1-6

1. 讨论下列函数在指定点处的连续性，若是间断点，说明它的类型.

(1) $f(x)=\dfrac{x^2-4}{x-2}$，$x=2$； (2) $f(x)=\begin{cases}x\sin\dfrac{1}{x}, & x<0 \\ 1, & x\geq 0\end{cases}$，$x=0$；

(3) $f(x)=\begin{cases}x^2, & 0\leq x\leq 1 \\ 1-x, & 1<x\leq 2\end{cases}$，$x=1$； (4) $f(x)=\begin{cases}(1+2x)^{\frac{1}{x}}, & x\geq 0 \\ \dfrac{1}{x}, & x<0\end{cases}$，$x=0$.

2. 讨论下列函数的连续性，若有间断点，说明间断点的类型.

(1) $y=\dfrac{x^2-1}{x^2-3x+2}$； (2) $y=\begin{cases}x-1, & x\leq 1, \\ 3-x, & x>1.\end{cases}$

3. 设 $f(x)=\begin{cases}e^x, & x<0 \\ a+x, & x\geq 0\end{cases}$，应当如何选择 a，使得 $f(x)$ 成为 $(-\infty,+\infty)$ 内的连续函数.

4. 求函数 $f(x)=\dfrac{x^2+3x^2-x-3}{x^2+x-6}$ 的连续区间，并求极限 $\lim\limits_{x\to 0}f(x)$，$\lim\limits_{x\to 2}f(x)$.

5. 求下列极限：

(1) $\lim\limits_{x\to 0}\sqrt{x^2-2x+5}$； (2) $\lim\limits_{x\to\infty}e^{\frac{1}{x}}$；

(3) $\lim\limits_{x\to 0}\ln\dfrac{\sin x}{x}$； (4) $\lim\limits_{x\to 0}\arctan\dfrac{x^2-1}{x^3+1}$；

(5) $\lim\limits_{x\to 0}x^3-\sin x+3$； (6) $\lim\limits_{x\to 0}\dfrac{\sqrt{x+1}-1}{x}$.

6. 证明方程 $x^5 - 3x = 1$ 至少有一个根介于 1 和 2 之间.

7. 设 $f(x) = e^x - 2$，求证在区间（0，2）内至少有一点 x_0，使 $e^{x_0} - 2 = x_0$.

8. 试证方程 $x = a\sin x + b$ （$a > 0$，$b > 0$）至少有一个正根，并且它不大于 $a + b$.

9. 设 $f(x)$ 在 $[a，b]$ 上连续，$a < x_1 < x_2 < \cdots < x_n < b$，则在 $[x_1，x_n]$ 上必有 ξ，
使 $f(\xi) = \dfrac{f(x_1) + f(x_2) + \cdots + f(x_n)}{n}$.

10. 设函数

$$f(x) = \begin{cases} \dfrac{\sin ax}{x}, & x > 0, \\ 2, & x = 0, \\ \dfrac{1}{bx}\ln(1 - 3x), & x < 0. \end{cases}$$

确定 a，b 的值，使得函数 $f(x)$ 在 $x = 0$ 连续.

第七节　极限应用举例

自然界中有很多问题的精确解必须通过分析一个无限变化过程的变化趋势才能求得，从而产生了极限的理论和方法. 极限的应用贯穿于整个微积分学，本节讨论几个简单的例子.

一、曲边三角形的面积的计算

如图 1-10 所示，曲线 $y = x^2$ 与 x 轴、直线 $x = 1$ 围成了一个平面图形，称曲边三角形. 求它的面积 S.

解决这个问题的困难之处在于图形的上部边界是一条曲线（称为曲边），因此不能用计算多边形（其边界由直线段所组成）的面积的方法来求出它的面积 S. 尽管如此，我们却能用计算多边形面积的方法来求出 S 的近似值. 于是我们从求 S 的近似值入手，来寻求计算 S 的精确值的方法.

把底边 $[0，1]$ n 等分，分点依次为 $\dfrac{1}{n}$，$\dfrac{2}{n}$，$\cdots$，$\dfrac{n-1}{n}$，然后在每个分点处作底边的垂线，这样就把曲边三角形分成了 n 个窄条，虽然每个窄条的上部边界都是曲线的，但由于很窄，因此每个窄条都可以近似地看作一个矩形. 每个矩形的宽为 $\dfrac{1}{n}$，高为 $\left(\dfrac{i}{n}\right)^2$，故面积为 $\left(\dfrac{i}{n}\right)^2 \times \dfrac{1}{n}$ （$i = 0，1，2，\cdots，n-1$）把这 n 个矩形的面积累加起来，就得到了曲边三角形面积 S 的近似值 S_n：

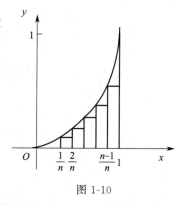

图 1-10

$$S_n = 0 \times \frac{1}{n} + \left(\frac{1}{n}\right)^2 \times \frac{1}{n} + \left(\frac{2}{n}\right)^2 \times \frac{1}{n} + \cdots + \left(\frac{n-1}{n}\right)^2 \times \frac{1}{n}$$

$$= \frac{1}{n^3}\left[1^2 + 2^2 + \cdots + (n-1)^2\right] = \frac{1}{n^3} \times \frac{(n-1)n(2n-1)}{6}$$

$$= \frac{1}{6}\left(1 - \frac{1}{n}\right)\left(2 - \frac{1}{n}\right).$$

让 n 取不同的正整数，就得到由 S 的近似值组成的数列

$$S_1, S_2, \cdots, S_n, \cdots$$

当 n 无限增大时，从几何上看，面积等于 S_n 的多边形将越来越逼近曲边三角形，因此从数值上看，S_n 将无限接近曲边三角形的面积 S. 这就是说，S 是当 $n \to \infty$ 时数列 S_n 的极限：

$$S = \lim_{n \to \infty} S_n = \lim_{n \to \infty} \frac{1}{6}\left(1 - \frac{1}{n}\right)\left(2 - \frac{1}{n}\right) = \frac{1}{6} \times 2 = \frac{1}{3}.$$

可以看到，解决这个问题的关键在于分析数列 S_n 的变化趋势，确定出 S_n 无限逼近的那个数值. 如果停留在算术运算的层次上，是得不出曲边三角形面积的精确值的.

二、求变速直线运动的瞬时速度

设物体在 Os 轴上沿正向运动，s 为物体从某一选定时刻到时刻 t 所通过的路程，则 s 是 t 的一个函数 $s = s(t)$，这个函数称为物体的位置函数. 例如，物体受重力作用自由下落，根据物理公式知，若设定运动开始时刻 $t = 0$，则到时刻 t 物体下落的路程是

$$s(t) = \frac{1}{2}gt^2 \ (g \text{ 是重力加速度}).$$

这个运动不是匀速的. 为了说明落体在各个不同时刻运动的快慢程度，我们需要确定落体在各个时刻的速度（称为瞬时速度）.

比如，考虑自由落体在时刻 $t_0 = 2$ 时的速度. 为此我们先取从时刻 2 到时刻 t 这样一个时间段. 在这段时间内，落体经过的路程为

$$s(t) - s(2) = \frac{1}{2}gt^2 - \frac{1}{2}g \times 2^2.$$

于是在这段时间内，落体的平均速度为

$$\bar{v} = \frac{s(t) - s(2)}{t - 2} = \frac{\frac{1}{2}gt^2 - \frac{1}{2}g \times 2^2}{t - 2}.$$

如果时间间隔 $(t - 2)$ 很小，那么落体的速度在该时间段内的变化也很小，可把平均速度近似地看作落体在 2 时的速度. 当 $(t - 2)$ 越小时，这种近似就越精确. 然而不管时间间隔选得多么小，$\bar{v}$ 都不能精确地反映落体在 $t_0 = 2$ 时的快慢速度，也就是说，$\bar{v}$ 不能作为动点在时刻 2 的瞬时速度的精确值. 为了求得这个精确值，必须考察 t 无限趋近 2 时，相应的 $\bar{v}$ 在这个变化过程中的变化趋势. 如果 $\bar{v}$ 无限接近于一个确定的常数，那么把这个数作为落体在时刻 2 时的瞬时速度是合理的. 用极限的语言表达就是：落体在时刻 2 时的瞬时速度 v 为平均速度 $\bar{v}$ 当 t 趋近于 2 时的极限，即有

$$v = \lim_{t \to 2} \bar{v} = \lim_{t \to 2} \frac{s(t) - s(2)}{t - 2} = \lim_{t \to 2} \frac{\frac{1}{2}gt^2 - \frac{1}{2}g \times 2^2}{t - 2} = \lim_{t \to 2} \frac{1}{2}g(t + 2) = 2g,$$

即自由落体在时刻 2 时的瞬时速度为 $2g$.

由此可见，对于瞬时速度，无论是为了理解它还是为了计算它，都必须考察函数在一个无限变化过程中的变化趋势，也就是说，必须依赖极限方法.

三、复利的计算问题

设有某笔贷款 A_0（也叫本金），贷款期数为 t，每期利率为 r，如果每期结算一次，则

本利和为 $A = A_0(1+r)^t$.

如果每期结算 m 次,则 t 期本利和为 $A_m = A_0\left(1+\dfrac{r}{m}\right)^{mt}$.

如果立即产生立即结算,也就是每时每刻计算复利,即 $m \to \infty$,这样 t 期本利和应为 $\lim\limits_{m \to \infty} A_0\left(1+\dfrac{r}{m}\right)^{mt}$.

这种计算得利的方法称为连续复利.

$$\lim_{m \to \infty} A_0\left(1+\frac{r}{m}\right)^{mt} = A_0 \lim_{m \to \infty}\left[\left(1+\frac{r}{m}\right)^{\frac{m}{r}}\right]^{rt} = A_0 \mathrm{e}^{rt}.$$

习题 1-7

1. 一只皮球从 30m 高处自由落向地面,如果每次触地后均反弹至前一次下落高度的 $\dfrac{2}{3}$ 处. 问当皮球静止不动时,总共经过了多少路程?

2. 设某人在银行存入 1000 元,复利率为每年 5%. 分别以按年结算和连续复利结算两种方式,计算 10 年后该人在银行的存款额.

□ **本章小结**

【知识目标】 能说出基本初等函数的基本概念和性质,复述极限的基本概念,记住连续函数定义及性质,会判断间断点,会计算极限,应用两个重要极限计算相关问题.

【能力目标】 准确求出初等函数定义域的能力,确定初等函数基本特征的能力,计算极限的能力,利用闭区间连续函数性质判断方程根的存在性的能力.

【素质目标】 通过极限概念的讲解、性质的论证、题目的解答,让学生逐步理解极限思想、接受极限思想、培养其数学思维.

理解层次:

□ **目标测试**

1. 确定函数 $y = \sqrt{3-x} + \arcsin\dfrac{3-2x}{5}$ 的定义域.

2. 设函数 $f(x)$ 的定义域是 $[0, 1]$,试确定 $f(\mathrm{e}^x)$ 的定义域.

3. 设 $f\left(\dfrac{1}{x}\right) = x + \sqrt{1+x^2}$ $(x \neq 0)$,试确定 $f(x)$ 的表达式.

4. 试确定函数 $y = \begin{cases} x, & -\infty < x < 1 \\ x^2, & 1 \leqslant x \leqslant 2 \\ 3^x, & 2 < x < +\infty \end{cases}$ 的反函数.

5. 试判断当 $x \to 0$ 时,$\dfrac{x^6}{1-\sqrt{\cos x}}$ 是 x 的多少阶无穷小.

6. 根据定义说明 $y=\dfrac{x^2-9}{x+3}$ 为 $x\to 3$ 时的无穷小.

应用层次:

7. 求下列函数极限:

(1) $\lim\limits_{x\to 1}\dfrac{x^2-x+1}{(x-1)^2}$;

(2) $\lim\limits_{x\to\infty}\dfrac{x^2+1}{x^3+x}$ $(3+\cos x)$;

(3) $\lim\limits_{n\to\infty}2^n\sin\dfrac{x}{2^n}$ $(x\neq 0)$;

(4) $\lim\limits_{x\to\infty}\left(\dfrac{2x+3}{2x+1}\right)^{x+1}$;

(5) $\lim\limits_{x\to 0}\dfrac{\tan x-\sin x}{x^3}$;

(6) $\lim\limits_{x\to\infty}\dfrac{\sqrt{1+\tan x}-\sqrt{1+\sin x}}{x\ (1-\cos x)}$;

(7) $\lim\limits_{x\to 0}\dfrac{\sin\ (x^n)}{(\sin x)^m}$ $(n,\ m\in\mathbf{N})$;

(8) $\lim\limits_{x\to 0}\dfrac{\sin^2 3x}{\ln^2\ (1+2x)}$.

8. 试确定 a 的值, 使函数 $f\ (x)=\begin{cases}x^2+a,\ x\leqslant 0\\ x\sin\dfrac{1}{x},\ x>0\end{cases}$ 在 $(-\infty,\ +\infty)$ 上连续.

9. 设 $f(x)=\begin{cases}\ln\ (1+x),\ -1<x\leqslant 0,\\ \mathrm{e}^{\frac{1}{x-1}},\qquad\qquad x>0.\end{cases}$ 求 $f(x)$ 的间断点, 并说明间断点的类型.

10. 证明方程 $\sin x+x+1=0$ 在开区间 $\left(-\dfrac{\pi}{2},\ \dfrac{\pi}{2}\right)$ 内至少有一个根.

11. 已知 $\lim\limits_{x\to 1}\dfrac{x^2+ax+b}{x-1}=3$, 试求 a、b 的值.

12. 试求常数 a 和 b 的值, 使 $\lim\limits_{x\to\infty}\left(\dfrac{x^2+1}{x+1}-ax-b\right)=0$.

分析层次:

13. 根据极限定义证明 $\lim\limits_{x\to 3}\dfrac{x^2-x-6}{x-3}=5$.

14. 证明函数 $f(x)=|x|$ 当 $x\to 0$ 时极限为 0.

15. 已知 $f(x)=\dfrac{px^2-2}{x^2+1}+3qx+5$, 当 $x\to\infty$ 时, p、q 取何值 $f(x)$ 为无穷小量? p、q 取何值 $f(x)$ 为无穷大量?

16. 求 a, b, c 的值, 使下列函数连续:
$$f(x)=\begin{cases}-1,\qquad\qquad x\leqslant -1,\\ ax^2+bx+c,|x|<1\ \text{且}\ x\neq 0,\\ 0,\qquad\qquad x=0,\\ 1,\qquad\qquad x\geqslant 1.\end{cases}$$

17. 已知 $\lim\limits_{x\to\infty}\left(\dfrac{x+a}{x-a}\right)^x=9$, 求常数 a.

评价层次：

18. 讨论函数 $f(x) = \lim\limits_{n \to \infty} \dfrac{1-x^{2n}}{1+x^{2n}} x$ 的连续性，若有间断点，判断其类型.

19. 已知三次方程 $x^3 - 6x + 2 = 0$ 有三个实根，试估计这三个根的位置.

20. 设函数 $f(x)$ 在 $[0, 2a]$ 连续，且 $f(0) = f(2a)$，证明在 $[0, a]$ 上至少存在一点 ξ，使 $f(\xi) = f(\xi + a)$.

数学文化拓展

中国古代数学中极限思想简介

极限思想蕴含于微积分始终，也是微积分的基础，它是一种运动的、辩证的思想，是变与不变、有限与无限、过程与结论、近似与精确、量变与质变、否定与肯定的对立统一。它的形成与发展经历了漫长的过程。

我国古代有记载的、最早体现极限思想的是《庄子·天下篇》，其中记录有惠施（公元前 390 年～公元前 317 年，政治家、辩客、哲学家、思想家）的一句话"一尺之棰，日取其半，万世不竭"。意思是一尺长的木棒，第一天截取其一半，第二天截取其一半的一半，第三天截取其一半的一半的一半，这样截取下去，总能取到一半，永远截取不尽。虽然这句话不是出自数学著作也没有解决具体的数学问题，但是其中蕴含着的"无限"含义即是极限思想的体现。

到了公元 3 世纪，我国魏晋时期数学家刘徽（约公元 225 年～约公元 295 年）成功地把极限思想应用于实践，其中最典型的、也是最著名的应是"割圆术"（也称"割圆之说"）：

成书于公元 1 世纪的我国古代数学经典《九章算术》中第一卷"方田"里写到了一个公式"半周半径相乘得积步"，也就是我们所熟悉的圆的面积公式。公元 263 年，刘徽编撰《九章算术注》时，为了准确证明这一公式，写了一篇 1800 余字的注记，主要阐述以圆内接正多边形的面积来无限逼近圆面积，即"割圆术"。由于刘徽证明中采用是半径为 1 的圆，所以这样计算的圆的面积在数值上即等于圆周率。他的具体做法是：在直径为两尺的圆内，作圆的内接正六边形，然后逐渐倍增边数，依次算出内接正 6 边形、正 12 边形、正 24 边形……直至正 3072 边形的面积，此时算得圆周率 $\pi = 3.1416$。由此刘徽创立了计算圆周率的科学的方法，奠定了此后千余年来中国圆周率计算在世界上的领先地位。

"割圆术"在人类历史上首次将极限和无穷小分割引入数学证明，成为人类文明史中不朽的篇章。正如刘徽所言："割之弥细，所失弥少，割之又割，以至于不可割，则与圆合体而无所失矣。"这就是"割圆术"所反映的朴素的极限思想。

第二章
一元函数微分学

微分学研究的是函数的导数与微分及其在函数研究中的应用，它是微积分的重要组成部分．

第一节　导数的概念

一、引例

导数是微分学的核心概念，主要起源于研究如何确定非匀速直线运动质点的瞬时速度与平面曲线上一点处的切线方向．

1. 变速直线运动的瞬时速度

从物理学中知道，如果物体做直线运动，它所移动的路程 s 是时间 t 的函数，记为 $s = f(t)$，从时刻 t_0 到 $t_0 + \Delta t$ 的时间间隔内物体平均速度为

$$\overline{v} = \frac{\Delta s}{\Delta t} = \frac{f(t_0 + \Delta t) - f(t_0)}{\Delta t}$$

在匀速运动中，这个比值是常量，但在变速运动中，它不仅与 t_0 有关，而且与 Δt 有关．当 $|\Delta t|$ 很小时，显然 $\frac{\Delta s}{\Delta t}$ 与在 t_0 时刻的速度相近似．如果 $\Delta t \to 0$ 时，平均速度 $\frac{\Delta s}{\Delta t}$ 的极限存在，那么，我们可以把这个极限值叫做物体在 t_0 时的瞬时速度，简称速度，记作 $v(t_0)$，即

$$v(t_0) = \lim_{\Delta t \to 0} \frac{\Delta s}{\Delta t} = \lim_{\Delta t \to 0} \frac{f(t_0 + \Delta t) - f(t_0)}{\Delta t}.$$

2. 曲线切线的斜率

在中学里切线定义为与曲线只有一个交点的直线．这种定义只适合少数几种曲线，如圆、椭圆等．对于其他曲线，用这种定义就不一定合适，如抛物线 $y = x^2$，在原点 O 处两坐标轴都符合上述定义，但实际上只有 x 轴是该抛物线在点 O 处的切线．下面给出切线的定义．

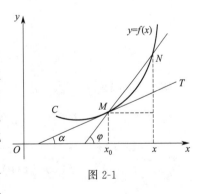

图 2-1

设点 M 是曲线 C 上的一个定点，点 N 是动点，当 N 沿曲线 C 趋向于点 M 时，如果割线 MN 的极限位置 MT 存在，则称 MT 为曲线 C 在点 M 处的切线，如图 2-1．

设曲线的方程 $y = f(x)$，在点 $M(x_0, y_0)$ 处的附近取一点 $N(x_0 + \Delta x, y_0 + \Delta y)$，

那么割线 MN 的斜率为

$$\tan\varphi = \frac{\Delta y}{\Delta x} = \frac{f(x_0 + \Delta x) - f(x_0)}{\Delta x}.$$

如果当点 N 沿曲线趋向于点 M 时，割线 MN 的极限位置存在，即点 M 处的切线存在，此时 $\Delta x \to 0$，$\varphi \to \alpha$，割线 MN 的斜率 $\tan\varphi$ 趋向切线 MT 的斜率 $\tan\alpha$，即

$$\tan\alpha = \lim_{\Delta x \to 0} \frac{f(x_0 + \Delta x) - f(x_0)}{\Delta x}.$$

其中 $\dfrac{f(x_0 + \Delta x) - f(x_0)}{\Delta x}$ 为函数增量与自变量之商，表示函数的平均变化率，而当 $\Delta x \to 0$ 时的极限即为函数 $f(x)$ 在 x_0 的变化率.

上面两例的实际意义完全不同，但从抽象的数量关系来看，其实质都是函数的改变量与自变量改变量之比在自变量改变量趋于零时的极限. 我们把这种特定的极限叫做函数的导数.

二、导数的定义

1. 函数在一点处的导数与导函数

定义 1 设函数 $y = f(x)$ 在点 x_0 的某邻域内有定义，当自变量 x 在 x_0 处取得增量 Δx（点 $x_0 + \Delta x$ 仍在该邻域内）时，相应的函数取得增量 $\Delta y = f(x_0 + \Delta x) - f(x_0)$；如果 Δy 与 Δx 之比当 $\Delta x \to 0$ 时极限存在，则称函数 $y = f(x)$ 在点 x_0 处**可导**，并称这个极限为函数 $f(x)$ 在 x_0 处的**导数**，记为 $f'(x_0)$，即

$$f'(x_0) = \lim_{\Delta x \to 0} \frac{\Delta y}{\Delta x} = \lim_{\Delta x \to 0} \frac{f(x_0 + \Delta x) - f(x_0)}{\Delta x} \tag{2-1}$$

也可记作 $y'\big|_{x=x_0}$，$\dfrac{\mathrm{d}y}{\mathrm{d}x}\Big|_{x=x_0}$ 或 $\dfrac{\mathrm{d}f(x)}{\mathrm{d}x}\Big|_{x=x_0}$.

函数 $f(x)$ 在点 x_0 处可导有时也说成 $f(x)$ 在点 x_0 处**具有导数**或**导数存在**.

导数的定义式(2-1) 也可有不同的形式：

$$f'(x_0) = \lim_{h \to 0} \frac{f(x_0 + h) - f(x_0)}{h} \quad (\Delta x = h) \tag{2-2}$$

或

$$f'(x_0) = \lim_{x \to x_0} \frac{f(x) - f(x_0)}{x - x_0} \quad (x = x_0 + \Delta x) \tag{2-3}$$

例 1 求函数 $f(x) = x^2$ 在 $x = 2$ 处的导数 $f'(2)$.

解 $\quad f'(2) = \lim\limits_{\Delta x \to 0} \dfrac{f(2 + \Delta x) - f(2)}{\Delta x} = \lim\limits_{\Delta x \to 0}(4 + \Delta x) = 4.$

例 2 设 $f(x) = x(x-1)(x-2)(x-3)$，求 $f'(0)$.

解 $\quad f'(0) = \lim\limits_{x \to 0} \dfrac{f(x) - f(0)}{x - 0} = \lim\limits_{x \to 0}(x-1)(x-2)(x-3) = -6.$

如果极限 (2-1) 不存在，则称函数 $y = f(x)$ 在点 x_0 处**不可导**. 如果不可导的原因是由于 $\Delta x \to 0$ 时，比式 $\dfrac{\Delta y}{\Delta x} \to \infty$，为了方便起见，也说函数 $y = f(x)$ 在点 x_0 处的导数为

无穷大.

$\dfrac{\Delta y}{\Delta x} = \dfrac{f(x_0 + \Delta x) - f(x_0)}{\Delta x}$ 是函数 y 在以 x_0 和 $x_0 + \Delta x$ 为端区间上的平均变化率,而导数 $y' \big|_{x=x_0}$,则是函数 y 在点 x_0 处的变化率,它反映了函数随自变量变化而变化的快慢程度.

若函数 $y = f(x)$ 在开区间 I 内每点处都可导,则称函数 $f(x)$ 在**开区间 I 内可导**.这时,对任一 $x \in I$,都对应着 $f(x)$ 的一个确定的导数值.这样就构成了一个新的函数,这个函数叫做原来函数 $y = f(x)$ 的**导函数**,简称导数,记作 y',$f'(x)$,$\dfrac{\mathrm{d}y}{\mathrm{d}x}$ 或 $\dfrac{\mathrm{d}f(x)}{\mathrm{d}x}$.

在式(2-1)或式(2-2)中把 x_0 换成 x,即得到导函数的定义式

$$y' = \lim_{\Delta x \to 0} \frac{f(x + \Delta x) - f(x)}{\Delta x}$$

或

$$f'(x) = \lim_{h \to 0} \frac{f(x + h) - f(x)}{h}.$$

注意,在以上两式中,虽然 x 可取区间 I 内任意数值,但在取极限的过程中,x 是常量,Δx 或 h 是变量.

显然,函数 $f(x)$ 在点 x_0 处的导数 $f'(x_0)$ 就是导函数 $f'(x)$ 在点 $x = x_0$ 处的函数值,即 $f'(x_0) = f'(x) \big|_{x=x_0}$.

2. 单侧导数

根据函数 $f(x)$ 在点 x_0 处的导数 $f'(x_0)$ 的定义,导数

$$f'(x_0) = \lim_{\Delta x \to 0} \frac{f(x_0 + \Delta x) - f(x_0)}{\Delta x}$$

是一个极限,而极限存在的充分必要条件是左、右极限

$$\lim_{\Delta x \to 0^-} \frac{f(x_0 + \Delta x) - f(x_0)}{\Delta x} \text{ 及 } \lim_{\Delta x \to 0^+} \frac{f(x_0 + \Delta x) - f(x_0)}{\Delta x}$$

都存在且相等,这两个极限分别称为 $f(x)$ 在点 x_0 处的**左导数**和**右导数**,记作 $f'_-(x_0)$ 及 $f'_+(x_0)$,即

$$f'_-(x_0) = \lim_{\Delta x \to 0^-} \frac{f(x_0 + \Delta x) - f(x_0)}{\Delta x}, \quad f'_+(x_0) = \lim_{\Delta x \to 0^+} \frac{f(x_0 + \Delta x) - f(x_0)}{\Delta x}.$$

函数 $f(x)$ 在点 x_0 处可导的充分必要条件是左导数 $f'_-(x_0)$ 和右导数 $f'_+(x_0)$ 都存在且相等.

例 3 讨论函数 $f(x) = |x|$ 在 $x = 0$ 处的可导性.

解 $f'_+(0) = \lim\limits_{\Delta x \to 0^+} \dfrac{f(0 + \Delta x) - f(0)}{\Delta x} = \lim\limits_{\Delta x \to 0^+} \dfrac{|\Delta x|}{\Delta x} = \lim\limits_{\Delta x \to 0^+} \dfrac{\Delta x}{\Delta x} = 1.$

$f'_-(0) = \lim\limits_{\Delta x \to 0^-} \dfrac{f(0 + \Delta x) - f(0)}{\Delta x} = \lim\limits_{\Delta x \to 0^-} \dfrac{|\Delta x|}{\Delta x} = \lim\limits_{\Delta x \to 0^-} \dfrac{-\Delta x}{\Delta x} = -1.$

因为 $f'_+(x_0) \neq f'_-(x_0)$,所以函数 $f(x) = |x|$ 在 $x = 0$ 处不可导.

左导数和右导数统称为**单侧导数**.

如果函数 $f(x)$ 在开区间 (a, b) 内可导,且 $f'_+(a)$ 及 $f'_-(b)$ 都存在,则称 $f(x)$ 在闭区间 $[a, b]$ 上可导.

3. 用定义计算导数

下面根据导数的定义求一些简单函数的导数.

例 4　求函数 $f(x)=C$（C 为常数）的导数.

解　$f'(x)=\lim\limits_{h\to 0}\dfrac{f(x+h)-f(x)}{h}=\lim\limits_{h\to 0}\dfrac{C-C}{h}=0$，

即　$(C)'=0$.

这就是说常数的导数等于零.

例 5　求函数 $y=x^n$（n 为正整数）的导数.

解　$(x^n)'=\lim\limits_{h\to 0}\dfrac{(x+h)^n-x^n}{h}$

$$=\lim\limits_{h\to 0}\left[nx^{n-1}+\frac{n(n-1)}{2!}x^{n-2}h+\cdots+h^{n-1}\right]=nx^{n-1},$$

即

$$(x^n)'=nx^{n-1}.$$

更一般地，$(x^\mu)'=\mu x^{\mu-1}$（$\mu\in\mathbf{R}$）.

例如，$(\sqrt{x})'=\dfrac{1}{2}x^{\frac{1}{2}-1}=\dfrac{1}{2\sqrt{x}}$，$\left(\dfrac{1}{x}\right)'=(-1)x^{-1-1}=-\dfrac{1}{x^2}$.

例 6　设 $f(x)=\sin x$，求 $f'(x)$ 及 $f'\left(\dfrac{\pi}{4}\right)$.

解　$f'(x)=\lim\limits_{h\to 0}\dfrac{f(x+h)-f(x)}{h}=\lim\limits_{h\to 0}\dfrac{\sin(x+h)-\sin(x)}{h}$

$$=\lim\limits_{h\to 0}\cos\left(x+\frac{h}{2}\right)\frac{\sin\left(\dfrac{h}{2}\right)}{\dfrac{h}{2}}=\cos x,$$

即

$$(\sin x)'=\cos x$$

$$f'\left(\frac{\pi}{4}\right)=\cos x\,\Bigg|_{x=\frac{\pi}{4}}=\frac{\sqrt{2}}{2}.$$

同理可得 $(\cos x)'=-\sin x$.

例 7　求函数 $f(x)=a^x$（$a>0,a\neq 1$）的导数.

解　$f'(x)=\lim\limits_{h\to 0}\dfrac{f(x+h)-f(x)}{h}=\lim\limits_{h\to 0}\dfrac{a^{x+h}-a^x}{h}=a^x\lim\limits_{h\to 0}\dfrac{a^h-1}{h}=a^x\ln a$.

其中，$\lim\limits_{h\to 0}\dfrac{a^h-1}{h}=\lim\limits_{t\to 0}\dfrac{t}{\log_a(1+t)}=\lim\limits_{t\to 0}\dfrac{1}{\log_a(1+t)^{\frac{1}{t}}}=\ln a$，

即　$(a^x)'=a^x\ln a$.

特别地，当 $a=\mathrm{e}$ 时，$(\mathrm{e}^x)'=\mathrm{e}^x$.

上式表明，以 e 为底的指数函数的导数就是它自身，这是以 e 为底的指数函数的一个重要特性.

例 8　求函数 $f(x)=\log_a x$（$a>0$，$a\neq 1$）的导数.

解　$f'(x)=\lim\limits_{h\to 0}\dfrac{f(x+h)-f(x)}{h}=\lim\limits_{h\to 0}\dfrac{\log_a(x+h)-\log_a x}{h}$

$$=\lim_{h\to 0}\frac{\log_a\left(1+\dfrac{h}{x}\right)}{\dfrac{h}{x}}\times\frac{1}{x}=\frac{1}{x}\lim_{h\to 0}\log_a\left(1+\frac{h}{x}\right)^{\frac{x}{h}}=\frac{1}{x}\log_a\mathrm{e}=\frac{1}{x\ln a},$$

即 $(\log_a x)'=\dfrac{1}{x\ln a}$.

特别地，当 $a=\mathrm{e}$ 时，$(\ln x)'=\dfrac{1}{x}$.

三、导数的几何意义

函数 $y=f(x)$ 在点 x_0 处的导数 $f'(x_0)$ 在几何上表示曲线 $y=f(x)$ 在点 $M(x_0,f(x_0))$ 处切线的斜率，即

$$f'(x_0)=\tan\alpha,$$

其中 α 为切线的倾角（图 2-2）.

于是，曲线 $y=f(x)$ 在点 $M(x_0,f(x_0))$ 处的切线方程为

$$y-y_0=f'(x_0)(x-x_0).$$

法线方程为

$$y-y_0=-\frac{1}{f'(x_0)}(x-x_0).$$

如果 $f'(x_0)=0$，则切线方程为 $y=y_0$，即切线平行于 x 轴.

如果 $f'(x_0)$ 为无穷大，则切线方程为 $x=x_0$，即切线垂直于 x 轴.

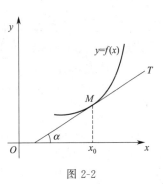

图 2-2

例 9 求曲线 $y=\dfrac{1}{x}$ 在点 $\left(\dfrac{1}{2},2\right)$ 处的切线方程和法线方程.

解 由导数的几何意义，得切线斜率为

$$k=y'\Big|_{x=\frac{1}{2}}=\left(\frac{1}{x}\right)'\Big|_{x=\frac{1}{2}}=-\frac{1}{x^2}\Big|_{x=\frac{1}{2}}=-4.$$

所求切线方程为 $y-2=-4\left(x-\dfrac{1}{2}\right)$，即 $4x+y-4=0$.

所求法线方程为 $y-2=\dfrac{1}{4}\left(x-\dfrac{1}{2}\right)$，即 $2x-8y+15=0$.

四、函数可导性与连续性的关系

函数 $y=f(x)$ 在点 x_0 处连续是指 $\lim\limits_{\Delta x\to 0}\Delta y=0$，而在点 x_0 可导是指 $\lim\limits_{\Delta x\to 0}\dfrac{\Delta y}{\Delta x}$ 存在，那么这两种极限有什么关系？

定理 1 如果函数 $y=f(x)$ 在点 x_0 处可导，则它在 x_0 处连续.

证明 因为函数 $y=f(x)$ 在点 x_0 处可导，故有 $\lim\limits_{\Delta x\to 0}\dfrac{\Delta y}{\Delta x}$ 存在，从而

$$\lim_{\Delta x\to 0}\Delta y=\lim_{\Delta x\to 0}\left(\frac{\Delta y}{\Delta x}\Delta x\right)=\lim_{\Delta x\to 0}\frac{\Delta y}{\Delta x}\lim_{\Delta x\to 0}\Delta x=0,$$

即函数 $f(x)$ 在 x_0 处连续.

定理的逆命题不成立，即函数在某点连续，但在该点不一定可导.

例 10 函数 $y = \sqrt[3]{x}$ 在区间 $(-\infty, +\infty)$ 内连续，但在 $x = 0$ 处不可导，这是因为在

$x = 0$ 处有 $\dfrac{f(0+h)-f(0)}{h} = \dfrac{\sqrt[3]{h}-0}{h} = \dfrac{1}{h^{\frac{2}{3}}}$，因而，

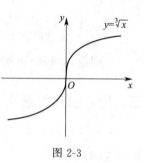

$\lim\limits_{h \to 0} \dfrac{f(0+h)-f(0)}{h} = \lim\limits_{h \to 0} \dfrac{1}{h^{\frac{2}{3}}} = +\infty$，即导数为无穷大（注意，导

数不存在）. 这事实在图形中表现为曲线 $y = \sqrt[3]{x}$ 在原点 O 具有垂

直于 x 轴的切线（图 2-3）.

图 2-3

由例 3 可知，函数 $y = |x|$ 在 $x = 0$ 处连续，但不可导.

由以上讨论可知，函数在某点连续是函数在该点可导的必要

条件，但不是充分条件.

例 11 设 $f(x) = \begin{cases} \sin x, & x < 0 \\ ax, & x \geqslant 0. \end{cases}$，问 a 取何值时，$f'(x)$ 在 $(-\infty, +\infty)$ 都存在，

并求 $f'(x)$.

解 显然 $x \in (-\infty, 0)$ 时 $f'(x)$ 存在，且 $f'(x) = \cos x$；

$x \in (0, +\infty)$ 时 $f'(x)$ 存在，且 $f'(x) = a$.

若函数 $f(x)$ 在 $x = 0$ 处可导，则 $f'_-(0) = f'_+(0)$，而

$f'_-(0) = \lim\limits_{x \to 0^-} \dfrac{\sin x - 0}{x - 0} = 1$，$f'_+(0) = \lim\limits_{x \to 0^+} \dfrac{ax - 0}{x - 0} = a$.

故 $a = 1$ 时 $f'(0) = 1$，此时 $f'(x)$ 在 $(-\infty, +\infty)$ 都存在，且

$f'(x) = \begin{cases} \cos x, & x \in (-\infty, 0) \\ 1, & x \in [0, +\infty) \end{cases}$.

习题 2-1

1. 设 $f(x) = x^3$，试按定义求 $f'(1)$.

2. 设 $f'(x_0) = 1$，求下列极限：

(1) $\lim\limits_{\Delta x \to 0} \dfrac{f(x_0 + 2\Delta x) - f(x_0)}{\Delta x}$； (2) $\lim\limits_{\Delta x \to 0} \dfrac{f(x_0 - \Delta x) - f(x_0)}{\Delta x}$；

(3) $\lim\limits_{h \to 0} \dfrac{f(x_0 + h) - f(x_0 - h)}{2h}$； (4) $\lim\limits_{n \to \infty} n \left[f\left(x_0 - \dfrac{1}{n} \right) - f(x_0) \right]$.

3. 讨论函数 $f(x) = \begin{cases} x^3, & x \leqslant 1 \\ x^2, & x > 1 \end{cases}$，在 $x = 1$ 处的可导性.

4. 求下列函数导数：

(1) $y = x^5$； (2) $y = \sqrt[3]{x^2}$； (3) $y = \dfrac{1}{x^2}$；

(4) $y = \dfrac{x \sqrt[3]{x^2}}{\sqrt{x^3}}$； (5) $y = 2^x e^x$； (6) $y = \lg x$.

5. 已知物体的运动规律为 $s=t^2$（单位：m），求该物体在 $t=2$s 时的速度．

6. 求曲线 $y=e^x$ 在（0，1）处的切线方程．

7. 求曲线 $y=\sin x$ 上点（π，0）处的切线方程和法线方程．

8. 求在曲线 $y=x^{\frac{3}{2}}$ 上，与直线 $y=3x-1$ 平行的切线方程．

9. 如果 $f(x)$ 为偶函数，且 $f'(0)$ 存在，证明 $f'(0)=0$.

10. 讨论下列函数在 $x=0$ 处的连续性与可导性：

(1) $f(x)=x^{\frac{2}{3}}$；(2) $f(x)=|\sin x|$；

(3) $f(x)=\begin{cases} x^2\sin\dfrac{1}{x}, & x\neq 0 \\ 0, & x=0 \end{cases}$；(4) $f(x)=\begin{cases} x\sin\dfrac{1}{x}, & x\neq 0 \\ 0, & x=0 \end{cases}$.

11. 设函数 $f(x)=\begin{cases} x^2, & x\leqslant 1 \\ ax+b, & x>1 \end{cases}$，为了使函数 $f(x)$ 在 $x=1$ 处连续且可导，a 和 b 应取什么值．

第二节　函数的求导法则

当函数比较复杂时，用定义求导数相当麻烦．本节将介绍函数的求导法则和基本初等函数的导数公式，借助这些法则和公式，就能比较方便地求出初等函数的导数．

一、函数的和、差、积、商的求导法则

定理 1　如果函数 $u(x)$，$v(x)$ 都在点 x 处具有导数，那么它的和、差、积、商（除分母为 0 的点外）都在点 x 具有导数，且

$$(1)\left[u(x)\pm v(x)\right]'=u'(x)\pm v'(x);$$
$$(2)\left[u(x)v(x)\right]'=u'(x)v(x)+u(x)v'(x);$$
$$(3)\ \left[\frac{u(x)}{v(x)}\right]'=\frac{u'(x)v(x)-u(x)v'(x)}{v^2(x)},\left[v(x)\neq 0\right].$$

以上的三个法则都可用导数的定义和极限的运算法则来验证，下面以法则（3）为例．

证　设 $f(x)=\dfrac{u(x)}{v(x)}(v(x)\neq 0)$，则

$$
\begin{aligned}
f'(x)&=\lim_{h\to 0}\frac{f(x+h)-f(x)}{h}=\lim_{h\to 0}\frac{\dfrac{u(x+h)}{v(x+h)}-\dfrac{u(x)}{v(x)}}{h}\\
&=\lim_{h\to 0}\frac{u(x+h)v(x)-u(x)v(x+h)}{v(x+h)v(x)h}\\
&=\lim_{h\to 0}\frac{\left[u(x+h)-u(x)\right]v(x)-u(x)\left[v(x+h)-v(x)\right]}{v(x+h)v(x)h}\\
&=\lim_{h\to 0}\frac{\dfrac{u(x+h)-u(x)}{h}v(x)-u(x)\dfrac{v(x+h)-v(x)}{h}}{v(x+h)v(x)}\\
&=\frac{u'(x)v(x)-u(x)v'(x)}{\left[v(x)\right]^2}
\end{aligned}
$$

从而所证结论成立.

法则（3）可简单表示为 $\left(\dfrac{u}{v}\right)' = \dfrac{u'v - uv'}{v^2}$.

定理 1 中的法则（1）、（2）可推广到有限个可导函数的情形. 例如 $u = u(x)$，$v = v(x)$，$w = w(x)$ 均可导，则有

$$(u + v - w)' = u' + v' - w',$$
$$(uvw)' = [(uv)w]' = (uv)'w + (uv)w'$$
$$= (u'v + uv')w + uvw' = u'vw + uv'w + uvw'.$$

在法则（2）中，当 $v(x) = C$（C 为常数）时，有
$$(Cu)' = Cu'.$$

在法则（3）中，当 $u(x) = C$（C 为常数）时，有
$$\left(\dfrac{C}{v}\right)' = -C\,\dfrac{v'}{v^2}, v \neq 0.$$

例 1 求函数 $y = x^3 + 2\sin x - \ln 2$ 的导数.

解 $y' = (x^3)' + 2(\sin x)' - (\ln 2)' = 3x^2 + 2\cos x - 0 = 3x^2 + 2\cos x.$

例 2 求函数 $y = e^x \ln x$ 的导数.

解 $y' = (e^x \ln x)' = (e^x)' \ln x + e^x (\ln x)' = e^x \ln x + \dfrac{e^x}{x}.$

例 3 求证 $(\tan x)' = \sec^2 x$，$(\csc x)' = -\csc x \cot x.$

证 因 $y' = (\tan x)' = \left(\dfrac{\sin x}{\cos x}\right)'$

$$= \dfrac{(\sin x)' \cos x - \sin x (\cos x)'}{\cos^2 x}$$

$$= \dfrac{\cos^2 x + \sin^2 x}{\cos^2 x} = \dfrac{1}{\cos^2 x} = \sec^2 x$$

所以 $(\tan x)' = \sec^2 x.$

$$(\csc x)' = \left(\dfrac{1}{\sin x}\right) = \dfrac{-(\sin x)'}{\sin^2 x} = \dfrac{-\cos x}{\sin^2 x} = -\csc x \cot x.$$

即 $(\csc x)' = -\csc x \cot x.$

同理可得 $(\cot x)' = -\csc^2 x$，$(\sec x)' = \sec x \tan x.$

二、反函数的求导法则

定理 2 如果函数 $x = \varphi(y)$ 在某区间 I_y 内单调、可导且 $\varphi'(y) \neq 0$，则其反函数 $y = f(x)$ 在对应区间 I_x 内也可导，且

$$f'(x) = \dfrac{1}{\varphi'(y)} \text{或} \dfrac{\mathrm{d}y}{\mathrm{d}x} = \dfrac{1}{\dfrac{\mathrm{d}x}{\mathrm{d}y}}.$$

证 由于 $x = \varphi(y)$ 在某区间 I_y 内单调、可导（从而连续），由反函数的连续性知道，$x = \varphi(y)$ 的反函数 $y = f(x)$ 存在，且 $f(x)$ 在 I_x 内单调、连续.

任取 $x \in I_x$，给 x 以增量 Δx（$\Delta x \neq 0$，$x + \Delta x \in I_x$），由 $y = f(x)$ 的单调性可知

$\Delta y \neq 0$，于是有 $\dfrac{\Delta y}{\Delta x} = \dfrac{1}{\dfrac{\Delta x}{\Delta y}}$，因 $f(x)$ 连续，故 $\Delta y \to 0$（$\Delta x \to 0$），又知 $\varphi'(y) \neq 0$，从而

$$f'(x) = \lim_{\Delta x \to 0} \frac{\Delta y}{\Delta x} = \lim_{\Delta y \to 0} \frac{1}{\dfrac{\Delta x}{\Delta y}} = \frac{1}{\varphi'(y)}，\text{即}\ f'(x) = \frac{1}{\varphi'(y)}.$$

上述结论可简单地说成：反函数的导数等于直接函数导数的倒数.

例 4 求证 $(\arcsin x)' = \dfrac{1}{\sqrt{1-x^2}}$.

证 因 $x = \sin y$ 在 $I_y \in \left(-\dfrac{\pi}{2}, \dfrac{\pi}{2}\right)$ 内单调、可导且 $(\sin y)' = \cos y > 0$，所以在 $I_x \in (-1，1)$ 内有

$$(\arcsin x)' = \frac{1}{(\sin y)'} = \frac{1}{\cos y} = \frac{1}{\sqrt{1-\sin^2 y}} = \frac{1}{\sqrt{1-x^2}}.$$

导数公式 $(\arcsin x)' = \dfrac{1}{\sqrt{1-x^2}}$.

同理可得 $(\arccos x)' = -\dfrac{1}{\sqrt{1-x^2}}$,

$$(\arctan x)' = \frac{1}{1+x^2},$$

$$(\operatorname{arccot} x)' = -\frac{1}{1+x^2}.$$

例 5 求证 $(\log_a x)' = \dfrac{1}{x \ln a}$.

证 因 $x = a^y$ 在 $I_y \in (-\infty，+\infty)$ 单调、可导且 $(a^y)' = a^y \ln a \neq 0$，所以在 $I_x \in (0，+\infty)$ 内有

$$(\log_a x)' = \frac{1}{(a^y)'} = \frac{1}{a^y \ln a} = \frac{1}{x \ln a}.$$

导数公式 $(\log_a x)' = \dfrac{1}{x \ln a}$.

特别地 $(\ln x)' = \dfrac{1}{x}$.

三、复合函数的求导法则

定理 3 如果 $u = g(x)$ 在点 x 可导，$y = f(u)$ 在点 $u = g(x)$ 可导，则复合函数 $y = f[g(x)]$ 在点 x 可导，且其函数为

$$\frac{\mathrm{d}y}{\mathrm{d}x} = f'(u)g'(x) \text{或} \frac{\mathrm{d}y}{\mathrm{d}x} = \frac{\mathrm{d}y}{\mathrm{d}u} \times \frac{\mathrm{d}u}{\mathrm{d}x}.$$

证 由于 $y = f(u)$ 在点 u 可导，因此 $\lim\limits_{\Delta u \to 0} \dfrac{\Delta y}{\Delta u} = f'(u)$，

根据极限与无穷小的关系有

$$\frac{\Delta y}{\Delta u} = f'(u) + \alpha \quad (\lim_{\Delta u \to 0} \alpha = 0),$$

当 $\Delta u \neq 0$ 时，有

$$\Delta y = f'(u)\Delta u + \alpha \Delta u. \tag{2-4}$$

当 $\Delta u = 0$ 时，规定 $\alpha = 0$，此时 $\Delta y = f(u + \Delta u) - f(u) = 0$，而式(2-4) 右端亦为零，故式(2-4) 对 $\Delta u = 0$ 也成立。

用 $\Delta x \neq 0$ 除式(2-4) 两边，得

$$\frac{\Delta y}{\Delta x} = f'(u)\frac{\Delta u}{\Delta x} + \alpha \frac{\Delta u}{\Delta x},$$

于是，$\lim_{\Delta x \to 0} \frac{\Delta y}{\Delta x} = \lim_{\Delta x \to 0} \left[f'(u)\frac{\Delta u}{\Delta x} + \alpha \frac{\Delta u}{\Delta x} \right].$

根据函数在某点可导必在该点连续的性质知道，当 $\Delta x \to 0$ 时，$\Delta u \to 0$，从而可得 $\lim_{\Delta x \to 0} \alpha = \lim_{\Delta u \to 0} \alpha = 0.$

又因 $u = g(x)$ 在点 x 可导，有

$$\lim_{\Delta x \to 0} \frac{\Delta u}{\Delta x} = g'(x),$$

故

$$\lim_{\Delta x \to 0} \frac{\Delta y}{\Delta x} = f'(u) \lim_{\Delta x \to 0} \frac{\Delta u}{\Delta x},$$

即

$$\frac{\mathrm{d}y}{\mathrm{d}x} = f'(u)g'(x).$$

注意记号 $f'[g(x)]$ 与 $(f[g(x)])'$ 的区别，前者表示外层函数对其自变量求导，即 $f(u)$ 对 u 求导，然后用 $u = g(x)$ 代入。后者表示对自变量为 x 的复合函数求导，可看成是将中间变量的函数代入，变为自变量为 x 的函数，然后再对 x 求导.

复合函数的求导法则可以推广到多个中间变量的情形. 我们以两个中间变量为例，设 $y = f(u), u = \varphi(v), v = \Psi(x)$，则

$$\frac{\mathrm{d}y}{\mathrm{d}x} = \frac{\mathrm{d}y}{\mathrm{d}u} \times \frac{\mathrm{d}u}{\mathrm{d}v} \times \frac{\mathrm{d}v}{\mathrm{d}x}.$$

当然，这里假定上式右端所出现的导数在相应处都存在.

例 6 求函数 $y = \sin 5x$ 的导数.

解 $y = \sin 5x$ 可看作 $y = \sin u$，$u = 5x$ 复合而成，因此

$$\frac{\mathrm{d}y}{\mathrm{d}x} = \frac{\mathrm{d}y}{\mathrm{d}u} \times \frac{\mathrm{d}u}{\mathrm{d}x} = \cos u \times 5 = 5\cos 5x.$$

例 7 求函数 $y = (x^2 - 1)^{10}$ 的导数.

解 $y = (x^2 - 1)^{10}$ 可看作 $y = u^{10}$，$u = x^2 - 1$ 复合而成，因此

$$\frac{\mathrm{d}y}{\mathrm{d}x} = \frac{\mathrm{d}y}{\mathrm{d}u} \times \frac{\mathrm{d}u}{\mathrm{d}x} = 10u^9 \times 2x = 10(x^2 - 1)^9 \times 2x = 20x(x^2 - 1)^9.$$

例 8 求 $y = \ln|x|$ 的导数.

解 当 $x > 0$ 时，$y = \ln|x| = \ln x$，则 $y' = \frac{1}{x}$；

当 $x < 0$ 时，$y = \ln|x| = \ln(-x)$，则 $y' = \frac{1}{-x}(-x)' = \frac{1}{x}.$

因此，对于 $x \neq 0$ 有 $(\ln|x|)' = \dfrac{1}{x}$.

例 9 设 $y = f(x^2)$ 且 $f'(1) = 1$，求 $y'\mid_{x=1}$.

解 $y = f(x^2)$ 可看作 $y = f(u)$，$u = x^2$ 复合而成，因此

$$y' = f'(u)u'(x) = f'(x^2)(x^2)' = 2xf'(x^2), y'\mid_{x=1} = 2f'(1) = 2.$$

从以上例子看出，复合函数的导数等于函数对中间变量的导数与中间变量对自变量的导数之积。因此，求复合函数的导数，关键是要正确分析复合函数的复合过程，找出中间变量，由外向内逐层求导。

对复合函数的分解比较熟练后，就不必写出中间变量，而可以采用下列例题的方式来计算。

例 10 求函数 $y = \mathrm{e}^{\sin x^2}$ 的导数.

解 $y' = (\mathrm{e}^{\sin x^2})' = \mathrm{e}^{\sin x^2}(\sin x^2)' = \mathrm{e}^{\sin x^2}\cos x^2(x^2)' = 2x\,\mathrm{e}^{\sin x^2}\cos x^2$.

例 11 求函数 $y = \ln\ln\ln x$ 的导数.

解 $y' = [\ln\ln\ln x]' = \dfrac{1}{\ln\ln x}(\ln\ln x)' = \dfrac{1}{\ln\ln x} \times \dfrac{1}{\ln x} \times (\ln x)' = \dfrac{1}{x\ln x\ln\ln x}$

例 12 设 $x > 0$，证明幂函数的导数公式

$$(x^\mu)' = \mu x^{\mu-1} (\mu \text{ 为任意实数}).$$

证 因为 $x^\mu = \mathrm{e}^{\mu\ln x}$，所以

$$(x^\mu)' = (\mathrm{e}^{\mu\ln x})' = \mathrm{e}^{\mu\ln x} \times (\mu\ln x)' = x^\mu \times \mu \times \dfrac{1}{x} = \mu x^{\mu-1}.$$

四、基本求导法则与导数公式

基本初等函数的导数公式与本节中所讨论的求导法则，在初等函数的求导运算中起着重要的作用，我们必须熟练地掌握它们，为了便于查阅，现在把这些导数公式和求导法则归纳如下：

1. 常数和基本初等函数的导数公式

(1) $(C)' = 0$;   (2) $(x^\mu)' = \mu x^{\mu-1}$;

(3) $(\sin x)' = \cos x$;   (4) $(\cos x)' = -\sin x$;

(5) $(\tan x)' = \sec^2 x$;   (6) $(\cot x)' = -\csc^2 x$;

(7) $(\sec x)' = \sec x\tan x$;   (8) $(\csc x)' = -\csc x\cot x$;

(9) $(a^x)' = a^x\ln a$; (10) $(\mathrm{e}^x)' = \mathrm{e}^x$;

(11) $(\log_a|x|)' = \dfrac{1}{x\ln a}$;   (12) $(\ln|x|)' = \dfrac{1}{x}$;

(13) $(\arcsin x') = \dfrac{1}{\sqrt{1-x^2}}$;   (14) $(\arccos x)' = -\dfrac{1}{\sqrt{1-x^2}}$;

(15) $(\arctan x)' = \dfrac{1}{1+x^2}$;   (16) $(\operatorname{arccot} x)' = -\dfrac{1}{1+x^2}$.

2. 函数的和、差、积、商的求导法则

设 $u = u(x)$，$v = v(x)$ 都可导，则

(1) $(u \pm v)' = u' \pm v'$; (2) $(Cu)' = Cu'$ （C 是常数）;

(3) $(uv)' = u'v + uv'$；(4) $\left(\dfrac{u}{v}\right)' = \dfrac{u'v - uv'}{v^2}$，$(v \neq 0)$．

3. 反函数的求导法则

如果函数 $x = \varphi(y)$ 在某区间 I_y 内单调、可导且 $\varphi'(y) \neq 0$，则其反函数 $y = f(x)$ 在对应区间 I_x 内也可导，且

$$f'(x) = \frac{1}{\varphi'(y)} \text{ 或 } \frac{\mathrm{d}y}{\mathrm{d}x} = \frac{1}{\dfrac{\mathrm{d}x}{\mathrm{d}y}}.$$

4. 复合函数的求导法则

设 $y = f(u)$，而 $u = g(x)$ 且 $f(u)$ 及 $g(x)$ 都可导，则复合函数 $y = f[g(x)]$ 的导数为

$$\frac{\mathrm{d}y}{\mathrm{d}x} = \frac{\mathrm{d}y}{\mathrm{d}u} \times \frac{\mathrm{d}u}{\mathrm{d}x} \text{ 或 } y'(x) = f'(u)g'(x).$$

例 13 求函数 $y = \dfrac{\sqrt{x+1} - \sqrt{x-1}}{\sqrt{x+1} + \sqrt{x-1}}$ 的导数．

解 $y = \dfrac{2x - 2\sqrt{x^2 - 1}}{2} = x - \sqrt{x^2 - 1}$，

$y' = \left(x - \sqrt{x^2 - 1}\right)' = 1 - \dfrac{1}{2\sqrt{x^2 - 1}} \times (2x) = 1 - \dfrac{x}{\sqrt{x^2 - 1}}$．

例 14 证明下列双曲函数及反双曲函数的导数公式．

$(\mathrm{sh}x)' = \mathrm{ch}x$，$\qquad$ $(\mathrm{ch}x)' = \mathrm{sh}x$，$\qquad$ $(\mathrm{th}x)' = \dfrac{1}{\mathrm{ch}^2 x}$，

$(\mathrm{arsh}x)' = \dfrac{1}{\sqrt{1 + x^2}}$，$(\mathrm{arch}x)' = \dfrac{1}{\sqrt{x^2 - 1}}$，$(\mathrm{arth}x)' = \dfrac{1}{1 - x^2}$．

证 由定理 1 (1)、(2)，有

$$(\mathrm{sh}x)' = \left(\frac{e^x - e^{-x}}{2}\right)' = \frac{(e^x)' - (e^{-x})'}{2}.$$

再利用 $(e^x)' = e^x$ 及定理 3，得 $(e^{-x})' = -e^{-x}$，于是

$$(\mathrm{sh}x)' = \frac{(e^x)' - (e^{-x})'}{2} = \frac{e^x + e^{-x}}{2} = \mathrm{ch}x.$$

同理可得

$$(\mathrm{ch}x)' = \left(\frac{e^x + e^{-x}}{2}\right)' = \frac{e^x - e^{-x}}{2} = \mathrm{sh}x.$$

由定理 1 (3) 及上述结果，有

$$(\mathrm{th}x)' = \left(\frac{\mathrm{sh}x}{\mathrm{ch}x}\right)' = \frac{(\mathrm{sh}x)'\mathrm{ch}x - \mathrm{sh}x(\mathrm{ch}x)'}{\mathrm{ch}^2 x} = \frac{\mathrm{ch}^2 x - \mathrm{sh}^2 x}{\mathrm{ch}^2 x} = \frac{1}{\mathrm{ch}^2 x}.$$

由 $\mathrm{arsh}x = \ln(x + \sqrt{1 + x^2})$，应用复合函数求导法则及定理 1(1)，有

$$(\mathrm{arsh}x)' = \frac{1}{x + \sqrt{1 + x^2}}(x + \sqrt{1 + x^2})'$$

$$= \frac{1}{x+\sqrt{1+x^2}}\left(1+\frac{x}{\sqrt{1+x^2}}\right)=\frac{1}{\sqrt{1+x^2}}.$$

由 $\mathrm{arch}x = \ln\left(x+\sqrt{x^2-1}\right)$，同理可得

$$(\mathrm{arch}x)' = \sqrt{\frac{1}{x^2-1}}, \ x \in (1, +\infty).$$

由 $\mathrm{arth}x = \frac{1}{2}\ln\frac{1+x}{1-x}$，可得

$$(\mathrm{arth}x)' = \frac{1}{1-x^2}, \ x \in (-1, 1).$$

习题 2-2

1.求下列函数的导数：

(1) $y = x^2 + 2^x + \sqrt{2}$；　　　(2) $y = 3\sin x + \ln x - \sqrt{x}$；

(3) $y = \frac{1}{x} + \frac{2}{x^2}$；　　　　　(4) $y = x^2 \sin x$；

(5) $y = \mathrm{e}^x \ln x + x\sqrt{x}$；　　(6) $y = x\sin x \ln x$；

(7) $y = \frac{x-1}{x+1}$；　　　　　　(8) $y = \frac{\ln x}{x}$；

(9) $y = \frac{1}{x+\sin x}$；　　　　(10) $y = \frac{1+\tan x}{\tan x} - 2\log_2 x + x\sqrt{x}$.

2.求下列函数的导数：

(1) $y = (3x+2)^5$；　　　　(2) $y = \sin(2-x)$；

(3) $y = 2^{\cos x}$；　　　　　(4) $y = \ln(1+x^2)$；

(5) $y = \sin^2 x + \sin x^2$；　　(6) $y = (\arctan\sqrt{x})^3$；

(7) $y = \ln\left(x+\sqrt{a^2+x^2}\right)$；(8) $y = \mathrm{e}^{-\sin^2 x}$；

(9) $y = \ln\ln\sin x$；　　　(10) $y = \frac{1}{4}\ln\frac{1+x}{1-x} - \frac{1}{2}\arctan x$.

3. 设 $y = x + \mathrm{e}^x$，求其反函数的导数.

4.设 $f(x)$ 可导，求下列函数的导数：

(1) $y = f(x^2)$；　　　　(2) $y = f^2(\mathrm{e}^x)$；

(3) $y = \arctan[f(x)]$.

第三节　高阶导数

我们知道，变速直线运动的速度 $v(t)$ 是位置函数 $s(t)$ 对时间 t 的导数，即

$$v = \frac{\mathrm{d}s}{\mathrm{d}t}或 v = s',$$

而加速度 a 又是速度 v 对时间 t 的变化率，即速度 v 对时间 t 的导数：

$$a = \frac{\mathrm{d}v}{\mathrm{d}t} = \frac{\mathrm{d}}{\mathrm{d}t}\left(\frac{\mathrm{d}s}{\mathrm{d}t}\right)或 a = (s')'.$$

这种导数的导数 $\dfrac{\mathrm{d}}{\mathrm{d}t}\left(\dfrac{\mathrm{d}s}{\mathrm{d}t}\right)$ 或 $(s')'$ 叫做 s 对 t 的**二阶导数**，记作

$$\frac{\mathrm{d}^2 s}{\mathrm{d}t^2} \text{ 或 } s''(t).$$

所以，直线运动物体的加速度就是位置函数 s 对 t 的二阶导数．

一般地，函数 $y=f(x)$ 的导数 $y'=f'(x)$ 仍是 x 的函数．我们把 $f'(x)$ 的导数称为函数 $y=f(x)$ 的**二阶导数**，记为

$$f''(x), y'', \frac{\mathrm{d}^2 y}{\mathrm{d}x^2} \text{ 或 } \frac{\mathrm{d}^2 f(x)}{\mathrm{d}x^2}.$$

类似地，二阶导数的导数称为**三阶导数**，记为

$$f'''(x), y''', \frac{\mathrm{d}^3 y}{\mathrm{d}x^3}.$$

一般地，$f(x)$ 的 $n-1$ 阶导数的导数称为 $f(x)$ 的 n **阶导数**，记为

$$f^{(n)}(x), y^{(n)}, \frac{\mathrm{d}^n y}{\mathrm{d}x^n} \text{ 或 } \frac{\mathrm{d}^n f(x)}{\mathrm{d}x^n}.$$

二阶和二阶以上的导数统称为**高阶导数**．

相应地，$f(x)$ 为零阶导数，$f'(x)$ 为一阶导数．

显然，求高阶导数并不需要新的求导公式，只需对函数 $f(x)$ 逐次求导就可以了．一般可通过从低阶导数找规律，得到函数的 n 阶导数．

例 1 设 $y=ax+b$，求 y''．

解 $y'=a, y''=0$．

例 2 验证函数 $y=\mathrm{e}^x \sin x$ 满足关系式

$$y''-2y'+2y=0.$$

解 由

$$y'=\mathrm{e}^x \sin x+\mathrm{e}^x \cos x=\mathrm{e}^x(\sin x+\cos x),$$
$$y''=\mathrm{e}^x(\sin x+\cos x)+\mathrm{e}^x(\cos x-\sin x)=2\mathrm{e}^x \cos x.$$

得 $\quad y''-2y'+2y=2\mathrm{e}^x \cos x-2\mathrm{e}^x(\sin x+\cos x)+2\mathrm{e}^x \sin x=0.$

下面介绍几个初等函数的 n 阶导数．

例 3 求指数函数 $y=\mathrm{e}^x$ 的 n 阶导数．

解 $y'=\mathrm{e}^x, y''=\mathrm{e}^x, y'''=\mathrm{e}^x, y^{(4)}=\mathrm{e}^x,$

一般地，可得 $y^{(n)}=\mathrm{e}^x,$

即 $(\mathrm{e}^x)^{(n)}=\mathrm{e}^x.$

例 4 求正弦函数 $y=\sin x$ 的 n 阶导数．

解 $y'=\cos x=\sin\left(x+\dfrac{\pi}{2}\right),$

$$y''=\cos\left(x+\frac{\pi}{2}\right)=\sin\left(x+\frac{\pi}{2}+\frac{\pi}{2}\right)=\sin\left(x+2\times\frac{\pi}{2}\right),$$

$$y'''=\cos\left(x+2\times\frac{\pi}{2}\right)=\sin\left(x+3\times\frac{\pi}{2}\right),$$

$\cdots\cdots$

$$y^{(n)} = \sin\left(x + n \times \frac{\pi}{2}\right).$$

即 $(\sin x)^{(n)} = \sin\left(x + n \times \frac{\pi}{2}\right).$

同理可得 $(\cos x)^{(n)} = \cos\left(x + n \times \frac{\pi}{2}\right).$

例 5 求函数 $y = \ln(1+x)$ 的 n 阶导数.

解 $y' = \dfrac{1}{1+x}$, $y'' = -\dfrac{1}{(1+x)^2}$, $y''' = \dfrac{2!}{(1+x)^3}$, $y^{(4)} = -\dfrac{3!}{(1+x)^4} \cdots\cdots$

$$y^{(n)} = (-1)^{n-1} \frac{(n-1)!}{(1+x)^n},$$

即 $[\ln(1+x)]^{(n)} = (-1)^{n-1} \dfrac{(n-1)!}{(1+x)^n}$ $(n \geqslant 1,\ 0! = 1)$.

例 6 求幂函数 $y = x^{\mu}$ $(\mu \in \mathbf{R})$ 的 n 阶导数.

解 $y' = \mu x^{\mu-1}$,

$y'' = (\mu x^{\mu-1})' = \mu(\mu-1)x^{\mu-2}$,

$y''' = (\mu(\mu-1)x^{\mu-2})' = \mu(\mu-1)(\mu-2)x^{\mu-3}$,

$\cdots\cdots$

$y^{(n)} = \mu(\mu-1)\cdots(\mu-n+1)x^{\mu-n}$.

即 $(x^{\mu})^{(n)} = \mu(\mu-1)\cdots(\mu-n+1)x^{\mu-n} (n \geqslant 1)$.

当 $\mu = n$ 时,得到

$(x^n)^{(n)} = n!$, $(x^n)^{(n+1)} = 0$.

如果函数 $u = u(x)$ 及 $v = v(x)$ 都在点 x 处具有 n 阶导数,那么显然 $u(x) + v(x)$ 及 $u(x) - v(x)$ 也在点 x 处具有 n 阶导数,且

$$(u \pm v)^{(n)} = u^{(n)} \pm v^{(n)}.$$

但 $u(x)v(x)$ 的 n 阶导数并不如此简单. 由

$$(uv)' = u'v + uv',$$
$$(uv)'' = (u'v + uv')' = u''v + 2u'v' + uv'',$$
$$(uv)''' = u'''v + 3u''v' + 3u'v'' + uv''',$$

用数学归纳法可以证明

$$(uv)^{(n)} = u^{(n)}v + nu^{(n-1)}v' + \frac{n(n-1)}{2!}u^{(n-2)}v'' + \cdots$$

$$+ \frac{n(n-1)\cdots(n-k+1)}{k!}u^{(n-k)}v^{(k)} + \cdots + uv^{(n)}$$

$$= \sum_{k=0}^{n} C_n^k u^{(n-k)}v^{(k)}$$

上式称为**莱布尼茨公式**. 这个公式可以这样记忆:把 $(u+v)^n$ 按二项式定理展开写成

$$(u+v)^n = u^n v^0 + nu^{n-1}v^1 + \frac{n(n-1)}{2!}u^{n-2}v^2 + \cdots$$

$$+ \frac{n(n-1)\cdots(n-k+1)}{k!}u^{n-k}v^k + \cdots + uv^n$$

$$= \sum_{k=0}^{n} C_n^k u^{n-k} v^k$$

然后把 k 次幂换成 k 阶导数，再把左端的 $u+v$ 换成 uv，这样就得到莱布尼茨公式

$$(uv)^{(n)} = \sum_{k=0}^{n} C_n^k u^{(n-k)} v^{(k)}.$$

当 $v=C$（C 是常数）时，$(Cu)^{(n)} = Cu^{(n)}$.

例 7 求函数 $y = \cos^2 x$ 的 n 阶导数.

解 $y = \cos^2 x = \dfrac{1+\cos 2x}{2}$，

由导数的运算法则及 $(\cos x)^{(n)} = \cos\left(x + n \times \dfrac{\pi}{2}\right)$，得

$$y^{(n)} = \left(\frac{1+\cos 2x}{2}\right)^{(n)} = \frac{1}{2} \times 2^n \cos\left(2x + n \times \frac{\pi}{2}\right) = 2^{n-1} \cos\left(2x + n \times \frac{\pi}{2}\right).$$

例 8 设 $y = x^2 \mathrm{e}^{2x}$，求 $y^{(10)}$.

解 设 $u = \mathrm{e}^{2x}$，$v = x^2$，则
$u^{(k)} = 2^k \mathrm{e}^{2x}\,(k=1,2,\cdots,10)$，
$v' = 2x$，$v'' = 2$，$v^{(k)} = 0\,(k=3,4,\cdots,10)$.

代入莱布尼茨公式，得

$$y^{(10)} = (x^2 \mathrm{e}^{2x})^{(10)} = 2^{10} \mathrm{e}^{2x} x^2 + 10 \times 2^9 \mathrm{e}^{2x} \times 2x + \frac{10 \times 9}{2!} \times 2^8 \mathrm{e}^{2x} \times 2$$

$$= 2^9 \mathrm{e}^{2x} (2x^2 + 20x + 45).$$

习题 2-3

1. 求下列函数的二阶导数：

(1) $y = x^3 - 2x^2 + 3x + 1$；　(2) $y = 2x^2 + \ln x$；

(3) $y = \ln(1+x^2)$；　　　　　(4) $y = x\sin x$；

(5) $y = x\mathrm{e}^{x^2}$；　　　　　　　(6) $y = \dfrac{1}{ax+b}$；

(7) $y = (1+x^2)\arctan x$；　(8) $y = \ln(x + \sqrt{1+x^2})$.

2. 求下列函数的导数值：

(1) $f(x) = (x-2)^5$，求 $f'''(0)$；

(2) $f(x) = \mathrm{e}^{3x-2}$，求 $f''(1)$.

3. 一质点做直线运动，其路程函数为 $s(t) = \dfrac{1}{2}(\mathrm{e}^t - \mathrm{e}^{-t})$，证明：其加速度 $a(t) = s(t)$.

4. 设 $f''(x)$ 存在，求下列函数的二阶导数 $\dfrac{\mathrm{d}^2 y}{\mathrm{d} x^2}$：

(1) $y = f(x^2)$；　(2) $y = [f(x)]^2$；

(3) $y = f(\sin x)$；　(4) $y = \ln f(x)$.

5. 设 $y = x^3 \ln x$，求 $y^{(4)}$.

6. 求下列函数的 n 阶导数：

(1) $y = x e^x$；(2) $y = \sin^2 x$；(3) $y = x \ln x$；

(4) $y = x^n + a_1 x^{n-1} + a_2 x^{n-2} + \cdots + a_{n-1} x + a_n$（$a_1$，$a_2$，$\cdots$，$a_n$ 都是常数）.

第四节　隐函数及由参数方程所确定的函数的导数

一、隐函数的导数

前面我们讨论的函数，都是一个变量明显用另一个变量表示的形式，例如 $y = \sin x$，$y = x^2 + e^x$，用 $y = f(x)$ 这种方式表示的函数称为**显函数**. 然而，表示函数变量间的关系的方式有多种，如果自变量 x 和因变量 y 之间的函数关系由方程 $F(x, y) = 0$ 所确定，则说方程 $F(x, y) = 0$ 确定了一个**隐函数**. 例如 $x - y^3 - 1 = 0$，$xy - e^x + e^y = 0$ 所确定的函数 $y = y(x)$ 称为隐函数.

有些隐函数可以化为显函数，称为**隐函数显化**. 例如，解方程

$$x - y^3 - 1 = 0$$

可以得到 $y = \sqrt[3]{x - 1}$，将隐函数转化为显函数.

对于方程

$$xy - e^x + e^y = 0$$

不易解出 y，即隐函数不易显化. 由此方程确定的隐函数是无法显化为初等函数的. 因此，希望有一种方法可以直接通过方程求所确定的隐函数的导数，而并不关心隐函数的显化.

假设由方程 $F(x, y) = 0$ 所确定的函数为 $y = y(x)$，则把它代回方程 $F(x, y) = 0$ 中，得到恒等式

$$F(x, y(x)) \equiv 0.$$

利用复合函数求导法则，在上式两边同时对自变量 x 求导，再解出所求导数 $\dfrac{dy}{dx}$，这就是**隐函数求导法**.

例 1　求由方程 $y^5 + 2xy + x^3 - 7 = 0$ 确定的隐函数的导数 $\dfrac{dy}{dx}$.

解　方程左边对 x 求导得

$$\frac{d}{dx}(y^5 + 2xy + x^3 - 7) = 5y^4 \frac{dy}{dx} + 2y + 2x \frac{dy}{dx} + 3x^2.$$

方程右边对 x 求导得

$$(0)' = 0.$$

由于等式对 x 的导数相等，所以

$$5y^4 \frac{dy}{dx} + 2y + 2x \frac{dy}{dx} + 3x^2 = 0,$$

从而　$\dfrac{dy}{dx} = -\dfrac{2y + 3x^2}{5y^4 + 2x}$.

例 2　求由方程 $xy - e^x + e^y = 0$ 所确定的隐函数 y 的导数 $\dfrac{dy}{dx}$ 与 $\dfrac{dy}{dx}\bigg|_{x=0}$.

解　方程两边对 x 求导，得

$$y + x \frac{dy}{dx} - e^x + e^y \frac{dy}{dx} = 0.$$

解得 $\dfrac{dy}{dx} = \dfrac{e^x - y}{x + e^y}$.

由原方程知 $x=0$，$y=0$，所以

$$\frac{dy}{dx}\Big|_{x=0} = \frac{e^x - y}{x + e^y}\Big|_{\substack{x=0 \\ y=0}} = 1.$$

例 3　求椭圆 $\dfrac{x^2}{16} + \dfrac{y^2}{9} = 1$ 在点 $\left(2, \dfrac{3}{2}\sqrt{3}\right)$ 处的切线方程.

解　椭圆方程两边对 x 求导

$$\frac{x}{8} + \frac{2}{9}y\frac{dy}{dx} = 0,$$

从而　$\dfrac{dy}{dx} = -\dfrac{9x}{16y}$，

$$y\Big|_{\substack{x=2 \\ y=\frac{3}{2}\sqrt{3}}} = -\frac{9}{16}\frac{x}{y}\Big|_{\substack{x=2 \\ y=\frac{3}{2}\sqrt{3}}} = -\frac{\sqrt{3}}{4},$$

故切线方程为　$y - \dfrac{3}{2}\sqrt{3} = -\dfrac{\sqrt{3}}{4}(x-2)$，

即　$\sqrt{3}x + 4y - 8\sqrt{3} = 0.$

例 4　设 $y = y(x)$ 由方程 $e^y + xy = e$ 确定，求 $\dfrac{d^2 y}{dx^2}$.

解　方程两边对 x 求导，得

$$e^y\frac{dy}{dx} + y + x\frac{dy}{dx} = 0$$

于是　$\dfrac{dy}{dx} = -\dfrac{y}{e^y + x}.$

上式两边再对 x 求导，得

$$\frac{d^2 y}{dx^2} = -\frac{\dfrac{dy}{dx}(e^y + x) - y\left(e^y\dfrac{dy}{dx} + 1\right)}{(e^y + x)^2} = \frac{2y(e^y + x) - y^2 e^y}{(e^y + x)^3}.$$

对于

$$y = x^{\sin x}, \quad y = \frac{(x+1)\sqrt[3]{x-1}}{(x+4)^2 e^x}$$

这样的函数，利用所谓**对数求导法**求导数比用通常的方法简便些. 这种方法是先在 $y = f(x)$ 的两边取对数，然后等式两边同时对自变量 x 求导，最后解出所求导数.

例 5　求 $y = x^{\sin x}$（$x > 0$）的导数.

解　等式两边取对数，得

$$\ln y = \sin x \ln x,$$

上式两边对 x 求导，得

$$\frac{1}{y}y' = \cos x \ln x + \sin x \times \frac{1}{x}$$

于是 $y' = y\left(\cos x \ln x + \sin x\,\frac{1}{x}\right) = x^{\sin x}\left(\cos x \ln x + \frac{\sin x}{x}\right).$

一般地，

$$y = u^v \quad (u > 0) \tag{2-5}$$

如果 $u = u(x)$、$v = v(x)$ 都可导，则可以像例 5 那样利用对数求导法求出幂指函数（2-5）的导数，也可以把幂指函数（2-5）表示为

$$y = \mathrm{e}^{v \ln u}.$$

这样，便可以直接求得

$$y' = \mathrm{e}^{v \ln u}\left(v' \ln u + v\,\frac{u'}{u}\right) = u^v\left(v' \ln u + \frac{v u'}{u}\right).$$

例 6 求 $y = \dfrac{(x+1)\sqrt[3]{x-1}}{(x+4)^2 \mathrm{e}^x}$ 的导数．

解 等式两边取对数，得

$$\ln|y| = \ln|x+1| + \frac{1}{3}\ln|x-1| - 2\ln|x+4| - x,$$

上式两边对 x 求导，得

$$\frac{y'}{y} = \frac{1}{x+1} + \frac{1}{3(x-1)} - \frac{2}{x+4} - 1,$$

于是 $y' = y\left[\dfrac{1}{x+1} + \dfrac{1}{3(x-1)} - \dfrac{2}{x+4} - 1\right]$

$$= \frac{(x+1)\sqrt[3]{x-1}}{(x+4)^2 \mathrm{e}^x}\left[\frac{1}{x+1} + \frac{1}{3(x-1)} - \frac{2}{x+4} - 1\right].$$

二、由参数方程所确定的函数的导数

若参数方程

$$\begin{cases} x = \varphi(t) \\ y = \varPsi(t) \end{cases} \tag{2-6}$$

确定 y 与 x 间的函数关系，则称此函数关系所表示的函数为由参数方程所确定的函数．

在实际问题中，需要计算由参数方程（2-6）所确定的函数的导数．但从参数方程（2-6）中消去参数 t 有时会有困难．因此，希望有一种方法能直接由参数方程（2-6）算出它所确定的函数的导数来．下面就来讨论由参数方程（2-6）所确定的函数的求导方法．

在式（2-6）中，假定函数 $x = \varphi(t)$、$y = \varPsi(t)$ 都可导，且 $\varphi'(t) \neq 0$。如果 $x = \varphi(t)$ 具有单调连续反函数 $t = \varphi^{-1}(x)$，且此反函数能与函数 $y = \varPsi(t)$ 构成复合函数，那么由参数方程（2-6）所确定的函数可以看成是由函数 $y = \varPsi(t)$、$t = \varphi^{-1}(x)$ 复合而成的函数 $y = \varPsi[\varphi^{-1}(x)]$. 现在计算这个复合函数的导数．根据复合函数的求导法则与反函数的求导法则，就有

$$\frac{\mathrm{d}y}{\mathrm{d}x} = \frac{\mathrm{d}y}{\mathrm{d}t} \times \frac{\mathrm{d}t}{\mathrm{d}x} = \frac{\mathrm{d}y}{\mathrm{d}t} \times \frac{1}{\dfrac{\mathrm{d}x}{\mathrm{d}t}} = \frac{\varPsi'(t)}{\varphi'(t)},$$

即

$$\frac{\mathrm{d}y}{\mathrm{d}x} = \frac{\varPsi'(t)}{\varphi'(t)}. \tag{2-7}$$

上式也可写成

$$\frac{\mathrm{d}y}{\mathrm{d}x} = \frac{\dfrac{\mathrm{d}y}{\mathrm{d}t}}{\dfrac{\mathrm{d}x}{\mathrm{d}t}}.$$

式 (2-7) 就是由参数 (2-6) 所确定的 x 的函数的导数公式.

如果 $x = \varphi(t)$、$y = \Psi(t)$ 还是二阶可导的, 那么从式(2-7) 又可得到函数的二阶导数公式

$$\frac{\mathrm{d}^2 y}{\mathrm{d} x^2} = \frac{\mathrm{d}}{\mathrm{d} x}\left(\frac{\mathrm{d} y}{\mathrm{d} x}\right) = \frac{\mathrm{d}}{\mathrm{d} t}\left(\frac{\Psi'(t)}{\varphi'(t)}\right)\frac{\mathrm{d} t}{\mathrm{d} x} = \frac{\Psi''(t)\varphi'(t) - \Psi'(t)\varphi''(t)}{[\varphi'(t)]^2} \times \frac{1}{\varphi'(t)},$$

即

$$\frac{\mathrm{d}^2 y}{\mathrm{d} x^2} = \frac{\Psi''(t)\varphi'(t) - \Psi'(t)\varphi''(t)}{[\varphi'(t)]^3}. \tag{2-8}$$

例 7 已知椭圆的参数方程为

$$\begin{cases} x = a\cos t \\ y = b\sin t \end{cases},$$

求椭圆在 $t = \dfrac{\pi}{4}$ 相应点处的切线方程.

解 当 $t = \dfrac{\pi}{4}$ 时, 椭圆上的相应点 M_0 的坐标是

$$x_0 = a\cos\frac{\pi}{4} = \frac{a\sqrt{2}}{2}, \quad y_0 = b\sin\frac{\pi}{4} = \frac{b\sqrt{2}}{2}.$$

曲线在点 M_0 的切线斜率为

$$\frac{\mathrm{d} y}{\mathrm{d} x}\bigg|_{t=\frac{\pi}{4}} = \frac{(b\sin t)'}{(a\cos t)'}\bigg|_{t=\frac{\pi}{4}} = \frac{b\cos t}{-a\sin t}\bigg|_{t=\frac{\pi}{4}} = -\frac{b}{a}.$$

椭圆在点 M_0 处的切线方程

$$y - \frac{b\sqrt{2}}{2} = -\frac{b}{a}\left(x - \frac{a\sqrt{2}}{2}\right).$$

即

$$bx + ay - \sqrt{2}\,ab = 0.$$

极坐标也是描述点和曲线的有效工具, 有些特殊形状的曲线用极坐标描述更为简便 (如心形线、双纽线等). 下面讨论极坐标表示的曲线的切线斜率的计算方法.

设曲线的极坐标方程为

$$r = r(\theta).$$

利用直角坐标与极坐标的关系 $x = r\cos\theta$, $y = r\sin\theta$, 可写出其参数方程为

$$\begin{cases} x = r(\theta)\cos\theta \\ y = r(\theta)\sin\theta \end{cases},$$

其中, 参数为极角 θ. 按参数方程的求导法则, 可得到 $r = r(\theta)$ 的切线斜率为

$$\frac{\mathrm{d} y}{\mathrm{d} x} = \frac{\dfrac{\mathrm{d} y}{\mathrm{d}\theta}}{\dfrac{\mathrm{d} x}{\mathrm{d}\theta}} = \frac{r'(\theta)\sin\theta + r(\theta)\cos\theta}{r'(\theta)\cos\theta - r(\theta)\sin\theta}.$$

例 8 求心形线 $r = a(1-\cos\theta)$ 在 $\theta = \dfrac{\pi}{2}$ 处的切线方程.

解 将极坐标方程化为参数方程, 得

$$\begin{cases} x = r(\theta)\cos\theta = a(1-\cos\theta)\cos\theta \\ y = r(\theta)\sin\theta = a(1-\cos\theta)\sin\theta \end{cases},$$

于是

$$\frac{\mathrm{d} y}{\mathrm{d} x} = \frac{\dfrac{\mathrm{d} y}{\mathrm{d}\theta}}{\dfrac{\mathrm{d} x}{\mathrm{d}\theta}} = \frac{\cos\theta - \cos 2\theta}{-\sin\theta + \sin 2\theta},$$

$$\frac{\mathrm{d}y}{\mathrm{d}x}\Big|_{\theta=\frac{\pi}{2}}=\frac{\cos\theta-\cos 2\theta}{-\sin\theta+\sin 2\theta}\Big|_{\theta=\frac{\pi}{2}}=-1.$$

又当 $\theta=\dfrac{\pi}{2}$ 时，$x=0$，$y=a$，

所求切线方程为 $y-a=-x$，即 $x+y=a$.

例 9 如果不计空气的阻力，则抛射体的运动（图 2-4）的参数方程为

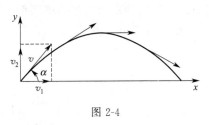

图 2-4

$$\begin{cases} x=v_1 t \\ y=v_2 t-\dfrac{1}{2}gt^2 \end{cases},$$

其中，v_1、v_2 分别是抛射体初速度的水平、竖直分量，g 是重力加速度，t 是飞行时间. 求抛射体在时刻 t 的运动速度的大小和方向.

解 因为速度的水平分量和竖直分量分别为

$$\frac{\mathrm{d}x}{\mathrm{d}t}=v_1,\ \frac{\mathrm{d}y}{\mathrm{d}t}=v_2-gt.$$

所以抛射体在时刻 t 的运动速度的大小为

$$v=\sqrt{\left(\frac{\mathrm{d}x}{\mathrm{d}t}\right)^2+\left(\frac{\mathrm{d}y}{\mathrm{d}t}\right)^2}=\sqrt{v_1^2+(v_2-gt)^2}.$$

而速度的方向就是轨迹的切线方向.

设 α 是切线与 x 轴正向的夹角，则根据导数的几何意义，有

$$\tan\alpha=\frac{\mathrm{d}y}{\mathrm{d}x}=\frac{\dfrac{\mathrm{d}y}{\mathrm{d}t}}{\dfrac{\mathrm{d}x}{\mathrm{d}t}}=\frac{v_2-gt}{v_1}.$$

例 10 求由摆线参数方程

$$\begin{cases} x=a(t-\sin t) \\ y=a(1-\cos t) \end{cases}$$

所表示的函数 $y=y(x)$ 的二阶导数.

解：

$$\frac{\mathrm{d}y}{\mathrm{d}x}=\frac{\dfrac{\mathrm{d}y}{\mathrm{d}t}}{\dfrac{\mathrm{d}x}{\mathrm{d}t}}=\frac{a\sin t}{a-a\cos t}=\frac{\sin t}{1-\cos t}=\cot\frac{t}{2}\ (t\neq 2n\pi, n\in\mathbf{Z}).$$

$$\frac{\mathrm{d}^2 y}{\mathrm{d}x^2}=\frac{\mathrm{d}}{\mathrm{d}t}\left(\cot\frac{t}{2}\right)\times\frac{1}{\dfrac{\mathrm{d}x}{\mathrm{d}t}}$$

$$=-\frac{1}{2\sin^2\dfrac{t}{2}}\times\frac{1}{a(1-\cos t)}=-\frac{1}{a(1-\cos t)^2}\ (t\neq 2n\pi, n\in\mathbf{Z}).$$

三、相关变化率

设 $x=x(t)$ 及 $y=y(t)$ 都是可导函数，而变量 x 与 y 间存在某种关系，从而变化率 $\dfrac{\mathrm{d}x}{\mathrm{d}t}$

与 $\dfrac{\mathrm{d}y}{\mathrm{d}t}$ 间也存在一定关系. 这两个相互依赖的变化率称为**相关变化率**. 相关变化率问题就是研究这两个变化率之间的关系, 以便从其中一个变化率求出另一个变化率.

例 11 落在平静水面上的石头, 产生同心波纹. 若最外一圈波半径的增大率总是 6m/s, 问在 2s 末扰动水面面积的增大率为多少?

解 设最外一圈波的半径为 $r=r(t)$, 在 $S=\pi r^2$ 两端分别对 t 求导, 得

$$\frac{\mathrm{d}S}{\mathrm{d}t}=2\pi r\,\frac{\mathrm{d}r}{\mathrm{d}t}.$$

当 $t=2$ 时, $r=6\times2=12$, $\dfrac{\mathrm{d}r}{\mathrm{d}t}=6$, 代入上式得

$$\frac{\mathrm{d}S}{\mathrm{d}t}\Big|_{t=2}=2\pi\times12\times6=144\pi\,(\mathrm{m}^2/\mathrm{s}).$$

习题 2-4

1. 求由下列方程所确定的隐函数的导数.

(1) $y^3-3y+2x=0$;　　　　(2) $\dfrac{1}{x}+\dfrac{1}{y}=2$;

(3) $y=1+x\mathrm{e}^y$;　　　　　(4) $y=\cos(x+y)$;

(5) $x^3+y^3=6xy$;　　　　　(6) $\ln(x^2+y^2)=x+y-1$.

2. 求椭圆 $\dfrac{x^2}{4}+\dfrac{y^2}{3}=1$ 上的点 $M\left(1,\dfrac{3}{2}\right)$ 处的切线方程和法线方程.

3. 求由方程 $x-y+\dfrac{1}{2}\sin y=0$ 所确定的隐函数 $y=y(x)$ 的二阶导数 $\dfrac{\mathrm{d}^2y}{\mathrm{d}x^2}$.

4. 设 $x^4-xy+y^4=1$, 求 y'' 在点 $(0,1)$ 处的值.

5. 用对数求导法求下列函数的导数:

(1) $y=(x-1)(x-2)^2(x-3)^3$;　(2) $y=(\sin x)^{\cos x}$;

(3) $y=x^{x^2}$;　　　　　　　　(4) $x^y=y^x$;

(5) $y=\sqrt{\dfrac{(x-1)(x-2)}{(x-3)(x-4)}}$;　　(6) $y=\left(\dfrac{a}{b}\right)^x\left(\dfrac{b}{x}\right)^a\left(\dfrac{x}{a}\right)^b\ (a>0,b>0,\dfrac{a}{b}\neq1)$.

6. 求下列参数方程所确定的函数的一阶导数和二阶导数:

(1) $\begin{cases}x=1-t^2\\y=t-t^3\end{cases}$;　(2) $\begin{cases}x=at^2\\y=bt^3\end{cases}$;

(3) $\begin{cases}x=\dfrac{t^2}{2}\\y=1-t\end{cases}$;　(4) $\begin{cases}x=\ln(1+t^2)\\y=t-\arctan t\end{cases}$.

7. 已知 $\begin{cases}x=1+t^2\\y=t^3\end{cases}$, 求在 $t=2$ 处的切线方程.

8. 求螺线 $r=\theta$ 在对应于 $\theta=\dfrac{\pi}{2}$ 的点处的切线方程.

9. 一气球从距离观察员 500m 处离开地面铅直上升, 当气球高度为 500m 时, 其速率为

140m/min. 求此时观察员视线的仰角增加的速率是多少?

10. 把水注入深 8m,上顶直径为 8m 的正圆锥形容器中,其速度为 $4m^3/min$. 问当水深为 5m 时,其表面上升的速率为多少?

第五节 函数的微分

一、微分的定义

先分析一个具体问题. 一块正方形金属薄片受温度变化的影响,其边长由 x_0 变到 $x_0 + \Delta x$ (图 2-5),问此薄片的面积改变了多少?

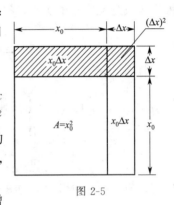

图 2-5

设此薄片的边长为 x,面积为 A,则 A 与 x 存在函数关系:$A = x^2$. 薄片受温度变化的影响时面积的改变量,可以看成是当自变量 x 自 x_0 取得增量 Δx 时,函数 $A = x^2$ 相应的增量 ΔA,即

$$\Delta A = (x_0 + \Delta x)^2 - x^2 = 2x_0 \Delta x + (\Delta x)^2.$$

从上式可以看出,ΔA 分成两部分,第一部分 $2x_0 \Delta x$ 是 Δx 的线性函数,即图中的两个窄矩形面积之和,而第二部分 $(\Delta x)^2$ 是图中的小正方形的面积. 当 $\Delta x \to 0$ 时,$(\Delta x)^2$ 是比 Δx 高阶的无穷小,即 $(\Delta x)^2 = o(\Delta x)$. 由此可见,如果边长改变很微小,即 $|\Delta x|$ 很小时,面积的改变量 ΔA 可近似地用第一部分代替.

一般地,如果函数 $y = f(x)$ 满足一定条件,则函数的增量 Δy 可表示为

$$\Delta y = A \Delta x + o(\Delta x).$$

其中 A 是不依赖于 Δx 的常数,因此 $A \Delta x$ 是 Δx 的线性函数,且它与 Δy 之差

$$\Delta y - A \Delta x = o(\Delta x)$$

是比 Δx 高阶的无穷小. 所以,当 $A \neq 0$ 且 $|\Delta x|$ 很小时,我们就可以用 Δx 的线性函数 $A \Delta x$ 来近似代替 Δy.

定义 1 设函数 $y = f(x)$ 在某区间内有定义,x_0 及 $x_0 + \Delta x$ 在这区间内,如果增量

$$\Delta y = f(x_0 + \Delta x) - f(x_0)$$

可表示为

$$\Delta y = A \Delta x + o(\Delta x), \tag{2-9}$$

其中 A 是不依赖于 Δx 的常数,那么称函数 $y = f(x)$ 在点 x_0 是**可微**的,而 $A \Delta x$ 叫做函数 $y = f(x)$ 在点 x_0 相应于自变量增量 Δx 的**微分**,记作 $\mathrm{d}y$,即

$$\mathrm{d}y = A \Delta x.$$

函数 $y = f(x)$ 在 x_0 点具备什么条件时可微?若可微 $\mathrm{d}y = A \Delta x$,常数 A 如何确定?下面的定理回答这些问题:

定理 1 函数 $y = f(x)$ 在点 x_0 可微的充分必要条件是函数 $y = f(x)$ 在点 x_0 可导,且 $A = f'(x_0)$,即

$$\mathrm{d}y = f'(x_0) \Delta x.$$

证明 必要性:设函数 $y = f(x)$ 在点 x_0 可微,即有

$$\Delta y = A \Delta x + o(\Delta x).$$

两边除以 Δx，得

$$\frac{\Delta y}{\Delta x} = A + \frac{o(\Delta x)}{\Delta x},$$

有

$$\lim_{\Delta x \to 0} \frac{\Delta y}{\Delta x} = \lim_{\Delta x \to 0} \left(A + \frac{o(\Delta x)}{\Delta x} \right) = A.$$

于是函数 $f(x)$ 在点 x_0 可导，且 $A = f'(x_0)$，

即 $dy = f'(x_0)\Delta x$.

充分性：设函数 $y = f(x)$ 在点 x_0 可导，即有

$$\lim_{\Delta x \to 0} \frac{\Delta y}{\Delta x} = f'(x_0).$$

根据极限与无穷小的关系，得

$$\frac{\Delta y}{\Delta x} = f'(x_0) + \alpha, \alpha \to 0 (\text{当 } \Delta x \to 0 \text{ 时})$$

由此得到

$$\Delta y = f'(x_0)\Delta x + \alpha\Delta x = f'(x_0)\Delta x + o(\Delta x),$$

因为 $f'(x_0)$ 是与 Δx 无关的常数，$o(\Delta x)$ 比 Δx 是高阶无穷小，所以 $f(x)$ 在点 x_0 可微.

当 $f'(x_0) \neq 0$ 时，有

$$\lim_{\Delta x \to 0} \frac{\Delta y}{dy} = \lim_{\Delta x \to 0} \frac{\Delta y}{f'(x_0)\Delta x} = \frac{1}{f'(x_0)} \lim_{\Delta x \to 0} \frac{\Delta y}{\Delta x} = 1.$$

从而，当 $\Delta x \to 0$ 时，Δy 与 dy 是等价无穷小，于是由第一章第五节定理 2 可知，这时有

$$\Delta y = dy + o(dy),$$

即 dy 是 Δy 的**主部**. 又由于 $dy = f'(x_0)\Delta x$ 是 Δx 的线性函数，所以在 $f'(x_0) \neq 0$ 的条件下，我们说 dy 是 Δy 的**线性主部**（当 $\Delta x \to 0$）. 于是我们得到结论：在 $f'(x_0) \neq 0$ 的条件下，以微分 $dy = f'(x_0)\Delta x$ 近似代替增量 $\Delta y = f(x_0 + \Delta x) - f(x_0)$ 时，其误差为 $o(dy)$.

因此，在 $|\Delta x|$ 很小时，有近似等式

$$\Delta y \approx dy.$$

例 1 求函数 $y = e^x$ 在 $x = 0$，$\Delta x = 0.02$ 时的微分.

解 函数 $y = e^x$ 在 $x = 0$，$\Delta x = 0.02$ 时的微分为

$$dy = (e^x)'|_{x=0}\Delta x = 1 \times 0.02 = 0.02.$$

函数 $y = f(x)$ 在任意点 x 的微分，称为**函数的微分**，记作 dy 或 $df(x)$，即

$$dy = f'(x)\Delta x.$$

显然，函数的微分 $dy = f'(x)\Delta x$ 与 x 和 Δx 有关.

通常把自变量 x 的增量 Δx 称为**自变量的微分**，记作 dx，即 $dx = \Delta x$. 于是函数 $y = f(x)$ 的微分又可记作

$$dy = f'(x)dx,$$

从而有

$$\frac{dy}{dx} = f'(x).$$

即函数的导数等于函数的微分与自变量的微分之商. 因此，导数也叫做"**微商**".

例 2 设函数 $y = x^3$，

（1）求函数的微分；

（2）求函数在 $x = 2$ 处的微分；

（3）求函数在 $x=2$ 处，当 $\Delta x=0.02$ 时的微分，并讨论微分与函数增量的误差.

解 （1）$\mathrm{d}y=(x^3)'\mathrm{d}x=3x^2\mathrm{d}x$；

（2）$\mathrm{d}y=(x^3)'\big|_{x=2}\mathrm{d}x=3x^2\big|_{x=2}\mathrm{d}x=12\mathrm{d}x$；

（3）$\mathrm{d}y\big|_{\substack{x=2\\ \mathrm{d}x=0.02}}=(x^3)'\mathrm{d}x\big|_{\substack{x=2\\ \mathrm{d}x=0.02}}=3x^2\mathrm{d}x\big|_{\substack{x=2\\ \mathrm{d}x=0.02}}=0.24,$

而 $\Delta y=(2+0.02)^3-2^3=0.242408,$

所以 $\Delta y-\mathrm{d}y=0.002408$，可见用 $\mathrm{d}y$ 近似 Δy 其误差为 0.002408.

二、微分的几何意义

在直角坐标系中，函数 $y=f(x)$ 的图形是一条曲线. 设 $M(x_0,y_0)$ 是该曲线上的一个定点，当自变量 x 在点 x_0 处取改变量 Δx 时就得另一个点 $N\ (x_0+\Delta x,y_0+\Delta y)$. 由图 2-6 可见：

$$MQ=\Delta x,QN=\Delta y.$$

过点 M 作曲线的切线 MT，它的倾斜角为 α，则 $QP=MQ\tan\alpha=\Delta xf'(x)$，即 $\mathrm{d}y=QP$.

由此可见，对于可微函数 $y=f(x)$ 而言，当 Δy 是曲线上纵坐标的增量时，$\mathrm{d}y$ 就是曲线上切点的纵坐标的相应增量，当 $|\Delta x|$ 很小时，$\Delta y\approx\mathrm{d}y$，且 $|\Delta y-\mathrm{d}y|$ 比 $|\Delta x|$ 小得多. 因此，在点 M 的邻近处，我们可以用切线段 MP 近似代替曲线段 MN.

在局部范围内用线性函数近似代替非线性函数，在几何上就是局部用切线段近似代替曲线段，这在数学上称为非线性函数的局部线性化，这是微分学的基本思想方法之一. 这种思想方法在自然科学和工程问题的研究中是经常采用的.

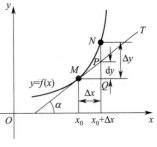

图 2-6

三、基本初等函数的微分公式与微分运算法则

从函数的微分的表达式

$$\mathrm{d}y=f'(x)\mathrm{d}x$$

可以看出，要计算函数的微分，只要计算函数的导数，再乘以自变量的微分. 因此，可由基本初等函数的导数公式直接写出其微分公式，由函数的求导法则推得相应的微分法则.

1. 基本初等函数的微分公式

$\mathrm{d}(C)=0$； $\mathrm{d}(x^\mu)=\mu x^{\mu-1}\mathrm{d}x$；

$\mathrm{d}(\sin x)=\cos x\mathrm{d}x$； $\mathrm{d}(\cos x)=-\sin x\mathrm{d}x$；

$\mathrm{d}(\tan x)=\sec^2 x\mathrm{d}x$； $\mathrm{d}(\cot x)=-\csc^2 x\mathrm{d}x$；

$\mathrm{d}(\sec x)=\sec x\tan x\mathrm{d}x$； $\mathrm{d}(\csc x)=-\csc x\cot x\mathrm{d}x$；

$\mathrm{d}(a^x)=a^x\ln a\mathrm{d}x$； $\mathrm{d}(\mathrm{e}^x)=\mathrm{e}^x\mathrm{d}x$；

$\mathrm{d}(\log_a|x|)=\dfrac{1}{x\ln a}\mathrm{d}x$； $\mathrm{d}(\ln|x|)=\dfrac{1}{x}\mathrm{d}x$；

$\mathrm{d}(\arcsin x)=\dfrac{1}{\sqrt{1-x^2}}\mathrm{d}x$； $\mathrm{d}(\arccos x)=-\dfrac{1}{\sqrt{1-x^2}}\mathrm{d}x$；

$\mathrm{d}(\arctan x)=\dfrac{1}{1+x^2}\mathrm{d}x$； $\mathrm{d}(\operatorname{arccot}x)=-\dfrac{1}{1+x^2}\mathrm{d}x.$

2. 函数和、差、积、商的微分法则

$$\mathrm{d}(u \pm v) = \mathrm{d}u \pm \mathrm{d}v; \qquad\qquad \mathrm{d}(Cu) = C\mathrm{d}u;$$

$$\mathrm{d}(uv) = v\mathrm{d}u + u\mathrm{d}v; \qquad\qquad \mathrm{d}\left(\frac{u}{v}\right) = \frac{v\mathrm{d}u - u\mathrm{d}v}{v^2}.$$

我们以乘积的微分运算法则为例加以证明.

根据函数微分表达式,有

$$\mathrm{d}(uv) = (uv)'\mathrm{d}x.$$

再根据乘积的求导法则,有

$$(uv)' = u'v + uv'.$$

于是 $\mathrm{d}(uv) = (u'v + uv')\mathrm{d}x = u'v\mathrm{d}x + uv'\mathrm{d}x.$

由于 $u'\mathrm{d}x = \mathrm{d}u$, $v'\mathrm{d}x = \mathrm{d}v$,

所以 $\mathrm{d}(uv) = v\mathrm{d}u + u\mathrm{d}v.$

例 3 已知 $y = x^2\sin x$,求 $\mathrm{d}y$.

解 因为 $$y' = 2x\sin x + x^2\cos x,$$

所以 $$\mathrm{d}y = (2x\sin x + x^2\cos x)\mathrm{d}x.$$

或 $$\mathrm{d}y = \sin x\,\mathrm{d}(x^2) + x^2\,\mathrm{d}(\sin x)$$

$$= \sin x \times 2x\mathrm{d}x + x^2\cos x\mathrm{d}x = (2x\sin x + x^2\cos x)\mathrm{d}x.$$

3. 复合函数的微分法则

设 $y = f(u)$ 及 $u = g(x)$ 都可导,则复合函数 $y = f[g(x)]$ 的微分为

$$\mathrm{d}y = y'_x\mathrm{d}x = f'(u)g'(x)\mathrm{d}x.$$

由于 $g'(x)\mathrm{d}x = \mathrm{d}u$,所以,复合函数 $y = f[g(x)]$ 的微分公式也可以写成

$$\mathrm{d}y = f'(u)\mathrm{d}u \text{ 或 } \mathrm{d}y = y'_u\mathrm{d}u.$$

由此可见,无论 u 是自变量还是中间变量,微分形式 $\mathrm{d}y = f'(u)\mathrm{d}u$ 保持不变.这一性质称为**微分形式不变性**.这一性质表示,当变换自变量时,微分形式 $\mathrm{d}y = f'(u)\mathrm{d}u$ 并不改变.

例 4 $y = \mathrm{e}^{x^2}$,求 $\mathrm{d}y$.

解 $y = \mathrm{e}^u$, $u = x^2$,则

$$\mathrm{d}y = \mathrm{d}(\mathrm{e}^u) = \mathrm{e}^u\mathrm{d}u = \mathrm{e}^{x^2}\mathrm{d}(x^2) = \mathrm{e}^{x^2} \times 2x\mathrm{d}x = 2x\mathrm{e}^{x^2}\mathrm{d}x.$$

与复合函数求导类似,求复合函数微分也可以不写出中间变量,这样更加直接方便.

例 5 $y = [\ln(1+2x)]^5$,求 $\mathrm{d}y$.

解 $\mathrm{d}y = \mathrm{d}[\ln(1+2x)]^5 = 5[\ln(1+2x)]^4\mathrm{d}[\ln(1+2x)]$

$$= 5[\ln(1+2x)]^4 \times \frac{1}{1+2x}\mathrm{d}(1+2x)$$

$$= \frac{5[\ln+(1+2x)]^4}{1+2x} \times 2\mathrm{d}x$$

$$= \frac{10[\ln(1+2x)]^4}{1+2x}\mathrm{d}x.$$

例 6 求由方程 $xy = \mathrm{e}^{x+y}$ 所确定的隐函数 $y = y(x)$ 的微分 $\mathrm{d}y$.

解 方程两边求微分,得

$$d(xy) = d(e^{x+y}), \quad ydx + xdy = e^{x+y}d(x+y) = e^{x+y}(dx + dy), \quad dy = \frac{y - e^{x+y}}{e^{x+y} - x}dx$$

例 7 在下列等式左端的括号中填入适当的函数，使等式成立.

(1) d(   ) = xdx；(2) d(   ) = $\cos\omega t\,dt$（$\omega \neq 0$）.

解 (1) 因为 $\qquad\qquad\qquad d(x^2) = 2xdx,$

可见到 $\qquad\qquad\qquad\qquad xdx = \frac{1}{2}d(x^2) = d\left(\frac{x^2}{2}\right),$

即 $\qquad\qquad\qquad\qquad\qquad d\left(\frac{x^2}{2}\right) = xdx.$

一般地，有

$$d\left(\frac{x^2}{2} + C\right) = xdx\,(C \text{ 为任意常数}).$$

(2) 因为 $d(\sin\omega t) = \omega\cos\omega t\,dt$,

可见到 $\qquad\qquad\qquad \cos\omega t\,dt = \frac{1}{\omega}d(\sin\omega t) = d\left(\frac{1}{\omega}\sin\omega t\right),$

即 $\qquad\qquad\qquad\qquad d\left(\frac{1}{\omega}\sin\omega t\right) = \cos\omega t\,dt.$

一般地，有

$$d\left(\frac{1}{\omega}\sin\omega t + C\right) = \cos\omega t\,dt\,(C \text{ 为任意常数}).$$

四、微分在近似计算中的应用

在工程问题中，经常会遇到一些复杂的计算公式. 如果直接用这些公式进行计算，那是很费力的. 利用微分往往可以把一些复杂的计算公式用简单的近似公式来代替.

从前面的讨论可知，当 $f'(x_0) \neq 0$，且 $|\Delta x|$ 很小时，有

$$\Delta y \approx dy = f'(x_0)\Delta x. \tag{2-10}$$

又由 $\qquad\qquad \Delta y = f(x_0 + \Delta x) - f(x_0) \approx f'(x_0)\Delta x,$

得到 $\qquad\qquad\qquad f(x_0 + \Delta x) \approx f(x_0) + f'(x_0)\Delta x. \tag{2-11}$

在式(2-11) 中令 $x = x_0 + \Delta x$，即 $\Delta x = x - x_0$，那么式(2-11) 可改写为

$$f(x) \approx f(x_0) + f'(x_0)(x - x_0) \tag{2-12}$$

特别地，在式(2-12) 中取 $x_0 = 0$，且 $|x|$ 很小时，有

$$f(x) \approx f(0) + f'(0)x. \tag{2-13}$$

如果 $f(x_0)$ 与 $f'(x_0)$ 都容易计算，那么可以利用式(2-10) 来近似计算 Δy，利用式(2-11) 来近似计算 $f(x_0 + \Delta x)$，或利用式(2-12) 来近似计算 $f(x)$. 这种近似计算的实质就是用 x 的线性函数 $f(x_0) + f'(x_0)(x - x_0)$ 来近似表达函数 $f(x)$. 从导数的几何意义可知，这也就是用曲线 $y = f(x)$ 在点 $(x_0, f(x_0))$ 处的切线来近似代替该曲线（就切点邻近部分）.

例 8 有一批半径为 1cm 的球，为了提高球面的光洁度，要镀上一层铜，厚度定为 0.01cm，估计一下，每只球需用铜多少克（铜的密度为 $8.9g/cm^3$）.

解 已知球体体积为 $V = \dfrac{4}{3}\pi R^3$.

镀铜体积 V 在 $R=1$，$\Delta R = 0.01$ 时体积的增量 ΔV.

由式(2-10) 得 $\Delta V \approx \mathrm{d}V = \left(\dfrac{4}{3}\pi R^3\right)' \Delta R \Big|_{\substack{R=1 \\ \Delta R=0.01}} = 4\pi R^2 \Delta R \Big|_{\substack{R=1 \\ \Delta R=0.01}} = 0.13\,\mathrm{cm}^3$,

于是每只球需用铜约为 $8.9 \times 0.13 \approx 1.16\mathrm{g}$.

例 9 计算 $\sin 29°$ 的近似值.

解 设 $f(x) = \sin x$.

由式(2-12) 得，$f(x) \approx f(x_0) + f'(x_0)(x - x_0) = \sin x_0 + \cos x_0 (x - x_0)$.

取 $x_0 = 30° = \dfrac{\pi}{6}$，$x = 29° = \dfrac{29}{180}\pi$，有

$$\sin 29° = \sin\left(\dfrac{29}{180}\pi\right) \approx \sin\dfrac{\pi}{6} + \cos\dfrac{\pi}{6} \times \left(\dfrac{29}{180}\pi - \dfrac{\pi}{6}\right)$$

$$= \dfrac{1}{2} + \dfrac{\sqrt{3}}{2} \times \left(-\dfrac{\pi}{180}\right) \approx 0.485.$$

例 10 当 $|\Delta x|$ 很小时，证明 $\ln(1+x) \approx x$.

证 当 $|\Delta x|$ 很小时，令 $f(x) = \ln(1+x)$，则 $f'(x) = \dfrac{1}{1+x}$.

由式(2-13) $f(x) \approx f(0) + f'(0)x$，得

$$\ln(1+x) \approx \ln(1+0) + \dfrac{1}{1+0} \times x = x,$$

所以 $\ln(1+x) \approx x$.

应用式(2-13)可以推得以下几个在工程上常用的近似公式（假定 $|x|$ 较小）：

(1) $\sqrt[n]{1+x} \approx 1 + \dfrac{1}{n}x$；

(2) $\sin x \approx x$（x 为弧度）；

(3) $\tan x \approx x$（x 为弧度）；

(4) $\mathrm{e}^x \approx 1 + x$；

(5) $\ln(1+x) \approx x$.

例 11 计算 $\sqrt{1.05}$ 的近似值.

解 $\sqrt{1.05} = \sqrt{1 + 0.05}$

利用近似公式(1)，$x = 0.05$，$n = 2$，有

$$\sqrt{1.05} \approx 1 + \dfrac{1}{2} \times 0.05 = 1.025.$$

如果直接开方，可得

$$\sqrt{1.05} = 1.0247.$$

可以看出，用 1.025 作为 $\sqrt{1.05}$ 的近似值，其误差不超过 0.001，这样的近似值在一般应用上已经够精确了. 如果开方次数较高，就更能体现出用微分进行近似计算的优越性.

习题 2-5

1. 已知 $y = x^2$，计算在 $x = 1$ 处，Δx 分别等于 0.01，-0.02 时的 Δy 及 $\mathrm{d}y$.

2. 求下列函数的微分：

(1) $y=3x^2$；

(2) $y=\cos 2x$；

(3) $y=x^2+\dfrac{1}{x}-\sqrt{x}$；

(4) $y=1+x\mathrm{e}^x$；

(5) $y=\dfrac{\sin x}{x}$；

(6) $y=\ln\cos x$；

(7) $y=\mathrm{e}^{\sqrt{1-x^2}}$；

(8) $y=\sqrt{x-\sqrt{x}}$；

(9) $y=\ln(1+\mathrm{e}^{x^2})$；

(10) $y=\arctan\dfrac{1+x}{x}$．

3. 在下列等式左端的括号中填入适当的函数，使等式成立

(1) $\mathrm{d}(\quad)=x\mathrm{d}x$；

(2) $\mathrm{d}(\quad)=\sin 2x\mathrm{d}x$；

(3) $\mathrm{d}(\quad)=\dfrac{1}{1+x}\mathrm{d}x$；

(4) $\mathrm{d}(\quad)=\mathrm{e}^{-2x}\mathrm{d}x$；

(5) $\mathrm{d}(\quad)=\sec^2 x\mathrm{d}x$；

(6) $\mathrm{d}(\quad)=\dfrac{1}{\sqrt{x}}\mathrm{d}x$；

(7) $\mathrm{d}(\quad)=\dfrac{1}{x^2}\mathrm{d}x$；

(8) $\mathrm{d}(\quad)=\mathrm{e}^x\cos\mathrm{e}^x\mathrm{d}x$．

4. 求下列方程确定的隐函数 $y=y(x)$ 的微分．

(1) $xy=\sin(x+y)$；

(2) $y\sin x-\cos(x-y)=0$；

(3) $x^2+y^2=9$；

(4) $xy=a$．

5. 半径 10cm 的金属圆片加热后，半径伸长了 0.05cm，求面积增加的精确值和近似值．

6. 有一机械挂钟，钟摆的周期为 1s，单摆的周期按下面公式计算

$$T=2\pi\sqrt{\frac{l}{g}},$$

其中 l 为摆长，单位为 cm，g 取 $980\mathrm{cm/s}^2$．在冬季，摆长缩短了 0.01cm，问这只钟每天大约快多少？

7. 计算的近似值：

(1) $\cos 60°30'$；

(2) $\mathrm{e}^{1.01}$；

(3) $\arctan 1.02$．

8. 当 $|\Delta x|$ 很小时，证明下列近似公式：

(1) $\mathrm{e}^x\approx 1+x$；

(2) $\dfrac{1}{1+x}\approx 1-x$．

9. 计算的近似值：

(1) $\ln 1.002$；

(2) $\mathrm{e}^{-0.03}$；

(3) $\sqrt[3]{998.5}$；

(4) $\sqrt[5]{245}$．

第六节　微分中值定理

微分中值定理是微分学基本定理，它是用导数解决实际问题的理论基础．我们先讲罗尔定理，然后根据它推出拉格朗日中值定理和柯西中值定理．

观察图 2-7，设函数 $y=f(x)$ 在区间 $[a,b]$ 上的图像是一条连续光滑曲线弧，这条曲线在区间 (a,b) 内每一点都存在不垂直于 x 轴的切线，且区间 $[a,b]$ 的两端函数值相等，即 $f(a)=f(b)$. 可以发现在曲线弧的最高点 C 处或最低点 D 处，曲线有水平的切线. 如果记 C 点的横坐标为 ξ，那么就有 $f'(\xi)=0$. 现在用分析语言把这个几何现象描述出来，就可得下面的罗尔定理. 为了应用方便，先介绍费马引理.

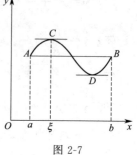

图 2-7

费马引理 设函数 $f(x)$ 在点 x_0 的某邻域 $U(x_0)$ 内有定义，并且在 x_0 处可导，如果对任意的 $x \in U(x_0)$，有
$$f(x) \leqslant f(x_0) \quad [\text{或 } f(x) \geqslant f(x_0)],$$
那么 $f'(x_0)=0$.

证 不妨设 $x \in U(x_0)$ 时，
$$f(x) \leqslant f(x_0)[\text{如果 } f(x) \geqslant f(x_0)，\text{可以类似地证明}].$$
于是，对于 $x_0+\Delta x \in U(x_0)$，有
$$f(x_0+\Delta x) \leqslant f(x_0),$$
从而当 $\Delta x > 0$ 时，
$$\frac{f(x_0+\Delta x)-f(x_0)}{\Delta x} \leqslant 0;$$

当 $\Delta x < 0$ 时，
$$\frac{f(x_0+\Delta x)-f(x_0)}{\Delta x} \geqslant 0.$$

根据函数 $f(x)$ 在 x_0 可导的条件及极限的保号性，便得到
$$f'(x_0)=f'_+(x_0)=\lim_{\Delta x \to 0^+} \frac{f(x_0+\Delta x)-f(x_0)}{\Delta x} \leqslant 0,$$
$$f'(x_0)=f'_-(x_0)=\lim_{\Delta x \to 0^-} \frac{f(x_0+\Delta x)-f(x_0)}{\Delta x} \geqslant 0.$$
所以 $f'(x_0)=0$.

通常称导数等于零的点为函数的**驻点**（或**稳定点，临界点**）.

一、罗尔定理

如果函数 $f(x)$ 满足

(1) 在闭区间 $[a,b]$ 上连续；

(2) 在开区间 (a,b) 内可导；

(3) 在区间端点处函数值相等，即 $f(a)=f(b)$.

那么在 (a,b) 内至少存在一点 $\xi(a < \xi < b)$，使得 $f'(\xi)=0$.

证 由于 $f(x)$ 在 $[a,b]$ 上连续，根据闭区间上连续函数的最大值最小值定理，$f(x)$ 在 $[a,b]$ 上必定取得它的最大值 M 和最小值 m，这样只有两种可能情形：

(1) 若 $M=m$，则 $f(x) \equiv M$，$x \in [a,b]$，

因此，$\forall \xi \in (a,b),f'(\xi)=0$.

(2) 若 $M > m$，则 M 和 m 中至少有一个与端点值不等，不妨设 $M \neq f(a)$，则至少存

在一点 $\xi\in(a,b)$，使 $f(\xi)=M$，因此，$\forall x\in[a,b]$，有 $f(x)\leqslant f(\xi)$，从而由费马引理可知 $f'(\xi)=0$.

例 1 不求出导数，判别函数 $f(x)=(x+1)(x-2)(x-3)$ 的导数 $f'(x)=0$ 有几个实根.

解 函数 $f(x)$ 分别在 $[-1,2]$，$[2,3]$ 上连续，分别在 $(-1,2)$，$(2,3)$ 内可导，且

$$f(-1)=f(2)=f(3).$$

由罗尔定理知，至少存在 $\xi_1\in(-1,2)$，$\xi_2\in(2,3)$，使

$$f'(\xi_1)=f'(\xi_2)=0.$$

即方程 $f'(x)=0$ 至少有两个实根.

又 $f'(x)$ 为二次多项式，方程 $f'(x)=0$ 至多有两个实根. 从而 $f'(x)=0$ 有且仅有两个实根.

例 2 证明方程 $x^5-5x+1=0$ 有且仅有一个小于 1 的正实根.

证 存在性：设 $f(x)=x^5-5x+1$，则 $f(x)$ 在 $[0,1]$ 连续，且 $f(0)=1$，$f(1)=-3$.
由零点定理知存在 $x_0\in(0,1)$，使 $f(x_0)=0$，即方程有小于 1 的正根 x_0.

唯一性：假设另有 $x_1\in(0,1)$，$x_1\neq x_0$，使 $f(x_1)=0$.

易见 $f(x)$ 在以 x_0，x_1 为端点的区间满足罗尔定理条件，故在以 x_0，x_1 为端点的区间至少存在一点 ξ，使 $f'(\xi)=0$.

但 $f'(x)=5(x^4-1)<0[x\in(0,1)]$，矛盾，故假设不真.

所以方程 $x^5-5x+1=0$ 有且仅有一个小于 1 的正实根 x_0.

二、拉格朗日中值定理

罗尔定理中，$f(a)=f(b)$ 这个条件是相当特殊的，它使罗尔定理的应用受到限制. 如果把 $f(a)=f(b)$ 这个条件取消，但仍保留其余两个条件，并相应地改变结论，就得到微分学中十分重要的拉格朗日中值定理.

拉格朗日中值定理 如果函数 $f(x)$ 满足

(1) 在闭区间 $[a,b]$ 上连续；

(2) 在开区间 (a,b) 内可导.

那么在 (a,b) 内至少存在一点 $\xi(a<\xi<b)$，使得

$$f'(\xi)=\frac{f(b)-f(a)}{b-a} \tag{2-14}$$

或 $f(b)-f(a)=f'(\xi)(b-a)$ 成立.

拉格朗日中值定理的几何意义是：如果连续曲线 $y=f(x)$ 的 $\overparen{AB}$ 上除端点外处处有不垂直于 x 轴的切线，那么这弧上至少有一点 $C(\xi,f(\xi))$，使得在 C 点处的切线平行于弦 AB. 从图 2-8 看出 $\dfrac{f(b)-f(a)}{b-a}$ 为弦 AB 的斜率.

从图 2-7 看出，在罗尔定理中，由于 $f(a)=f(b)$ 弦 AB 是平行于 x 轴的，因此点 C 处的切线实际上也平行于弦 AB. 由此可见，罗尔定理是拉格朗日中值定理的特殊情

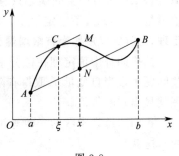

图 2-8

形.

我们利用罗尔定理来证明拉格朗日中值定理. 因为弦 AB 方程为

$$y = f(a) + \frac{f(b) - f(a)}{b - a}(x - a),$$

而曲线 $y = f(x)$ 与弦 AB 在区间端点 a, b 处相交, 故若用曲线方程 $y = f(x)$ 与弦 AB 的方程的差做成一个新的函数, 则这新的函数在端点 a, b 的函数值相等. 由此即可证明拉格朗日中值定理.

证 构造辅助函数

$$F(x) = f(x) - \left[f(a) + \frac{f(b) - f(a)}{b - a}(x - a) \right].$$

易知 $F(x)$ 满足罗尔定理的条件: $F(a) = F(b) = 0$; $F(x)$ 在 $[a, b]$ 上连续, 在 (a, b) 内可导, 且

$$F'(x) = f'(x) - \frac{f(b) - f(a)}{b - a}.$$

根据罗尔定理, 可知在 (a, b) 内至少存在一点 ξ, 使 $F'(\xi) = 0$, 即

$$f'(\xi) - \frac{f(b) - f(a)}{b - a} = 0.$$

由此得

$$f'(\xi) = \frac{f(b) - f(a)}{b - a} \text{ 或 } f(b) - f(a) = f'(\xi)(b - a).$$

显然, 式(2-14)对于 $b < a$ 也成立. 式(2-14)叫做**拉格朗日中值公式**.

使用变量代换, 可得到其他形式. 因为 ξ 在 (a, b) 之内, 可令

$$\xi = a + \theta(b - a) \quad (0 < \theta < 1),$$

即得

$$f(b) - f(a) = f'[a + \theta(b - a)](b - a). \tag{2-15}$$

在式(2-15)中令 $a = x_0$, $b = x_0 + \Delta x$, 即得

$$f(x_0 + \Delta x) - f(x_0) = f'(x_0 + \theta \Delta x)\Delta x, \tag{2-16}$$

或

$$\Delta y = f'(x_0 + \theta \Delta x)\Delta x \qquad (0 < \theta < 1). \tag{2-17}$$

在学习微分时, 曾有表达式

$$\Delta y = f'(x_0)\Delta x + o(\Delta x), \ \Delta y \approx \mathrm{d}y = f'(x_0)\Delta x.$$

我们知道, 函数的微分 $\mathrm{d}y = f'(x_0)\Delta x$ 是函数增量的近似表达式, 一般说来, 以 $\mathrm{d}y$ 近似代替 Δy 时所产生的误差只有当 $\Delta x \to 0$ 时才趋于零; 而式(2-17)却给出了自变量取得有限增量 $\Delta x (|\Delta x|$ 不一定很小) 时, 函数 Δy 的准确表达式. 因此这个定理也叫做**有限增量定理**, 式(2-17)称为**有限增量公式**.

拉格朗日中值定理在微分学中占有重要地位, 有时也称这个定理为**微分中值定理**. 在某些问题中, 当自变量 x 取得有限增量 Δx 而需要函数增量的准确表达式时, 拉格朗日中值定理就显出它的价值.

我们知道, 常数的导数等于零; 但反过来, 导数为零的函数是否为常数呢? 答案是肯定的, 这就是:

定理 如果函数 $f(x)$ 在区间 I 上的导数恒为零, 那么 $f(x)$ 在区间 I 上是一个常数.

证 在 I 上任取两点 $x_1, x_2 (x_1 < x_2)$，在 $[x_1, x_2]$ 上应用拉格朗日中值定理

$$f(x_2) - f(x_1) = f'(\xi)(x_2 - x_1) \quad (x_1 < \xi < x_2).$$

由已知，$f'(\xi) = 0$，所以 $f(x_2) - f(x_1) = 0$，即

$$f(x_2) = f(x_1).$$

由 x_1, x_2 的任意性知，$f(x)$ 在 I 上为常数.

从上述论证中可以看出，虽然拉格朗日中值定理中的 ξ 的准确数值未知，但在这里并不妨碍它的应用.

例 3 证明 $\arcsin x + \arccos x = \dfrac{\pi}{2} \ (-1 \leqslant x \leqslant 1)$.

证 设 $f(x) = \arcsin x + \arccos x$，$x \in [-1, 1]$，

因为 $f'(x) = \dfrac{1}{\sqrt{1-x^2}} + \left(-\dfrac{1}{\sqrt{1-x^2}}\right) = 0$，

所以 $f(x) \equiv C$，$x \in [-1, 1]$.

又因 $f(0) = \arcsin 0 + \arccos 0 = 0 + \dfrac{\pi}{2} = \dfrac{\pi}{2}$，

故 $C = \dfrac{\pi}{2}$，从而 $\arcsin x + \arccos x = \dfrac{\pi}{2}$.

例 4 证明当 $x > 0$ 时，$\dfrac{x}{1+x} < \ln(1+x) < x$.

证 设 $f(x) = \ln(1+x)$，显然 $f(x)$ 在 $[0, x]$ 上满足拉格朗日中值定理的条件，根据定理，有

$$f(x) - f(0) = f'(\xi)(x - 0), 0 < \xi < x.$$

由于 $f(0) = 0, f'(x) = \dfrac{1}{1+x}$，由上式得 $\ln(1+x) = \dfrac{x}{1+\xi}$，

又由 $0 < \xi < x$，有 $\dfrac{x}{1+x} < \dfrac{x}{1+\xi} < x$，

即 $\dfrac{x}{1+x} < \ln(1+x) < x$.

三、柯西中值定理

柯西中值定理 如果函数 $f(x)$ 及 $F(x)$ 满足

（1）在闭区间 $[a, b]$ 上连续；

（2）在开区间 (a, b) 内可导；

（3）对任一 $x \in (a, b)$，$F'(x) \neq 0$.

那么在 (a, b) 内至少存在一点 ξ，使得

$$\frac{f(b) - f(a)}{F(b) - F(a)} = \frac{f'(\xi)}{F'(\xi)}. \tag{2-18}$$

证 显然 $F(b) \neq F(a)$，否则由罗尔定理，有 $\xi_1 \in (a, b)$，使 $F'(\xi_1) = 0$，这与条件矛盾. 构造辅助函数

$$\varphi(x) = f(x) - f(a) - \frac{f(b) - f(a)}{F(b) - F(a)}[F(x) - F(a)].$$

容易验证，这个 $\varphi(x)$ 适合罗尔定理的条件：$\varphi(a)=\varphi(b)=0$. $\varphi(x)$ 在闭区间 $[a,b]$ 上连续，在开区间 (a,b) 内可导，且

$$\varphi'(x)=f'(x)-\frac{f(b)-f(a)}{F(b)-F(a)}\times F'(x).$$

根据罗尔定理，可知在 (a,b) 内至少存在一点 ξ，使得 $\varphi'(\xi)=0$，即

$$f'(\xi)-\frac{f(b)-f(a)}{F(b)-F(a)}\times F'(\xi)=0,$$

由此得

$$\frac{f(b)-f(a)}{F(b)-F(a)}=\frac{f'(\xi)}{F'(\xi)}.$$

很明显，在柯西中值定理中取 $F(x)=x$，那么 $F(b)-F(a)=b-a$，$F'(x)=1$，因而式 (2-18) 就可以写成：

$$f(b)-f(a)=f'(\xi)(b-a),$$

这样就变成拉格朗日中值公式.

例 5 设函数 $f(x)$ 在 $[0,1]$ 上连续，在 $(0,1)$ 内可导，证明至少存在一点 $\xi\in(0,1)$ 使 $f'(\xi)=2\xi[f(1)-f(0)]$.

证 结论可变形为

$$\frac{f(1)-f(0)}{1-0}=\frac{f'(\xi)}{2\xi}=\frac{f'(x)}{(x^2)'}\bigg|_{x=\xi}.$$

设 $g(x)=x^2$，则 $f(x)$，$g(x)$ 在 $[0,1]$ 上满足柯西中值定理的条件，所以在 $(0,1)$ 内至少存在一点 ξ，有

$$\frac{f(1)-f(0)}{1-0}=\frac{f'(\xi)}{2\xi},$$

即 $f'(\xi)=2\xi[f(1)-f(0)]$.

习题 2-6

1. 填空题.

(1) 函数 $y=\sin^2 x$ 在区间 $\left[-\dfrac{\pi}{2},\dfrac{\pi}{2}\right]$ 上满足罗尔定理的 $\xi=$ _____ .

(2) 曲线 $y=\mathrm{e}^{-x}$ 在 $x=$ _____ 处的切线与连接两点 $(0,1)$ 与 $\left(1,\dfrac{1}{\mathrm{e}}\right)$ 的弦平行.

2. 证明函数 $f(x)=(x-1)(x-2)(x-3)$ 在区间 $(1,3)$ 内至少存在一点 ξ，使 $f''(\xi)=0$.

3. 若方程 $a_0 x^n+a_1 x^{n-1}+\cdots+a_{n-1}x=0$ 有正根 x_0，证明方程

$$na_0 x^{n-1}+(n-1)a_1 x^{n-2}+\cdots+a_{n-1}=0$$

必存在小于 x_0 的正根.

4. 证明方程 $x^5+x-1=0$ 只有一个正实根.

5. 若函数 $f(x)$ 在 $[a,b]$ 上连续，在 (a,b) 内可导，且 $f(a)<f(b)$，证明：在 (a,b) 内至少存在一点 c，使 $f'(c)>0$.

6. 证明：$\arctan x+\text{arccot}\,x=\dfrac{\pi}{2}$.

7. 若函数 $f(x)$ 在 $(-\infty,+\infty)$ 内满足关系 $f'(x)=f(x)$ 且 $f(0)=1$. 证明：$f(x)=\mathrm{e}^x$.

8. 证明下列不等式：

(1) 当 $b>a>0$ 时，$\dfrac{b-a}{b}<\ln\dfrac{b}{a}<\dfrac{b-a}{a}$；

(2) 当 $x>1$ 时，$e^x>ex$.

第七节　泰勒公式

对于一些比较复杂的函数，为了便于研究，往往希望用一些简单的函数来近似表达．多项式函数是最为简单的一类函数，它只要对自变量进行有限次的加、减、乘三种算术运算，就能求出其函数值，因此，多项式经常被用于近似地表达函数，这种近似表达在数学上常称为**逼近**．英国数学家泰勒在这方面作出了不朽的贡献．其研究结果表明：具有直到 $n+1$ 阶导数的函数在一个点的邻域内的值可以用函数在该点的函数值及各阶导数值组成的 n 次多项式近似表达．本节我们将介绍泰勒公式及其简单应用．

在微分的应用中我们已经知道，当 $|x|$ 很小时，有下列近似公式：

$$e^x\approx1+x,\ln(1+x)\approx x.$$

这些都是用一次多项式来近似表达函数的例子．但是这种近似表达式存在明显的不足：首先是精确度不高，它所产生的误差仅是关于 x 高阶无穷小；其次是用它来作近似计算时，不能具体估算出误差大小．因此，对于精确度要求较高且需要估计误差的时候，就必须用高次多项式来近似表达函数，同时给出误差公式．

于是提出如下问题：设函数 $f(x)$ 在含有 x_0 的开区间 (a,b) 内具有直到 $n+1$ 阶导数，问是否存在一个 n 次多项式函数

$$p_n(x)=a_0+a_1(x-x_0)+a_2(x-x_0)^2+\cdots+a_n(x-x_0)^n \tag{2-19}$$

使得

$$f(x)\approx p_n(x),$$

且误差 $R_n(x)=f(x)-p_n(x)$ 是比 $(x-x_0)^n$ 高阶的无穷小，并给出误差估计的具体表达式．

这个问题回答是肯定的．

下面我们来讨论这个问题．设 $p_n(x)$ 在点 x_0 处的函数值及它的直到 n 阶的导数在点 x_0 处的值依次与 $f(x_0),f'(x_0),f''(x_0),\cdots,f^{(n)}(x_0)$ 相等，即有

$$p_n(x_0)=f(x_0),p_n'(x_0)=f'(x_0),\cdots,p_n^{(n)}(x_0)=f^{(n)}(x_0),$$

按这些等式来确定多项式(2-19)的系数 $a_0,a_1,a_2,\cdots,a_n$. 为此，对式(2-19)求各阶导数，然后分别代入以上等式，得

$$a_0=p_n(x_0)=f(x_0),a_1=p_n'(x_0)=f'(x_0),$$

$$a_2=\frac{1}{2!}p_n''(x_0)=\frac{1}{2!}f''(x_0),\cdots,a_n=\frac{1}{n!}p_n^{(n)}(x_0)=\frac{1}{n!}f^{(n)}(x_0).$$

将求得的系数 $a_0,a_1,a_2,\cdots,a_n$ 代入式(2-19)，有

$$p_n(x)=f(x_0)+f'(x_0)(x-x_0)+\frac{f''(x_0)}{2!}(x-x_0)^2+\cdots+\frac{f^{(n)}(x_0)}{n!}(x-x_0)^n$$

$$\tag{2-20}$$

下面的定理表明，多项式(2-20)的确是所要找的 n 次多项式．

泰勒中值定理　如果函数 $f(x)$ 在含有 x_0 的某个开区间 (a,b) 内具有直到 $n+1$ 阶的

导数，则对任一 $x \in (a,b)$，有

$$f(x) = f(x_0) + f'(x_0)(x - x_0) + \frac{f''(x_0)}{2!}(x - x_0)^2 + \cdots + \frac{f^{(n)}(x_0)}{n!}(x - x_0)^n + R_n(x)$$

$$(2-21)$$

其中
$$R_n(x) = \frac{f^{(n+1)}(\xi)}{(n+1)!}(x - x_0)^{n+1} \qquad (2-22)$$

这里 ξ 是 x_0 与 x 之间的某个值.

  证 $R_n(x) = f(x) - p_n(x)$.

  只需证明 $R_n(x) = \dfrac{f^{(n+1)}(\xi)}{(n+1)!}(x - x_0)^{n+1}$（$\xi$ 在 x_0 与 x 之间）.

  由假设，$R_n(x)$ 在 (a,b) 内具有直到 $n+1$ 阶导数，且

$$R_n(x_0) = R_n'(x_0) = R_n''(x_0) = \cdots = R_n^{(n)}(x_0) = 0.$$

  对两函数 $R_n(x)$ 及 $(x - x_0)^{n+1}$ 在以 x_0 及 x 为端点的区间上应用柯西中值定理，得

$$\frac{R_n(x)}{(x - x_0)^{n+1}} = \frac{R_n(x) - R_n(x_0)}{(x - x_0)^{n+1} - 0} = \frac{R_n'(\xi_1)}{(n+1)(\xi_1 - x_0)^n} \qquad (\xi_1 \text{ 在 } x_0 \text{ 与 } x \text{ 之间}),$$

再对两函数 $R_n'(x)$ 及 $(n+1)(x - x_0)^n$ 在以 x_0 及 ξ_1 为端点的区间上应用柯西中值定理，得

$$\frac{R_n'(\xi_1)}{(n+1)(\xi_1 - x_0)^n} = \frac{R_n'(\xi_1) - R_n'(x_0)}{(n+1)(\xi_1 - x_0)^n - 0} = \frac{R_n''(\xi_2)}{n(n+1)(\xi_2 - x_0)^{n-1}} (\xi_2 \text{ 在 } x_0 \text{ 与 } \xi_1 \text{ 之间}).$$

  如此下去，经过 $n+1$ 次后，得

$$\frac{R_n(x)}{(x - x_0)^{n+1}} = \frac{R_n^{(n+1)}(\xi)}{(n+1)!}(\xi \text{ 在 } x_0 \text{ 与 } \xi_n \text{ 之间}, \text{也在 } x_0 \text{ 与 } x \text{ 之间}).$$

因为 $P_n^{(n+1)}(x) = 0$，有 $R_n^{(n+1)}(x) = f^{(n+1)}(x)$，所以

$$R_n(x) = \frac{f^{(n+1)}(\xi)}{(n+1)!}(x - x_0)^{n+1}(\xi \text{ 在 } x_0 \text{ 与 } x \text{ 之间}).$$

  式 (2-20) 称为函数 $f(x)$ 按 $x - x_0$ 的幂展开的 n 次**泰勒多项式**，公式 (2-21) 称为函数 $f(x)$ 按 $x - x_0$ 的幂展开的带有拉格朗日型余项的 n 阶**泰勒公式**，而 $R_n(x)$ 的表达式 (2-22) 称为**拉格朗日型余项**.

  当 $n = 0$ 时，泰勒公式变成拉格朗日中值公式

$$f(x) = f(x_0) + f'(\xi)(x - x_0) \qquad (\xi \text{ 在 } x_0 \text{ 与 } x \text{ 之间}).$$

因此，泰勒中值定理是拉格朗日中值定理的推广.

  由泰勒中值定理可知，以多项式 $p_n(x)$ 近似表达函数 $f(x)$ 时，其误差为 $|R_n(x)|$. 如果对于某个固定的 n，当 $x \in (a,b)$ 时，$|f^{(n+1)}(x)| \leqslant M$，则有估计式

$$|R_n(x)| = \left| \frac{f^{n+1}(\xi)}{(n+1)!}(x - x_0)^{n+1} \right| \leqslant \frac{M}{(n+1)!}|x - x_0|^{n+1} \qquad (2-23)$$

及
$$\lim_{x \to x_0} \frac{R_n(x)}{(x - x_0)^n} = 0.$$

由此可见，当 $x \to x_0$ 时，误差 $|R_n(x)|$ 是比 $(x - x_0)^n$ 高阶的无穷小，即

$$R_n(x) = o[(x - x_0)^n]. \qquad (2-24)$$

$R_n(x)$ 的表达式 (2-24) 称为**皮亚诺型余项**.

至此，我们提出的问题全部得到解决.

在不需要余项的精确表达式时，n 阶泰勒公式也可写成

$$f(x)=f(x_0)+f'(x_0)(x-x_0)+\frac{f''(x_0)}{2!}(x-x_0)^2+\cdots+\frac{f^{(n)}(x_0)}{n!}(x-x_0)^n+o[(x-x_0)^n].$$

$$(2-25)$$

式 (2-25) 称为 $f(x)$ 按 $x-x_0$ 的幂展开的带有皮亚诺型余项的 n 阶泰勒公式.

在泰勒公式 (2-21) 中，如果取 $x_0=0$，ξ 在 0 与 x 之间，令 $\xi=\theta x$ $(0<\theta<1)$，从而泰勒公式变成较简单的形式，即所谓带有拉格朗日型余项的 **麦克劳林公式**：

$$f(x)=f(0)+f'(0)x+\frac{f''(0)}{2!}x^2+\cdots+\frac{f^{(n)}(0)}{n!}x^n+\frac{f^{(n+1)}(\theta x)}{(n+1)!}x^{n+1} \quad (0<\theta<1) \quad (2-26)$$

在泰勒公式 (2-25) 中，如果取 $x_0=0$，则有带有皮亚诺型余项的麦克劳林公式

$$f(x)=f(0)+f'(0)x+\frac{f''(0)}{2!}x^2+\cdots+\frac{f^{(n)}(0)}{n!}x^n+o(x^n). \quad (2-27)$$

由式 (2-26) 或式 (2-27) 可得近似公式

$$f(x)\approx f(0)+f'(0)x+\frac{f''(0)}{2!}x^2+\cdots+\frac{f^{(n)}(0)}{n!}x^n,$$

误差估计式 (2-23) 相应地变成

$$|R_n(x)|\leqslant\frac{M}{(n+1)!}|x|^{n+1},$$

则余项 $\quad R_n(x)=\dfrac{f^{(n+1)}(\theta x)}{(n+1)!}x^{n+1}.$

例 1 写出函数 $f(x)=\sqrt{x}$ 在 $x_0=4$ 处的 3 阶泰勒公式.

解 由 $f(x)=\sqrt{x}$，则 $f'(x)=\dfrac{1}{2}x^{-\frac{1}{2}}$，$f''(x)=-\dfrac{1}{4}x^{-\frac{3}{2}}$，$f'''(x)=\dfrac{3}{8}x^{-\frac{5}{2}}$，$f^{(4)}(x)=$

$-\dfrac{15}{16}x^{-\frac{7}{2}}$，$f(4)=2$，$f'(4)=\dfrac{1}{4}$，$f''(4)=-\dfrac{1}{32}$，$f'''(4)=\dfrac{3}{256}$.

故 $\quad\sqrt{x}=f(4)+f'(4)(x-4)+\dfrac{f''(4)}{2!}(x-4)^2+\dfrac{f'''(4)}{3!}(x-4)^3+\dfrac{f^{(4)}(\xi)}{4!}(x-4)^4$，其中 ξ

在 x 与 4 之间.

例 2 写出函数 $f(x)=e^x$ 的带有拉格朗日型余项的 n 阶麦克劳林公式.

解 因为 $f'(x)=f''(x)=\cdots=f^{(n)}(x)=e^x$，

所以 $\quad f(0)=f'(0)=f''(0)=\cdots=f^{(n)}(0)=1.$

把这些值代入式 (2-26)，并注意到 $f^{(n+1)}(\theta x)=e^{\theta x}$，得

$$e^x=1+x+\frac{x^2}{2!}+\cdots+\frac{x^n}{n!}+\frac{e^{\theta x}}{(n+1)!}x^{n+1} \quad (0<\theta<1).$$

由公式可知 $e^x\approx 1+x+\dfrac{x^2}{2!}+\cdots+\dfrac{x^n}{n!}.$

估计误差 $|R_n(x)|=\left|\dfrac{e^{\theta x}}{(n+1)!}x^{n+1}\right|<\dfrac{e^x}{(n+1)!}|x|^{n+1}(0<\theta<1).$

取 $x=1$，$e\approx 1+1+\dfrac{1}{2!}+\cdots+\dfrac{1}{n!}$，

其误差 $|R_n|<\dfrac{\mathrm{e}}{(n+1)!}<\dfrac{3}{(n+1)!}$.

例3　求 $f(x)=\sin x$ 的带有拉格朗日型余项的 n 阶麦克劳林公式.

解　因为 $f(x)=\sin x$，则 $f'(x)=\cos x, f''(x)=-\sin x, f'''(x)=-\cos x, f^{(4)}(x)=\sin x,\cdots,f^{(n)}(x)=\sin\left(x+\dfrac{n\pi}{2}\right)$，

所以 $f(0)=0, f'(0)=1, f''(0)=0, f'''(0)=-1, f^{(4)}(0)=0,\cdots\sin x$ 的各阶导数依序循环地取 $0,1,0,-1$，于是按式（2-26）（令 $n=2m$)

$$\sin x=x-\frac{x^3}{3!}+\frac{x^5}{5!}-\cdots+(-1)^{m-1}\frac{1}{(2m-1)!}x^{2m-1}+R_{2m}$$

其中　　　　　　$R_{2m}=\dfrac{\sin\left[\theta x+(2m+1)\dfrac{\pi}{2}\right]}{(2m+1)!}x^{2m+1}$　$(0<\theta<1)$.

如果 $m=1$，则得近似公式

$$\sin x\approx x$$

这时误差为

$$|R_2|=\left|\frac{\cos(\theta x)}{3!}x^3\right|\leqslant\frac{|x|^3}{6}\quad(0<\theta<1).$$

如果 m 分别取 2 和 3，则可得 $\sin x$ 的 3 次和 5 次泰勒多项式

$$\sin x\approx x-\frac{x^3}{3!}\text{和}\sin x\approx x-\frac{x^3}{3!}+\frac{x^5}{5!},$$

其误差的绝对值分别不超过 $\dfrac{1}{5!}|x|^5$ 和 $\dfrac{1}{7!}|x|^7$.

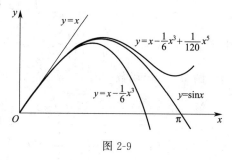

图 2-9

正弦函数和以上三个泰勒多项式的图形如图 2-9 所示.

按前述几例的方法，可得到**常用初等函数的麦克劳林公式**：

$$\mathrm{e}^x=1+x+\frac{x^2}{2!}+\cdots+\frac{x^n}{n!}+o(x^n)$$

$$\sin x=x-\frac{x^3}{3!}+\frac{x^5}{5!}-\cdots+(-1)^n\frac{x^{2n+1}}{(2n+1)!}+o(x^{2n+2})$$

$$\cos x=1-\frac{x^2}{2!}+\frac{x^4}{4!}-\frac{x^6}{6!}+\cdots+(-1)^n\frac{x^{2n}}{(2n)!}+o(x^{2n+1})$$

$$\ln(1+x)=x-\frac{x^2}{2}+\frac{x^3}{3}-\cdots+(-1)^{n-1}\frac{x^n}{n}+o(x^n)$$

$$\frac{1}{1-x}=1+x+x^2+\cdots+x^n+o(x^n)$$

$$(1+x)^m=1+mx+\frac{m(m-1)}{2!}x^2+\cdots+\frac{m(m-1)\cdots(m-n+1)}{n!}x^n+o(x^n)$$

在实际应用中，上述已知初等函数的麦克劳林公式常用于间接地展开一些更复杂的函数的麦克劳林公式，以及求某些函数的极限等.

例 4 求函数 $f(x)=x\mathrm{e}^{-x}$ 的带有皮亚诺型余项的 n 阶麦克劳林公式.

解 因为 $\mathrm{e}^{-x}=1+(-x)+\dfrac{(-x)^2}{2!}+\cdots+\dfrac{(-x)^{n-1}}{(n-1)!}+o(x^{n-1})$,

所以 $x\mathrm{e}^{-x}=x-x^2+\dfrac{x^3}{2!}-\cdots+(-1)^{n-1}\dfrac{x^n}{(n-1)!}+o(x^n)$.

例 5 计算 $\lim\limits_{x\to 0}\dfrac{\mathrm{e}^{x^2}+2\cos x-3}{x^4}$.

解 因为 $\mathrm{e}^{x^2}=1+x^2+\dfrac{1}{2!}x^4+o(x^4)$, $\cos x=1-\dfrac{x^2}{2!}+\dfrac{x^4}{4!}+o(x^4)$,

而 $$\mathrm{e}^{x^2}+2\cos x-3=\dfrac{7}{12}x^4+o(x^4),$$

所以 $$\lim\limits_{x\to 0}\dfrac{\mathrm{e}^{x^2}+2\cos x-3}{x^4}=\lim\limits_{x\to 0}\dfrac{\dfrac{7}{12}x^4+o(x^4)}{x^4}=\dfrac{7}{12}.$$

例 6 证明 $\sqrt{1+x}>1+\dfrac{x}{2}-\dfrac{x^2}{8}$ $(x>0)$.

证 因为 $\sqrt{1+x}=(1+x)^{\frac{1}{2}}$

$$=1+\dfrac{x}{2}+\dfrac{1}{2!}\times\dfrac{1}{2}\left(\dfrac{1}{2}-1\right)x^2+\dfrac{1}{3!}\times\dfrac{1}{2}\left(\dfrac{1}{2}-1\right)\left(\dfrac{1}{2}-2\right)(1+\theta x)^{-\frac{5}{2}}x^3$$

$$=1+\dfrac{x}{2}-\dfrac{x^2}{8}+\dfrac{1}{16}(1+\theta x)^{-\frac{5}{2}}x^3\quad(0<\theta<1),$$

而 $x>0$ 时 $\dfrac{1}{16}(1+\theta x)^{-\frac{5}{2}}x^3>0$,

所以 $\sqrt{1+x}>1+\dfrac{x}{2}-\dfrac{x^2}{8}$ $(x>0)$.

习题 2-7

1. 按 $x-1$ 的幂展开多项式 $f(x)=x^4+3x^2-3$.
2. 写出函数 $f(x)=x^3\ln x$ 在 $x_0=1$ 处的四阶泰勒公式.
3. 计算无理数 e 的近似值, 使误差不超过 10^{-6}.
4. 求函数 $f(x)=\tan x$ 的带有皮亚诺型余项的 n 阶麦克劳林公式.
5. 求 $y=\dfrac{1}{4-x}$ 在 $x=1$ 的泰勒展开式.
6. 利用泰勒公式求极限 $\lim\limits_{x\to 0}\dfrac{\cos x-\mathrm{e}^{-\frac{x^2}{2}}}{x^4}$.

第八节　洛必达法则

我们曾经在无穷小的比较中讨论过两个无穷小商的极限问题, 它们有的存在, 有的不存在, 如极限 $\lim\limits_{x\to 0}\dfrac{\sin x}{x}$ 存在且等于 1, 而极限 $\lim\limits_{x\to 0}\dfrac{\sin x}{x^2}$ 不存在. 通常把这类极限称为 $\dfrac{0}{0}$ 型未定式. 类似的，两个无穷大的商的极限也是有的存在，有的不存在，通常称之为$\dfrac{\infty}{\infty}$型未定式.

这类极限不能用函数商的极限运算法则来计算，我们介绍一种求这类极限即简便又重要的方法——洛必达法则.

一、$x \to a$ 时的 $\dfrac{0}{0}$ 型未定式

定理 1 设

(1) 当 $x \to a$ 时，函数 $f(x)$ 及 $g(x)$ 都趋于零；

(2) 在点 a 的某去心邻域内，$f'(x)$ 及 $g'(x)$ 都存在且 $g'(x) \neq 0$；

(3) $\lim\limits_{x \to a} \dfrac{f'(x)}{g'(x)}$ 存在（或为无穷大）.

那么
$$\lim_{x \to a} \frac{f(x)}{g(x)} = \lim_{x \to a} \frac{f'(x)}{g'(x)}.$$

这种在一定条件下通过对分子、分母分别求导再求极限来确定未定式的极限值的方法称为**洛必达法则**.

证 因为 $\lim\limits_{x \to a} \dfrac{f(x)}{g(x)}$ 是否存在与 $f(a)$ 和 $g(a)$ 取值无关，故可补充定义
$$f(a) = g(a) = 0.$$

于是由条件(1)、(2)知道，$f(x)$ 和 $g(x)$ 在点 a 的某一邻域内是连续的. 设 x 是这邻域内任意一点（$x \neq a$），则 $f(x)$ 及 $g(x)$ 在以 x 及 a 为端点的区间上，满足柯西中值定理的条件，从而存在 ξ（ξ 介于 x 与 a）之间，使得
$$\frac{f(x)}{g(x)} = \frac{f(x) - f(a)}{g(x) - g(a)} = \frac{f'(\xi)}{g'(\xi)}.$$

当 $x \to a$ 时，$\xi \to a$，对上式取极限
$$\lim_{x \to a} \frac{f(x)}{g(x)} = \lim_{x \to a} \frac{f'(\xi)}{g'(\xi)} = \lim_{\xi \to a} \frac{f'(\xi)}{g'(\xi)}.$$

所以 $\lim\limits_{x \to a} \dfrac{f(x)}{g(x)} = \lim\limits_{x \to a} \dfrac{f'(x)}{g'(x)}$.

如果 $\lim\limits_{x \to a} \dfrac{f'(x)}{g'(x)}$ 仍为 $\dfrac{0}{0}$ 型未定式，且这时 $f'(x)$、$g'(x)$ 满足定理中 $f(x)$、$g(x)$ 所要满足的条件，那么有
$$\lim_{x \to a} \frac{f(x)}{g(x)} = \lim_{x \to a} \frac{f'(x)}{g'(x)} = \lim_{x \to a} \frac{f''(x)}{g''(x)}.$$

而且可以依此类推.

例 1 求 $\lim\limits_{x \to 0} \dfrac{1 - \cos x}{x}$.

解 $\lim\limits_{x \to 0} \dfrac{1 - \cos x}{x} = \lim\limits_{x \to 0} \dfrac{\sin x}{1} = 0$.

例 2 求 $\lim\limits_{x \to 1} \dfrac{x^3 - 3x + 2}{x^3 - x^2 - x + 1}$.

解 $\lim\limits_{x \to 1} \dfrac{x^3 - 3x + 2}{x^3 - x^2 - x + 1} = \lim\limits_{x \to 1} \dfrac{3x^2 - 3}{3x^2 - 2x - 1} = \lim\limits_{x \to 1} \dfrac{6x}{6x - 2} = \dfrac{3}{2}$.

注意，上式中的 $\lim\limits_{x\to 1}\dfrac{6x}{6x-2}$ 已不是未定式，不能对它应用洛必达法则，否则要导致错误结果，$\lim\limits_{x\to 1}\dfrac{6x}{6x-2}\neq\lim\limits_{x\to 1}\dfrac{6}{6}=1$. 以后使用洛必达法则应当注意，一定要注意验证是否满足条件.

例 3 求 $\lim\limits_{x\to 0}\dfrac{\mathrm{e}^x-\mathrm{e}^{-x}-2x}{x-\sin x}$.

解 $\lim\limits_{x\to 0}\dfrac{\mathrm{e}^x-\mathrm{e}^{-x}-2x}{x-\sin x}=\lim\limits_{x\to 0}\dfrac{\mathrm{e}^x+\mathrm{e}^{-x}-2}{1-\cos x}=\lim\limits_{x\to 0}\dfrac{\mathrm{e}^x-\mathrm{e}^{-x}}{\sin x}=\lim\limits_{x\to 0}\dfrac{\mathrm{e}^x+\mathrm{e}^{-x}}{\cos x}=2$.

二、当 $x\to\infty$ 时的 $\dfrac{0}{0}$ 型未定式及当 $x\to a$ 或 $x\to\infty$ 时的 $\dfrac{\infty}{\infty}$ 型未定式

对于 $x\to\infty$ 时的 $\dfrac{0}{0}$ 型未定式，及 $x\to a$ 或 $x\to\infty$ 时的 $\dfrac{\infty}{\infty}$ 型未定式，也有相应的洛必达法则. 例如，对于 $x\to\infty$ 时的 $\dfrac{0}{0}$ 型未定式有如下定理.

定理 2 设

(1) 当 $x\to\infty$ 时，函数 $f(x)$ 及 $g(x)$ 都趋于零；

(2) 当 $|x|>N$ 时 $f'(x)$ 及 $g'(x)$ 都存在，且 $g'(x)\neq 0$；

(3) $\lim\limits_{x\to\infty}\dfrac{f'(x)}{g'(x)}$ 存在（或为无穷大）.

那么 $\lim\limits_{x\to\infty}\dfrac{f(x)}{g(x)}=\lim\limits_{x\to\infty}\dfrac{f'(x)}{g'(x)}$.

例 4 求 $\lim\limits_{x\to+\infty}\dfrac{\dfrac{\pi}{2}-\arctan x}{\dfrac{1}{x}}$.

解 $\lim\limits_{x\to+\infty}\dfrac{\dfrac{\pi}{2}-\arctan x}{\dfrac{1}{x}}=\lim\limits_{x\to+\infty}\dfrac{-\dfrac{1}{1+x^2}}{-\dfrac{1}{x^2}}=\lim\limits_{x\to+\infty}\dfrac{x^2}{1+x^2}=1$.

例 5 求 $\lim\limits_{x\to+\infty}\dfrac{\ln x}{x^n}$（$n>0$）.

解 $\lim\limits_{x\to+\infty}\dfrac{\ln x}{x^n}=\lim\limits_{x\to+\infty}\dfrac{\dfrac{1}{x}}{nx^{n-1}}=\lim\limits_{x\to+\infty}\dfrac{1}{nx^n}=0$.

例 6 求 $\lim\limits_{x\to+\infty}\dfrac{x^n}{\mathrm{e}^{\lambda x}}$（$n$ 为正整数，$\lambda>0$）.

解 相继应用洛必达法则 n 次，得

$$\lim\limits_{x\to+\infty}\dfrac{x^n}{\mathrm{e}^{\lambda x}}=\lim\limits_{x\to+\infty}\dfrac{nx^{n-1}}{\lambda\mathrm{e}^{\lambda x}}=\lim\limits_{x\to+\infty}\dfrac{n(n-1)x^{n-2}}{\lambda^2\mathrm{e}^{\lambda x}}=\cdots=\lim\limits_{x\to+\infty}\dfrac{n!}{\lambda^n\mathrm{e}^{\lambda x}}=0.$$

注意，若例 6 中 n 不是正整数而是任意正数，那么极限仍为零.

对数函数 $\ln x$、幂函数 $x^n(n>0)$、指数函数 $e^{\lambda x}(\lambda>0)$ 均为当 $x\to+\infty$ 时的无穷大，但从例 5、例 6 可以看出，这三个函数增大的"速度"是不一样的，幂函数增大的"速度"比对数函数快得多，而指数函数增大的"速度"又比幂函数快得多．

洛必达法则虽然是求未定式的一种有效方法，但若能与其他求极限的方法结合使用，效果则更好．例如能化简时应尽可能先化简，可以应用等价无穷小替换或重要极限时，应尽可能应用，以使运算尽可能简捷．

例 7 求 $\lim\limits_{x\to 0}\dfrac{\tan x-x}{x^2\tan x}$．

解 当 $x\to 0$ 时，$\tan x\sim x$，所以

$$\lim_{x\to 0}\frac{\tan x-x}{x^2\tan x}=\lim_{x\to 0}\frac{\tan x-x}{x^3}=\lim_{x\to 0}\frac{\sec^2 x-1}{3x^2}=\lim_{x\to 0}\frac{\tan^2 x}{3x^2}=\lim_{x\to 0}\frac{x^2}{3x^2}=\frac{1}{3}.$$

三、$0\cdot\infty$，$\infty-\infty$，0^0，1^∞，∞^0 型未定式

例 8 求 $\lim\limits_{x\to+\infty}x^{-2}e^x$．

解 这是 $0\cdot\infty$ 型未定式．

$$\lim_{x\to+\infty}x^{-2}e^x=\lim_{x\to+\infty}\frac{e^x}{x^2}=\lim_{x\to+\infty}\frac{e^x}{2x}=\lim_{x\to+\infty}\frac{e^x}{2}=+\infty.$$

例 9 求 $\lim\limits_{x\to 0}\left[\dfrac{1}{x}-\dfrac{1}{\ln(1+x)}\right]$．

解 这是 $\infty-\infty$ 型未定式．

$$\lim_{x\to 0}\left[\frac{1}{x}-\frac{1}{\ln(1+x)}\right]=\lim_{x\to 0}\frac{\ln(1+x)-x}{x\ln(1+x)}=\lim_{x\to 0}\frac{\ln(1+x)-x}{x^2}$$

$$=\lim_{x\to 0}\frac{\dfrac{1}{1+x}-1}{2x}=\lim_{x\to 0}-\frac{1}{2(1+x)}=-\frac{1}{2}.$$

例 10 求 $\lim\limits_{x\to 0^+}x^x$．

解 这是 0^0 型未定式．

$$\lim_{x\to 0^+}x^x=\lim_{x\to 0^+}e^{x\ln x}=e^{\lim\limits_{x\to 0^+}x\ln x}$$

$$=e^{\lim\limits_{x\to 0^+}\frac{\ln x}{\frac{1}{x}}}=e^{\lim\limits_{x\to 0^+}\frac{\frac{1}{x}}{-\frac{1}{x^2}}}=e^0=1.$$

例 11 求 $\lim\limits_{x\to 1}x^{\frac{1}{1-x}}$．

解 这是 1^∞ 型未定式．

$$\lim_{x\to 1}x^{\frac{1}{1-x}}=\lim_{x\to 1}e^{\frac{1}{1-x}\ln x}=e^{\lim\limits_{x\to 1}\frac{\ln x}{1-x}}=e^{\lim\limits_{x\to 1}\frac{\frac{1}{x}}{-1}}=e^{-1}.$$

例 12 求 $\lim\limits_{x\to+\infty}x^{\frac{1}{x}}$．

解 这是 ∞^0 型未定式.

$$\lim_{x \to +\infty} x^{\frac{1}{x}} = \lim_{x \to +\infty} e^{\frac{1}{x} \ln x} = e^{\lim\limits_{x \to +\infty} \frac{\ln x}{x}} = e^{\lim\limits_{x \to +\infty} \frac{\frac{1}{x}}{1}} = e^0 = 1.$$

洛必达法则给出的是求未定式的一种方法. 当定理的条件满足时,所求的极限存在或为 ∞;但当定理的条件不满足时,所求极限不一定不存在,例如, $\lim\limits_{x \to \infty} \dfrac{x + \sin x}{x}$ 是 $\dfrac{\infty}{\infty}$ 型未定式,但分子分母分别求导后,将变为 $\lim\limits_{x \to \infty} \dfrac{(x + \sin x)'}{(x)'} = \lim\limits_{x \to \infty} (1 + \cos x)$,此极限不存在(振荡),故洛必达法则失效. 但原极限是存在的,可用如下方法求得:

$$\lim_{x \to \infty} \frac{x + \sin x}{x} = \lim_{x \to \infty} \left(1 + \frac{1}{x} \sin x\right) = 1.$$

习题 2-8

1. 用洛必达法则求下列各极限:

(1) $\lim\limits_{x \to 0} \dfrac{\sin 2x}{\sin 3x}$;

(2) $\lim\limits_{x \to 0} \dfrac{\ln(1 + x)}{x}$;

(3) $\lim\limits_{x \to -\infty} \dfrac{e^x}{\ln(1 + e^x)}$;

(4) $\lim\limits_{x \to 2} \dfrac{\ln(x^2 - 3)}{x^2 - 3x + 2}$;

(5) $\lim\limits_{x \to 1} \dfrac{x - 6x^6 + 5x^7}{(1 - x)^2}$;

(6) $\lim\limits_{x \to 0^+} x^2 \ln x$;

(7) $\lim\limits_{x \to 1} \left(\dfrac{2}{x^2 - 1} - \dfrac{1}{x - 1}\right)$;

(8) $\lim\limits_{x \to 1} \left(\dfrac{1}{\ln x} - \dfrac{1}{x - 1}\right)$;

(9) $\lim\limits_{x \to \infty} x(e^{\frac{1}{x}} - 1)$;

(10) $\lim\limits_{x \to 0} (1 + x^2)^{\frac{1}{x}}$;

(11) $\lim\limits_{x \to 0^+} x^{\sin x}$;

(12) $\lim\limits_{x \to 0^+} \left(\dfrac{1}{x}\right)^{\tan x}$.

2. 验证下列极限存在,但不能用洛必达法则计算.

(1) $\lim\limits_{x \to \infty} \dfrac{x + \cos x}{x}$;

(2) $\lim\limits_{x \to 0} \dfrac{x^2 \sin \dfrac{1}{x}}{\sin x}$;

(3) $\lim\limits_{x \to \infty} \dfrac{x + \sin x}{\cos x - x}$.

第九节　函数单调性与曲线的凹凸性

一、函数的单调性

在第一章,我们介绍了函数在区间上单调性的概念,下面利用导数来对函数的单调性进行研究.

如果函数 $y = f(x)$ 在 $[a, b]$ 上单调增加(单调减少),那么它的图形是一条沿 x 轴正向上升(下降)的曲线. 如图 2-10,曲线上各点处的切线斜率是非负的(是非正的),即

$y'=f'(x)\geqslant 0[y'=f'(x)\leqslant 0]$. 由此可见，函数的单调性与导数的符号有着密切联系.

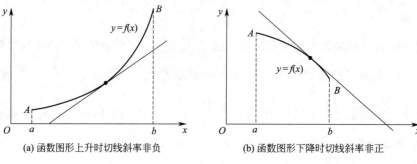

(a) 函数图形上升时切线斜率非负　　　　　(b) 函数图形下降时切线斜率非正

图 2-10

反过来，能否用导数的符号来判定函数的单调性呢？下面的定理将回答这个问题.

定理 1 (函数单调性的判别法) 设函数 $y=f(x)$ 在 $[a,b]$ 上连续，在 (a,b) 内可导.

(1) 若在 (a,b) 内 $f'(x)>0$，则函数 $y=f(x)$ 在 $[a,b]$ 上单调增加；

(2) 若在 (a,b) 内 $f'(x)<0$，则函数 $y=f(x)$ 在 $[a,b]$ 上单调减少.

证 在 $[a,b]$ 上任取两点 x_1、$x_2(x_1<x_2)$，由拉格朗日中值定理知，存在 $\xi(x_1<\xi<x_2)$，使得

$$f(x_2)-f(x_1)=f'(\xi)(x_2-x_1). \tag{2-28}$$

(1) 若在 (a,b) 内，$f'(x)>0$，则 $f'(\xi)>0$，所以 $f(x_2)>f(x_1)$，即 $y=f(x)$ 在 $[a,b]$ 上单调增加.

(2) 若在 (a,b) 内，$f'(x)<0$，则 $f'(\xi)<0$，所以 $f(x_2)<f(x_1)$，即 $y=f(x)$ 在 $[a,b]$ 上单调减少.

如果在 (a,b) 内 $f'(x)\geqslant 0(\leqslant 0)$，且等号仅在个别点成立，则 $y=f(x)$ 在 $[a,b]$ 上单调增加 (减少).另外，把判别法中的闭区间换成其他各种区间 (包括无穷区间)，那么结论也成立.例如，函数 $y=x^3$ 在 $(-\infty,+\infty)$ 内是单调增加的，但其导数 $y'=3x^2$ 在 $x=0$ 处为零.

例 1 判别函数 $y=x-\ln(1+x)$ 在 $[0,1]$ 上的单调性.

解 因为在 $(0,1)$ 内 $y'=1-\dfrac{1}{1+x}=\dfrac{x}{1+x}>0$，所以由定理 1 可知，函数 $y=x-\ln(1+x)$ 在 $[0,1]$ 上的单调增加.

例 2 讨论函数 $y=e^x-x-1$ 的单调性.

解 函数 $y=e^x-x-1$ 的定义域为 $(-\infty,+\infty)$，$y'=e^x-1$.

在 $(-\infty,0)$ 内 $y'<0$，所以函数 $y=e^x-x-1$ 在 $(-\infty,0]$ 上单调减少；

在 $(0,+\infty)$ 内 $y'>0$，所以函数 $y=e^x-x-1$ 在 $(0,+\infty)$ 上单调增加.

例 3 讨论函数 $f(x)=\sqrt[3]{x^2}$ 的单调区间.

解 函数 $f(x)=\sqrt[3]{x^2}$ 的定义域为 $(-\infty,+\infty)$，

$$f'(x)=\frac{2}{3\sqrt[3]{x}} \quad (x\neq 0).$$

当 $x=0$ 时，导数不存在.

当 $-\infty<x<0$ 时，$f'(x)<0$，所以函数 $f(x)=\sqrt[3]{x^2}$ 在 $(-\infty,0]$ 上单调减少；

当 $0<x<+\infty$ 时 $f'(x)>0$，所以函数 $f(x)=\sqrt[3]{x^2}$ 在 $[0,+\infty)$ 上单调增加，见图 2-11.

从上述几例可见，对函数 $y=f(x)$ 单调性的讨论，应先求出使导数等于零的点或使导数不存在的点，并用这些点将函数的定义域划分为若干个子区间，然后逐个判断函数的导数 $f'(x)$ 在各子区间的符号，从而确定出函数 $y=f(x)$ 在各子区间上的单调性，每个使得 $f'(x)$ 的符号保持不变的子区间都是函数 $y=f(x)$ 的单调区间.

例 4 确定函数 $f(x)=2x^3-9x^2+12x-3$ 的单调区间.

解 函数 $f(x)$ 的定义域为 $(-\infty,+\infty)$，
$$f'(x)=6x^2-18x+12=6(x-1)(x-2).$$
解方程 $f'(x)=0$ 得 $x_1=1$，$x_2=2$.

当 $-\infty<x<1$ 时，$f'(x)>0$，所以在 $(-\infty,1]$ 上单调增加；

当 $1<x<2$ 时，$f'(x)<0$，所以在 $[1,2]$ 上单调减少；

当 $2<x<+\infty$ 时，$f'(x)>0$，所以在 $[2,+\infty)$ 上单调增加.

于是，$f(x)$ 单调区间为 $(-\infty,1],[1,2],[2,+\infty)$，见图 2-12.

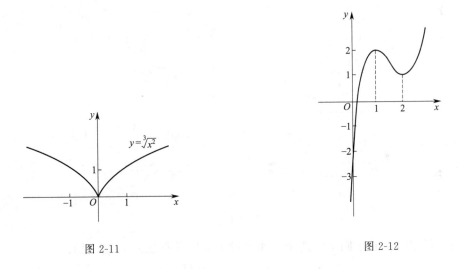

图 2-11　　　　　　　　　　图 2-12

例 5 证明：当 $x>1$ 时，$2\sqrt{x}>3-\dfrac{1}{x}$.

证 令 $f(x)=2\sqrt{x}-\left(3-\dfrac{1}{x}\right)$，则 $f'(x)=\dfrac{1}{\sqrt{x}}-\dfrac{1}{x^2}=\dfrac{1}{x^2}(x\sqrt{x}-1).$

$f(x)$ 在 $[1,+\infty)$ 连续，在 $(1,+\infty)$ 内 $f'(x)>0$，因此在 $[1,+\infty)$ 上 $f(x)$ 单调增加，从而当 $x>1$ 时，$f(x)>f(1)$.

由于 $f(1)=0$，故 $f(x)>f(1)$，即
$$2\sqrt{x}-\left(3-\frac{1}{x}\right)>0,$$

所以，当 $x>1$ 时，$2\sqrt{x}>3-\dfrac{1}{x}$.

二、曲线的凹凸性

函数的单调性反映在图形上，就是曲线的上升或下降．但是曲线在上升或下降的过程中，还有一个弯曲方向的问题．例如，图 2-13 中的两条曲线弧，虽然它们都是上升的，但图形却有显著的不同，$\overset{\frown}{ACB}$ 是向上凸的曲线弧，而 $\overset{\frown}{ADB}$ 是向下凹的曲线弧，它们的凹凸性不同．下面我们就来研究曲线的凹凸性及其判别法．

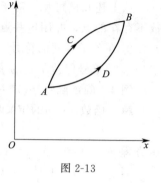

图 2-13

从图形 2-14 上看，在向下凹的曲线段上任取两点 x_1，x_2，连接这两点的弦总在曲线弧的上方，即有 $f\left(\dfrac{x_1+x_2}{2}\right)<$ $\dfrac{f(x_1)+f(x_2)}{2}$；在向上凸的曲线弧上任取两点 x_1,x_2，连接这两点的弦总在曲线弧的下方，即有 $f\left(\dfrac{x_1+x_2}{2}\right)>$ $\dfrac{f(x_1)+f(x_2)}{2}$．于是有下面凹凸性的定义．

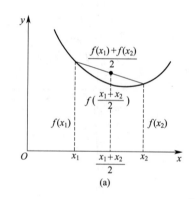

(a)

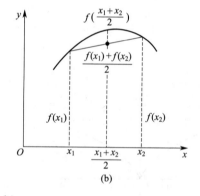

(b)

图 2-14

定义 1 设 $f(x)$ 在区间 I 上连续，如果对 I 上任意两点 x_1,x_2，恒有
$$f\left(\frac{x_1+x_2}{2}\right)<\frac{f(x_1)+f(x_2)}{2},$$
那么称 $f(x)$ 在 I 上的图形是（向上）凹的（或凹弧）；如果恒有
$$f\left(\frac{x_1+x_2}{2}\right)>\frac{f(x_1)+f(x_2)}{2},$$
那么称 $f(x)$ 在 I 上的图形是（向上）凸的（或凸弧）．

曲线的凹凸具有明显的几何意义，从图 2-14(a) 可以看出，对于向下凹的曲线，当 x 逐渐增加时，其上每一点的切线的斜率是逐渐增大的，即 $f'(x)$ 单调增加，如果二阶导数存在，必有 $f''(x)>0$；从图 2-14(b) 可以看出，对于向上凸的曲线，当 x 逐渐增加时，其上每一点的切线的斜率是逐渐减小的，即 $f'(x)$ 单调减小，如果二阶导数存在，必有 $f''(x)<0$．从而得到下面的关于判别凹凸性的定理．

定理 2　设函数 $y=f(x)$ 在 $[a,b]$ 上连续，在 (a,b) 内具有一阶和二阶导数，那么

（1）若在 (a,b) 内 $f''(x)>0$，则 $f(x)$ 在 $[a,b]$ 上的图形是凹的；

（2）若在 (a,b) 内 $f''(x)<0$，则 $f(x)$ 在 $[a,b]$ 上的图形是凸的.

证　我们就情形（1）给出证明.

设 x_1、$x_2(x_1<x_2)$ 为 $[a,b]$ 内任意两点，$\dfrac{x_1+x_2}{2}=x_0$，并记 $x_2-x_0=x_0-x_1=h$.

由拉格朗日中值定理，得

$$f(x_2)-f(x_0)=f'(\xi_2)h,\xi_2\in(x_0,x_2);$$
$$f(x_0)-f(x_1)=f'(\xi_1)h,\xi_1\in(x_1,x_0).$$

两式相减，得

$$f(x_2)+f(x_1)-2f(x_0)=[f'(\xi_2)-f'(\xi_1)]h.$$

在 (ξ_1,ξ_2) 上对 $f'(x)$ 再次应用拉格朗日中值定理，得

$$f'(\xi_2)-f'(\xi_1)=f''(\xi)(\xi_2-\xi_1).$$

从而有

$$f(x_2)+f(x_1)-2f(x_0)=f''(\xi)(\xi_2-\xi_1)h.$$

由题设条件知 $f''(\xi)>0$，且 $\xi_2-\xi_1>0$，则有

$$f(x_2)+f(x_1)-2f(x_0)>0,$$

亦即

$$\frac{f(x_1)+f(x_2)}{2}>f\left(\frac{x_1+x_2}{2}\right).$$

所以 $f(x)$ 在 $[a,b]$ 上的图形是凹的.

定义 2　连续曲线上凹弧与凸弧的分界点称为曲线的**拐点**.

例 6　讨论曲线 $y=x^3-3x$ 的凹凸性并求其拐点.

解　函数 $y=x^3-3x$ 的定义域为 $(-\infty,+\infty)$，由

$$y'=3x^2-3,y''=6x,$$

令 $y''=0$，解得 $x=0$.

当 $x<0$ 时，$y''<0$，所以曲线在 $(-\infty,0]$ 为凸的；

当 $x>0$ 时，$y''>0$，所以曲线在 $(0,+\infty)$ 为凹的，从而 $(0,0)$ 是曲线的拐点.

例 7　判断曲线 $y=x^4$ 的凹凸性.

解　$y'=4x^3$，$y''=12x^2$.

当 $x\neq 0$ 时，$y''>0$，

当 $x=0$ 时，$y''=0$.

故曲线 $y=x^4$ 在 $(-\infty,+\infty)$ 上是向下凹的.

例 8　求曲线 $y=\sqrt[3]{x}$ 的拐点.

解　函数 $y=\sqrt[3]{x}$ 在 $(-\infty,+\infty)$ 内连续，当 $x\neq 0$ 时，

$$y'=\frac{1}{3\sqrt[3]{x^2}},y''=-\frac{2}{9x\sqrt[3]{x^2}},$$

当 $x=0$ 时，y'，y'' 都不存在.

当 $x<0$ 时，$y''>0$，所以曲线在 $(-\infty,0]$ 为凹的；

当 $x>0$ 时，$y''<0$，所以曲线在 $(0,+\infty)$ 为凸的，从而 $(0,0)$ 是曲线的拐点.

根据定理 2，由 $f''(x)$ 的符号可以判定曲线的凹凸性，因此，如果 $f''(x)$ 在 x_0 的左、

右两侧邻近异号，那么点 $(x_0,f(x_0))$ 就是曲线的一个拐点，所以要寻找拐点，只要找出 $f''(x)$ 符号发生变化的分界点即可．如果 $f(x)$ 在 (a,b) 内具有二阶连续导数，那么在这样的分界点处必然有 $f''(x)=0$；使 $f(x)$ 的二阶导数不存在的定义域内的点，也可能是使 $f''(x)$ 的符号发生变化的分界点．综合以上分析，我们可以按下列步骤判定曲线的凹凸性与求曲线的拐点：

（1）求函数的二阶导数 $f''(x)$；

（2）令 $f''(x)=0$，解出全部实根，并求出所有使二阶导数不存在的点；

（3）对步骤（2）中求出的每一个点，检查其邻近左、右两侧 $f''(x)$ 的符号，确定曲线的凹凸区间和拐点．

例 9 求曲线 $y=\dfrac{x^2}{1+x^2}$ 的拐点及凹、凸区间．

解 函数 $y=\dfrac{x^2}{1+x^2}$ 的定义域为 $(-\infty,+\infty)$．

$$y'=\frac{2x}{(1+x^2)^2}, y''=\frac{2-6x^2}{(1+x^2)^3}.$$

令 $y''=0$，解得 $x=\pm\dfrac{\sqrt{3}}{3}$．列表如下

x	$\left(-\infty,-\frac{\sqrt{3}}{3}\right)$	$-\frac{\sqrt{3}}{3}$	$\left(-\frac{\sqrt{3}}{3},\frac{\sqrt{3}}{3}\right)$	$\frac{\sqrt{3}}{3}$	$\left(\frac{\sqrt{3}}{3},+\infty\right)$
y''	$-$	0	$+$	0	$-$
y	凸的	拐点 $\left(-\frac{\sqrt{3}}{3},\frac{1}{4}\right)$	凹的	拐点 $\left(\frac{\sqrt{3}}{3},\frac{1}{4}\right)$	凸的

所以，曲线的凹区间为 $\left[-\dfrac{\sqrt{3}}{3},\dfrac{\sqrt{3}}{3}\right]$，凸区间为 $\left(-\infty,-\dfrac{\sqrt{3}}{3}\right]$，$\left[\dfrac{\sqrt{3}}{3},+\infty\right)$，拐点为 $\left(-\dfrac{\sqrt{3}}{3},\dfrac{1}{4}\right)$，$\left(\dfrac{\sqrt{3}}{4},\dfrac{1}{4}\right)$．

例 10 证明下列不等式

$$\frac{\ln x+\ln y}{2}<\ln\frac{x+y}{2}\quad(x>0,y>0,x\ne y).$$

证 设 $f(t)=\ln t$，

$$f'(t)=\frac{1}{t}, f''(t)=-\frac{1}{t^2}<0,$$

所以 $f(t)$ 的图像在 $(0,+\infty)$ 是凸的．故对任意的 $x,y\in(0,+\infty)(x\ne y)$，有

$$f\left(\frac{x+y}{2}\right)>\frac{f(x)+f(y)}{2},$$

即 $\dfrac{\ln x+\ln y}{2}<\ln\dfrac{x+y}{2}$．

习题 2-9

1．判断下列函数的单调性：

（1）$y=2x+\sin x$；

（2）$y=\arctan x-x$；

(3) $y=x+\cos x\,(0\leqslant x\leqslant 2\pi)$.

2. 确定下列函数的单调区间:

(1) $y=x-\ln(1+x)$;

(2) $y=2x^3-6x^2-18x-7$;

(3) $y=x+\dfrac{1}{x}\,(x>0)$;

(4) $y=\mathrm{e}^{-x^2}$;

(5) $y=\arctan x-x$;

(6) $y=\ln(x+\sqrt{1+x^2})$.

3. 讨论函数 $f(x)=(x-1)x^{\frac{2}{3}}$ 的单调性.

4. 证明下列不等式:

(1) 当 $x>0$ 时,$1+x\ln(x+\sqrt{1+x^2})>\sqrt{1+x^2}$;

(2) 当 $x>4$ 时,$1+\dfrac{1}{2}>\sqrt{x}$;

(3) 当 $0<x<\dfrac{\pi}{2}$ 时,$\sin x>x-\dfrac{1}{6}x^3$;

(4) 当 $x>0$ 时,$\ln(1+x)\geqslant x-\dfrac{x^2}{2}$.

5. 证明方程 $x^3+x-1=0$ 只有一个小于 1 的正根.

6. 求下列曲线的凹、凸区间及拐点:

(1) $y=x^2+x+1$;

(2) $y=3x^4-4x^3+1$;

(3) $y=\ln(1+x^2)$;

(4) $y=x\mathrm{e}^{-x}$.

7. 设函数 $f(x)$ 在 (a,b) 内二阶可导,且 $f''(x_0)=0$,其中 $x_0\in(a,b)$,则 $(x_0,f(x_0))$ 是否一定为曲线 $f(x)$ 的拐点? 举例说明.

8. 利用函数凹凸性,证明下列不等式:

(1) $\dfrac{\mathrm{e}^x+\mathrm{e}^y}{2}>\mathrm{e}^{\frac{x+y}{2}}$ $(x\neq y)$;

(2) $x\ln x+y\ln y>(x+y)\ln\dfrac{x+y}{2}$ $(x>0,y>0,x\neq y)$.

9. 问 a 及 b 为何值时,点 $(1,3)$ 为曲线 $y=ax^3+bx^2$ 的拐点?

10. 试确定曲线 $y=a(x^2-3)^2$ 中的 a,使得该曲线的拐点处的法线通过原点.

第十节　函数极值与最大、最小值

一、函数的极值

在讨论函数的单调性时,曾遇到这样的情形,函数先是单调增加(或减少),到达某一点后又变为单调减少(或增加),这一类点实际上就是使函数单调性发生变化的分界点. 如在上节例 4 中,点 $x=1$ 和 $x=2$ 就是具有这样性质的点,对点 $x=1$ 的某个去心邻域内的任一点 x,恒有 $f(x)<f(1)$,即曲线在点 $(1,f(1))$ 处达到"峰顶";同样,对点 $x=2$ 的某个去心邻域内的任一点 x,恒有 $f(x)>f(2)$,即曲线在点 $(2,f(2))$ 处达到"谷底". 具有这种性质的点在实际应用中有着重要的意义,值得我们对此做一般性讨论.

定义 1　设函数 $f(x)$ 在点 x_0 的某邻域 $U(x_0)$ 内有定义,如果对于去心邻域 $\overset{\circ}{U}(x_0)$

内的任一 x，有 $f(x)<f(x_0)$ ［或 $f(x)>f(x_0)$］，那么就称 $f(x_0)$ 是函数 $f(x)$ 的一个**极大值（或极小值）**。

　　函数的极大值与极小值统称为函数的**极值**，使函数取得极值的点称为**极值点**。例如，上节例 4 中的函数

$$f(x)=2x^3-9x^2+12x-3$$

有极大值 $f(1)=2$ 和极小值 $f(2)=1$，点 $x=1$ 和 $x=2$ 是函数 $f(x)$ 的极值点。

　　函数的极大值和极小值的概念是局部性的。如果 $f(x_0)$ 是函数 $f(x)$ 的一个极大值，那只是就 x_0 的附近的一个局部范围来说，$f(x_0)$ 是 $f(x)$ 的一个最大值。如果就 $f(x)$ 的整个定义域来说，$f(x_0)$ 不一定是最大值，关于极小值也类似。

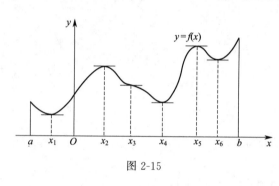

图 2-15

　　在图 2-15 中，$f(x)$ 有两个极大值 $f(x_2)$、$f(x_5)$，三个极小值 $f(x_1)$、$f(x_4)$、$f(x_6)$，其中极大值 $f(x_2)$ 比极小值 $f(x_6)$ 还小。就整个区间 $[a,b]$ 来说，只有一个极小值 $f(x_1)$ 同时也是最小值，而没有一个极大值是最大值。

　　从图中还可以看到，在函数取得极值处，曲线的切线是水平的。但曲线上有水平切线的地方，函数不一定取得极值（如 $x=3$ 处）。

　　由本章第六节费马引理可知极值存在的必要条件。

　　定理 1（必要条件）　设函数 $f(x)$ 在点 x_0 处可导，且在 x_0 处取得极值，那么 $f'(x_0)=0$.

　　根据定理 1，可导函数 $f(x)$ 的极值点必定是它的驻点。但反过来，函数的驻点却不一定是极值点。例如，$f(x)=x^3$ 的导数 $f'(x)=3x^2$，$f'(0)=0$，因此 $x=0$ 是这个可导函数的驻点，但 $x=0$ 却不是这函数的极值点。所以函数的驻点只是可能的极值点，此外，函数在它的导数不存在的点也可能取得极值。例如，函数 $f(x)=x^{\frac{2}{3}}$ 在点 $x=0$ 处不可导，但函数在该点取得极小值。

　　函数在驻点或不可导点是否取得极值？如果是的话，取得的是极大值还是极小值？下面给出两个判定极值的充分条件。

　　定理 2（第一充分条件）　设函数 $f(x)$ 在 x_0 处连续，且在 x_0 的某去心邻域 $\mathring{U}(x_0,\delta)$ 可导。

　　(1) 若 $x\in(x_0-\delta,x_0)$ 时，$f'(x)>0$，而 $x\in(x_0,x_0+\delta)$ 时，$f'(x)<0$，则 $f(x)$ 在 x_0 处取得极大值；

　　(2) 若 $x\in(x_0-\delta,x_0)$ 时，$f'(x)<0$，而 $x\in(x_0,x_0+\delta)$ 时，$f'(x)>0$，则 $f(x)$ 在 x_0 处取得极小值；

　　(3) 若 $x\in\mathring{U}(x_0,\delta)$ 时，$f'(x)$ 的符号保持不变，则 $f(x)$ 在 x_0 处没有极值。

　　证　(1) 当 $x\in(x_0-\delta,x_0)$ 时，$f'(x)>0$，函数单调增加；当 $x\in(x_0,x_0+\delta)$ 时，$f'(x)<0$，函数单调减少，又由于函数 $f(x)$ 在 x 处连续，故当 $x\in\mathring{U}(x_0,\delta)$ 时，总有 $f(x)<f(x_0)$。从而 $f(x_0)$ 为 $f(x)$ 的一个极大值。

　　(2) 可类似地证明。

（3）因为 $f'(x)$ 不变号，所以当 $x \in \mathring{U}(x_0, \delta)$ 恒有 $f'(x) > 0$ 或 $f'(x) < 0$，即函数在 $U(x_0, \delta)$ 内单调增加或单调减少．因此，$f(x_0)$ 不可能为极值．

根据定理 1 和定理 2，如果函数 $f(x)$ 在所讨论的区间内连续，除个别点外处处可导，则可按下列步骤求函数的极值点和极值：

（1）确定函数 $f(x)$ 的定义域，并求其导数 $f'(x)$；

（2）解方程 $f'(x) = 0$，求出 $f(x)$ 的全部驻点与不可导点；

（3）讨论 $f'(x)$ 在驻点和不可导点左、右两侧符号变化的情况，确定函数的极值点；

（4）求出各极值点的函数值，就得到函数 $f(x)$ 的全部极值．

例 1 求函数 $f(x) = (x-1)x^{\frac{2}{3}}$ 的极值．

解 （1）函数 $f(x)$ 在 $(-\infty, +\infty)$ 内连续，且

$$f'(x) = x^{\frac{2}{3}} + (x-1) \times \frac{2}{3} x^{-\frac{1}{3}} = \frac{5}{3} \times \frac{x - \frac{2}{5}}{\sqrt[3]{x}}.$$

（2）令 $f'(x) = 0$，得驻点 $x_1 = \frac{2}{5}$；$x_2 = 0$ 为 $f(x)$ 的不可导点．

（3）列表讨论

x	$(-\infty, 0)$	0	$(0, \frac{2}{5})$	$\frac{2}{5}$	$(\frac{2}{5}, +\infty)$
$f'(x)$	$+$	∞	$-$	0	$+$
$f(x)$	↗	极大值 $f(0) = 0$	↘	极小值 $f\left(\frac{2}{5}\right) = -0.33$	↗

（4）由上表可知，函数有极大值 $f(0) = 0$，极小值 $f\left(\frac{2}{5}\right) = -0.33$．

当函数 $f(x)$ 在驻点处的二阶导数存在且不为零时，也可以利用下述定理来判定 $f(x)$ 在驻点处取得极大值还是极小值．

定理 3（第二充分条件） 设函数 $f(x)$ 在 x_0 处具有二阶导数，且 $f'(x_0) = 0$，$f''(x_0) \neq 0$，那么

（1）当 $f''(x_0) < 0$ 时，函数 $f(x)$ 在 x_0 处取得极大值；

（2）当 $f''(x_0) > 0$ 时，函数 $f(x)$ 在 x_0 处取得极小值．

证 （1）由于 $f''(x_0) < 0$，按二阶导数的定义有

$$f''(x_0) = \lim_{x \to x_0} \frac{f'(x) - f'(x_0)}{x - x_0} = \lim_{x \to x_0} \frac{f'(x)}{x - x_0} < 0.$$

根据函数极限的局部保号性，存在 $\delta > 0$，当 $0 < |x - x_0| < \delta$ 时，$\frac{f'(x)}{x - x_0} < 0$，故当 $x_0 - \delta < x < x_0$ 时，$f'(x) > 0$；当 $x_0 < x < x_0 + \delta$ 时，$f'(x) < 0$，于是根据定理 2 知 $f(x)$ 在 x_0 取极大值．

（2）类似可证．

定理 3 表明，如果函数 $f(x)$ 在驻点 x_0 处的二阶导数 $f''(x_0) \neq 0$，那么该驻点 x_0 一定是极值点，并且可以按二阶导数 $f''(x_0)$ 的符号来判定 $f(x_0)$ 是极大值还是极小值．如果 $f''(x_0) = 0$，定理 3 就不能应用．事实上，当 $f'(x_0) = 0, f''(x_0) = 0$ 时，$f(x)$ 在 x_0 处

可能有极大值，也可能有极小值，也可能没有极值．例如，$f_1(x)=-x^4,f_2(x)=x^4,f_3(x)=x^3$ 这三个函数在 $x=0$ 处就分别属于这三种情况．因此，如果函数在驻点处的二阶导数为零，那么还得用一阶导数在驻点左右邻近的符号来判定．

例 2 求函数 $f(x)=x^3-3x^2-9x+5$ 的极值．

解 $f'(x)=3x^2-6x-9=3(x+1)(x-3)$，$f''(x)=6x-6$．

令 $f'(x)=0$，得驻点 $x_1=-1$，$x_2=3$，

因 $f''(-1)=-12<0$，故 $f(-1)=10$ 为极大值，

因 $f''(3)=12>0$，故 $f(3)=-22$ 为极小值．

例 3 求函数 $f(x)=(x^2-1)^3+1$ 的极值．

解 $f'(x)=6x(x^2-1)^2$，$f''(x)=6(x^2-1)(5x^2-1)$，令 $f'(x)=0$，得驻点 $x_1=-1$，$x_2=0$，$x_3=1$．

因 $f''(0)=6>0$，故 $f(0)=0$ 为极小值．

又 $f''(-1)=f''(1)=0$，故用定理 3 无法判别．

考察一阶导数 $f'(x)$ 在驻点 $x_1=-1$ 及 $x_3=1$ 左右邻近处的符号：

当 x 取 -1 左侧邻近处的值时，$f'(x)<0$，

当 x 取 -1 右侧邻近处的值时，$f'(x)<0$．

因为 $f'(x)$ 的符号没有改变，所以 $f(x)$ 在 $x=-1$ 处没有极值．同理，$f(x)$ 在 $x=1$ 处也没有极值，见图 2-16。

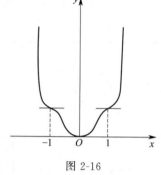

图 2-16

二、最大值与最小值问题

若函数 $f(x)$ 在闭区间 $[a,b]$ 连续，根据闭区间连续函数的性质，函数 $f(x)$ 必在 $[a,b]$ 的某点 x_0 取到最小值（最大值）．一方面 x_0 可能是闭区间 $[a,b]$ 的端点 a 或 b；另一方面，x_0 可能是开区间 (a,b) 内部的点，此时 x_0 必是极小值点（极大值点）．具体求法步骤如下：

第一步，求出所有可能取得最值的点，包括使 $f'(x)=0$ 和 $f'(x)$ 不存在的点，及区间端点．

第二步，计算所求出的各点的函数值，比较其大小，选出最大值和最小值．

例 4 求函数 $y=2x^3+3x^2$ 在 $[-2,1]$ 上的最大值和最小值．

解 $y'=6x^2+6x=6x(x+1)$

令 $y'=0$，得 $x=0$，$x=-1$．而

$$f(0)=0,f(-1)=1,f(-2)=-4,f(1)=5.$$

所以函数的最大值为 $f(1)=5$，最小值 $f(-2)=-4$．

例 5 求函数 $y=x^5+x^3-7$ 在 $[-1,1]$ 上的最大值和最小值．

解 $y'=5x^4+3x^2>0$，$x\in(-1,1)$，函数 $y=x^5+x^3-7$ 在 $[-1,1]$ 上连续且单调递增，所以函数的最大值为 $f(1)=-5$，最小值 $f(-1)=-9$．

当函数 $f(x)$ 在 $[a,b]$ 上单调时，最值必在端点处达到．

在实际问题中，常常由实际问题的性质可以断定目标函数确有最大值或最小值，且在定义区间内部取得，若目标函数 $f(x)$ 在定义区间内有唯一驻点 x_0，则 $f(x_0)$ 必是目标函数的最大值或最小值．

例 6 证明：内接于已知圆的所有矩形中，正方形的面积最大.

证 设矩形的边长为 x，y，则 $x^2 + y^2 = 4R^2$.

矩形的面积为 $S = xy = x\sqrt{4R^2 - x^2}$，$0 < x < 2R$.

$$\frac{dS}{dx} = \sqrt{4R^2 - x^2} - \frac{x^2}{\sqrt{4R^2 - x^2}} = 2 \times \frac{2R^2 - x^2}{\sqrt{4R^2 - x^2}}$$

令 $\dfrac{dS}{dx} = 0$，得唯一驻点 $x = \sqrt{2}R$. 且当 $0 < x < \sqrt{2}R$ 时 $\dfrac{dS}{dx} > 0$，当 $\sqrt{2}R < x < 2R$ 时 $\dfrac{dS}{dx} < 0$，故 $x = \sqrt{2}R$ 是唯一的极大值点，也是最大值点，此时 $y = \sqrt{4R^2 - x^2} = \sqrt{2}R$，即矩形为正方形.

例 7 铁路线上 AB 段的距离为 100km，工厂 C 距 A 处 20km，$AC \perp AB$，要在 AB 线上选定一点 D 向工厂修一条公路，已知铁路与公路每公里货运价之比为 $3:5$，为使货物从 B 运到工厂 C 的运费最省，问 D 点应如何选取？

解 设 $AD = x$，则 $CD = \sqrt{20^2 + x^2}$，总运费

$$y = 5k\sqrt{20^2 + x^2} + 3k(100 - x), 0 \leq x \leq 100.$$

则 $y' = k\left(\dfrac{5x}{\sqrt{400 + x^2}} - 3\right)$. 令 $y' = 0$，得 $x = 15$km.

由于 $y|_{x=0} = 400k$，$y|_{x=15} = 380k$，$y|_{x=100} = 500k\sqrt{1 + \dfrac{1}{5^2}}$，其中 $y|_{x=15} = 380k$ 为最小.

因此，当 $AD = 15$km 时运费最省.

例 8 某工厂在一个月生产某产品 x 件时，总成本为 $C(x) = 5x + 200$（万元），得到的收益为 $R(x) = 10x - 0.01x^2$（万元），问一个月生产多少产品时，所获利润最大？

解 由题设，知利润为

$$
\begin{aligned}
L(x) &= R(x) - C(x) = 10x - 0.01x^2 - 5x - 200 \\
&= 5x - 0.01x^2 - 200 \quad (0 < x < +\infty).
\end{aligned}
$$

令 $L'(x) = 5 - 0.02x = 0$，得唯一驻点 $x = 250$.

由实际问题知 $L(x)$ 的最大值一定存在，所以 $x = 250$ 即为 $L(x)$ 的最大值点.

从而一个月生产 250 件产品时，取得最大利润 $L(250) = 425$（万元）.

习题 2-10

1. 求下列函数的极值：

(1) $f(x) = x^3 - 3x^2 + 3$；

(2) $f(x) = x - \dfrac{3}{2}x^{\frac{2}{3}}$；

(3) $f(x) = x^3 + 3x^2 - 24x - 20$；

(4) $f(x) = \sqrt[3]{x^3 - 3x^2 + 3}$；

(5) $y = x - \ln(1 + x)$；

(6) $y = x + \sqrt{1 - x}$；

(7) $y = e^x \cos x$；

(8) $y = x^{\frac{1}{x}}$；

(9) $y = 1 - (x + 1)^{\frac{1}{3}}$；

(10) $y = x + \tan x$.

2. 证明：二次函数 $y = ax^2 + bx + c(a \neq 0)$ 在点 $-\dfrac{b}{2a}$ 取极值. 在什么条件下，它取极

大值（极小值）？

3. 试问 a 取何值时，函数 $f(x)=a\sin x+\dfrac{1}{3}\sin 3x$ 在 $x=\dfrac{\pi}{3}$ 取得极值？它是极大值还是极小值？求此极值.

4. 求下列函数的最大值、最小值：

(1) $y=\dfrac{1}{3}x^3-3x^2+9x$，$0\leqslant x\leqslant 4$；

(2) $f(x)=(2x-5)x^{\frac{2}{3}}$，$-1\leqslant x\leqslant 3$；

(3) $f(x)=x-\ln(1+x^2)$，$-1\leqslant x\leqslant 2$.

5. 函数 $y=x^2-\dfrac{54}{x}$ $(x<0)$ 在何处取得最小值？

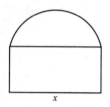

图 2-17

6. 某地区防空洞的截面拟建成矩形加半圆（图 2-17），截面的面积为 $5\mathrm{m}^2$，问底宽 x 为多少时才能使截面的周长最小，从而使建造时所用的材料最省？

7. 欲制造一个容积为 V 的圆柱形有盖容器，问如何设计可使材料最省？

8. 某单位准备举行一次游园会，据测，若门票为每人 8 元，观众将有 300 人，且门票每降低一元，观众将增加 60 人. 试确定当门票多少时可使门票收入最大，并求相应的门票收入.

9. 某公司年销售某种商品 5000 台，每次进货费用为 40 元，单价为 200 元，年保管费用率为 20%，求最优订购批量.

第十一节　曲线的曲率

一、弧微分

设函数 $f(x)$ 在区间 (a,b) 内具有连续导数，在曲线 $y=f(x)$ 上取固定点 $M_0(x_0,y_0)$ 作为度量弧长的基点（图 2-18），并规定 x 增大的方向为曲线的正向. 对曲线上任一点 $M(x,y)$，规定有向弧段 $\overparen{M_0M}$ 的值 s（简称为弧 s）：s 的绝对值等于这弧段的长度，当有向弧段 $\overparen{M_0M}$ 的方向与曲线的正向一致时 $s>0$，相反时 $s<0$. 显然，弧 s 是 x 的函数，记为 $s=s(x)$，且 $s(x)$ 是 x 的单调增加函数. 下面来求 $s(x)$ 的导数与微分.

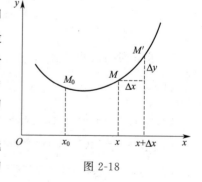

图 2-18

设 x，$x+\Delta x$ 为 (a,b) 内两个邻近的点，它们在曲线 $y=f(x)$ 上对应点为 M，M'（图 2-18），并设对应于 x 的增量 Δx，弧 s 的增量 Δs，那么

$$\Delta s=\overparen{M_0M'}-\overparen{M_0M}=\overparen{MM'}.$$

于是

$$\left(\frac{\Delta s}{\Delta x}\right)^2=\left(\frac{\widehat{MM'}}{\Delta x}\right)^2=\left(\frac{\widehat{MM'}}{MM'}\right)^2\frac{|MM'|^2}{(\Delta x)^2}=\left(\frac{\widehat{MM'}}{|MM'|}\right)^2\times\frac{(\Delta x)^2+(\Delta y)^2}{(\Delta x)^2}$$

$$=\left(\frac{\widehat{MM'}}{|MM'|}\right)^2\left[1+\left(\frac{\Delta y}{\Delta x}\right)^2\right],$$

$$\frac{\Delta s}{\Delta x}=\pm\sqrt{\left(\frac{\widehat{MM'}}{|MM'|}\right)^2\times\left[1+\left(\frac{\Delta y}{\Delta x}\right)^2\right]},$$

因为当 $\Delta x\to0$ 时，$M'\to M$，所以

$$\lim_{M'\to M}\left(\frac{\widehat{MM'}}{|MM'|}\right)^2=1,$$

又

$$\lim_{\Delta x\to0}\frac{\Delta y}{\Delta x}=y',$$

从而有 $\dfrac{\mathrm{d}s}{\mathrm{d}x}=\pm\sqrt{1+(y')^2}$. 由于 $s=s(x)$ 是单调增加函数，故根号前应取正号，于是有

$$\mathrm{d}s=\sqrt{1+y'^2}\,\mathrm{d}x,\qquad\qquad(2\text{-}29)$$

这就是**弧微分公式**. 也可写成 $\mathrm{d}s=\sqrt{(\mathrm{d}x)^2+(\mathrm{d}y)^2}$.

二、曲率及其计算公式

我们直觉地认识到：直线不弯曲，半径较小的圆弯曲得比半径较大的圆厉害些，即使是同一条曲线，其不同部分也有不同的弯曲程度，例如，抛物线在顶点附近弯曲得比远离顶点的部分厉害些.

如何用数量描述曲线的弯曲程度？

观察图 2-19，易见弧段 $\widehat{M_1M_2}$ 比较平直，当动点沿着这段弧从 M_1 移动到 M_2 时，切线转过的角度 φ_1 不大，而弧段 $\widehat{M_2M_3}$ 弯曲得比较厉害，转角 φ_2 就比较大.

图 2-19 　　　　　　　　　　　　　图 2-20

但是，切线转过的角度的大小还不能完全反应曲线弯曲的程度. 例如，从图 2-20 可以看出，两段曲线弧 $\widehat{M_1M_2}$ 及 $\widehat{N_1N_2}$ 尽管切线转过的角度都是 φ，然而弯曲程度并不相同，短弧段比长弧段弯曲得厉害些.

综上所述，曲线弧的弯曲程度与弧段的长度和切线转过的角度有关. 由此，我们引入描述曲线弯曲程度的概念——曲率.

设平面曲线 C 是光滑的，在 C 上选定一点 M_0 作为度量弧 s 基点，设曲线上点 M 对应于弧 s，在点 M 处切线的倾角为 α（图 2-21），曲线上另一点 M' 对应于弧 $s+\Delta s$，点 M' 处

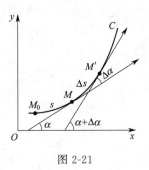

图 2-21

切线的倾角为 $\alpha+\Delta\alpha$，则弧段 $\overparen{MM'}$ 的长度为 $|\Delta s|$，当动点从点 M 移动到点 M' 时切线的转角为 $|\Delta\alpha|$.

我们用比值 $\dfrac{|\Delta\alpha|}{|\Delta s|}$ 来表示弧段 $\overparen{MM'}$ 的平均弯曲程度，并称它为弧段 $\overparen{MM'}$ 的**平均曲率**，记为 $\overline{K}$，即 $\overline{K}=\dfrac{|\Delta\alpha|}{|\Delta s|}$.

当 $\Delta s\to 0$ 时，（即 $M'\to M$ 时），上述平均曲率的极限称为曲线 C 在点 M 处的**曲率**，记为 K，即 $K=\lim\limits_{\Delta s\to 0}\left|\dfrac{\Delta\alpha}{\Delta s}\right|$.

在 $\lim\limits_{\Delta s\to 0}\dfrac{\Delta\alpha}{\Delta s}=\dfrac{\mathrm{d}\alpha}{\mathrm{d}s}$ 存在的条件下，K 也可记为

$$K=\left|\frac{\mathrm{d}\alpha}{\mathrm{d}s}\right|. \tag{2-30}$$

例如，直线的切线就是其本身，当点沿直线移动时，切线的转角 $\Delta\alpha=0$，$\dfrac{\Delta\alpha}{\Delta s}=0$（图 2-22），从而 $\overline{K}=0$，$K=0$. 它表明直线上任一点的曲率都等于零．这与我们的直觉"直线是不弯曲"一致．

又如，半径为 a 的圆，圆上点 M,M' 处的切线所夹的角 $\Delta\alpha$ 等于中心角 $\angle MDM'$（图 2-23），由于 $\angle MDM'=\dfrac{\Delta s}{a}$，于是

$$\frac{\Delta\alpha}{\Delta s}=\frac{\dfrac{\Delta s}{a}}{\Delta s}=\frac{1}{a}，从而\ K=\left|\frac{\mathrm{d}\alpha}{\mathrm{d}s}\right|=\frac{1}{a}.$$

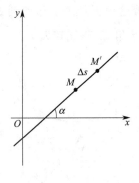

图 2-22

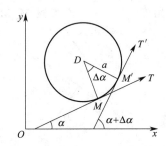

图 2-23

这表明，圆上各点处的曲率都等于半径的倒数，圆的弯曲程度处处相等，且半径越小曲率越大，即弯曲越厉害．

在一般情况下，我们根据式(2-30)来导出便于实际计算曲率的公式．

设曲线的直角坐标方程是 $y=f(x)$，且 $f(x)$ 具有二阶导数〔这时 $f'(x)$ 连续，从而曲线是光滑的〕．因为 $\tan\alpha=y'$，两边同时对 x 求导得 $\sec^2\alpha\dfrac{\mathrm{d}\alpha}{\mathrm{d}x}=y''$，即

$$\frac{\mathrm{d}\alpha}{\mathrm{d}x}=\frac{y''}{1+\tan^2\alpha}=\frac{y''}{1+y'^2}，于是\ \mathrm{d}\alpha=\frac{y''}{1+y'^2}\mathrm{d}x，$$

又由式(2-29) 知 $\mathrm{d}s = \sqrt{1+y'^2}\,\mathrm{d}x$.

从而,根据曲率 K 的表达式(2-30),有

$$K = \frac{|y''|}{(1+y'^2)^{\frac{3}{2}}}.\qquad(2\text{-}31)$$

如果曲线方程由参数方程 $\begin{cases} x = \varphi(t) \\ y = \psi(t) \end{cases}$ 表示,则根据参数方程所表示的函数的求导法,求

出 $\dfrac{\mathrm{d}y}{\mathrm{d}x} = \dfrac{\psi'(t)}{\varphi'(t)}, \dfrac{\mathrm{d}^2 y}{\mathrm{d}x^2} = \dfrac{\varphi'(t)\psi''(t) - \varphi''(t)\psi'(t)}{\varphi^3(t)}$.

代入式(2-31) 得

$$K = \frac{|\varphi'(t)\psi''(t) - \varphi''(t)\psi'(t)|}{[\varphi'^2(t) + \psi'^2(t)]^{\frac{3}{2}}}\qquad(2\text{-}32)$$

例 1　求抛物线 $y = x^2 - 4x + 3$ 在点 (2,-1) 处的曲率.

解　$y' = 2x - 4$, $y'' = 2$, $y'|_{x=2} = 0$, $y''|_{x=2} = 2$,

代入式(2-32),得抛物线 $y = x^2 - 4x + 3$ 在点 (2,-1) 处的曲率

$$K = \frac{|2|}{(1+0)^{\frac{3}{2}}} = 2.$$

例 2　椭圆 $\begin{cases} x = a\cos t \\ y = b\sin t \end{cases}$ $(0 \leqslant t \leqslant 2\pi)$ 上哪一点的曲率最大?

解　$x' = -a\sin t$, $x'' = -a\cos t$; $y' = b\cos t$, $y'' = -b\sin t$.

代入式(2-32),$K = \dfrac{|x'y'' - x''y'|}{(x'^2 + y'^2)^{\frac{3}{2}}} = \dfrac{ab}{(a^2\sin^2 t + b^2\cos^2 t)^{\frac{3}{2}}}$

当 $f(t) = a^2\sin^2 t + b^2\cos^2 t$ 取最小值时,曲率 K 最大.

$$f'(t) = 2a^2\sin t\cos t - 2b^2\cos t\sin t = (a^2 - b^2)\sin 2t$$

令 $f'(t) = 0$,得 $t = 0, \dfrac{\pi}{2}, \pi, \dfrac{3\pi}{2}, 2\pi$.

计算驻点处的函数值:

$$f(0) = b^2, f\left(\frac{\pi}{2}\right) = a^2, f(\pi) = b^2, f\left(\frac{3\pi}{2}\right) = a^2, f(2\pi) = b^2.$$

设 $0 < b < a$,则 $t = 0$, π, 2π 时 $f(t)$ 取最小值,从而 K 取最大值.

这说明椭圆在 $(\pm a, 0)$ 处曲率最大.

三、曲率圆与曲率半径

设曲线 $y = f(x)$ 在点 $M(x,y)$ 处的曲率为 $K(K \neq 0)$. 在点 M 处的曲线的法线上,在凹的一侧取一点 D,使 $|DM| = \dfrac{1}{K} = \rho$. 以 D 为圆心,作圆 (图 2-24),这个圆叫做曲线在点 M 处的**曲率圆**. 曲率圆的圆心 D 叫做曲线在点 M 处的**曲率中心**,曲率圆的半径 ρ 叫做曲线在点 M 处的**曲率半径**.

按上述规定,曲率圆与曲线在点 M 处有相同的切线与曲率,且在点 M 邻近有相同的凹

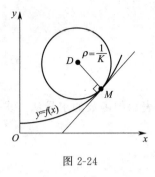

图 2-24

向. 因此, 在实际问题中, 常常用曲率圆在点 M 邻近的一段圆弧来近似代替曲线弧, 以使问题简化.

按上述规定, 曲线上某点处的曲率半径与曲线在该点处的曲率互为倒数, 即

$$\rho = \frac{1}{K}, K = \frac{1}{\rho}.$$

曲线上某点处曲率半径越大, 曲线在该点处的曲率越小, 则曲线越平缓; 曲率半径越小, 曲率越大, 则曲线在该点处弯曲得越厉害.

例 3 设一工件内表面的截痕为一椭圆, 现要用砂轮磨削其内表面, 问用直径多大的砂轮比较合适?

解 设椭圆方程为 $\begin{cases} x = a\cos t \\ y = b\sin t \end{cases}$ $(0 \leqslant x \leqslant 2\pi, \ b \leqslant a)$.

由例 2 知椭圆在 $(\pm a, 0)$ 处曲率最大, 即曲率半径最小, 且为

$$R = \frac{(a^2\sin^2 t + b^2\cos^2 t)^{\frac{3}{2}}}{ab}\bigg|_{t=0} = \frac{b^2}{a}.$$

显然, 选用砂轮半径不超过 $\frac{b^2}{a}$, 即直径不超过 $\frac{2b^2}{a}$ 时, 才不会产生过量的磨损, 或有的地方磨不到的问题.

对于用砂轮磨削一般工件的内表面时, 也有类似的结论, 即选用砂轮的半径不应超过这工件内表面的截线上各点处曲率半径中的最小值.

习题 2-11

1. 求曲线 $y = \tan x$ 在点 $\left(\frac{\pi}{4}, 1\right)$ 处曲率及曲率半径.

2. 抛物线 $y = x^2$ 在点 $(1, 1)$ 处曲率及曲率半径.

3. 求双曲线 $xy = 1$ 在点 $(1, 1)$ 处曲率及曲率半径.

4. 曲线 $y = \ln x$ 上哪点处的曲率半径最小? 求出该点处的曲率半径.

5. 计算摆线 $\begin{cases} x = a(t - \sin t) \\ y = a(1 - \cos t) \end{cases}$ 在 $t = \frac{\pi}{2}$ 处的曲率.

*第十二节　一元函数微分学在经济中的应用

本节讨论导数在经济学中的两个应用——边际分析和弹性分析.

一、边际分析

在经济学中, 常常会使用变化率的概念, 而变化率又分为平均变化率和瞬时变化率. 平均变化率就是函数增量与自变量增量之比 $\frac{\Delta y}{\Delta x}$. 如我们常用到年产量的平均变化率、利润的

平均变化率等．而瞬时变化率就是函数对自变量的导数 $\lim\limits_{\Delta x \to 0} \dfrac{\Delta y}{\Delta x} = f'(x_0)$，经济学中称它为 $f(x)$ 在 $x = x_0$ 处的边际函数值．

当 x 在 x_0 改变一个单位时，y 的改变量

$$\Delta y \approx dy = f'(x) dx \big|_{x = x_0, \Delta x = 1} = f'(x_0)$$

（当 $\Delta x = -1$ 时，标志着 x 由 x_0 减少一个单位）．

这说明 $f(x)$ 在 $x = x_0$ 处，当 x 产生一个单位的改变时，y 近似改变 $f'(x_0)$ 个单位．在应用问题中解释边际函数值的具体意义时，我们略去"近似"二字，于是，有如下定义：

定义 1 设函数 $y = f(x)$ 在 x 处可导，则称导数 $f'(x)$ 为 $f(x)$ 的**边际函数**．$f'(x_0)$ 为**边际函数值**，即 x 在 x_0 改变一个单位时，y 改变 $f'(x_0)$ 个单位．

用边际函数来分析经济量的变化叫**边际分析**．

例 1 某厂生产某种产品，总成本 C 是产量 x 的函数

$$C(x) = 1100 + \frac{x^2}{1200},$$

求：（1）生产 900 个单位时的总成本和平均成本；

（2）生产 900 个单位到 1000 个单位时的总成本的平均变化率；

（3）生产 900 个单位的边际成本，并解释其经济意义；

（4）如果对该厂征收固定税收，问固定税收对产品的边际成本是否会有影响？为什么？

解 （1）生产 900 个单位时的总成本为 $C(900) = 1100 + \dfrac{900^2}{1200} = 1775$,

平均成本为

$$\overline{C}(900) = \frac{C(900)}{900} = \frac{1775}{900} \approx 1.97.$$

（2）生产 900 个单位到 1000 个单位时的总成本的平均变化率为

$$\frac{\Delta C(x)}{\Delta x} = \frac{C(1000) - C(900)}{1000 - 900} = \frac{1933 - 1775}{100} = 1.58.$$

（3）边际成本函数 $\qquad C'(x) = \dfrac{2x}{1200} = \dfrac{x}{600}$,

当 $x = 900$ 时的边际成本为 $\quad C'(900) = 1.5$.

它表示当产量为 900 个单位时，再增加（或减少）一个单位，需增加（或减少）成本 1.5 个单位．

（4）因国家对该厂征收的固定税收与产量无关，这种固定税收可列入固定成本，因而对边际成本没有影响．如国家征收税收为 100，则总成本为 $C(x) = (1100 + 100) + \dfrac{x^2}{1200}$，边际成本函数仍为 $C'(x) = \dfrac{x}{600}$.

例 2 设某产品的需求函数为 $P = 80 - 0.1x$（P 是价格，x 是需求量），成本函数为 $C = 5000 + 20x$（元）.

（1）试求边际利润函数 $L'(x)$，并分别求 $x = 150$ 和 $x = 400$ 时的边际利润．

（2）求需求量 x 为多少时，其利润最大？

解 （1）由题意知：

总收入函数 $R(x) = Px = (80 - 0.1x)x = 80x - 0.1x^2$,

总利润函数 $L(x)=R(x)-C(x)=(80x-0.1x^2)-(5000+20x)$
$$=-0.1x^2+60x-5000,$$

边际利润函数 $L'(x)=(-0.1x^2+60x-5000)'=-0.2x+60$,

当 $x=150$ 时的边际利润 $L'(150)=-0.2\times150+60=30$,

当 $x=400$ 时的边际利润 $L'(400)=-0.2\times400+60=-20$.

可见销售第 151 个产品，利润会增加 30 元，而销售第 401 个产品后，利润将减少 20 元.

（2）令 $L'(x)=0$，得 $x=300$,
$$L''(x)=-0.2,L''(300)=-0.2<0,$$

故 $x=300$ 时，$L(x)$ 取得极大值也是最大值. 即需求量为 300 时，利润最大为 $L(300)=4000$（元）.

二、弹性分析

在边际分析中，讨论函数改变量与函数变化率均属于绝对数范围的讨论，在经济问题中，仅仅用绝对数的概念是不足以深入分析问题的. 例如甲商品每单位价格 5 元，涨价 1 元；乙商品 100 元，也涨价 1 元，两种商品价格的绝对改变量都是 1 元，哪个商品涨价幅度更大呢？我们只要用它们与其原价相比就能获得问题的解答. 甲商品涨价百分比为 20%，乙商品涨价百分比为 1%，甲商品的涨价幅度比乙商品的涨价幅度更大. 为此，我们有必要研究函数的相对改变量与相对变化率.

定义 2 设函数 $y=f(x)$ 可导，函数的相对改变量

$$\frac{\Delta y}{y}=\frac{f(x+\Delta x)-f(x)}{f(x)}$$

与自变量的相对改变量 $\frac{\Delta x}{x}$ 之比 $\frac{\Delta y/y}{\Delta x/x}$，称为函数 $f(x)$ 从 x 到 $x+\Delta x$ **两点间的弹性**（或相对变化率）. 而极限

$$\lim_{\Delta x\to0}\frac{\Delta y/y}{\Delta x/x}$$

称为函数 $f(x)$ 在点 x 的**弹性**（或相对变化率），记为

$$\frac{Ey}{Ex}=\lim_{\Delta x\to0}\frac{\Delta y/y}{\Delta x/x}=\lim_{\Delta x\to0}\frac{\Delta y}{\Delta x}\times\frac{x}{y}=y'\frac{x}{y}.$$

函数 $f(x)$ 在点 x 的弹性 $\frac{Ey}{Ex}$ 反映随 x 的变化 $f(x)$ 变化幅度的大小，即 $f(x)$ 对 x 变化反应的强烈程度或灵敏度. 数值上，$\frac{E}{Ex}f(x)$ 表示 $f(x)$ 在点 x 处，当 x 产生 1% 的改变时，函数 $f(x)$ 近似地改变 $\left[\frac{E}{Ex}f(x)\right]\%$，在应用问题中解释弹性的具体意义时，通常略去"近似"二字.

用弹性函数来分析经济量的变化叫**弹性分析**.

在市场经济中，商品的需求量对市场价格的反映是很灵敏的，刻画这种灵敏度的量就是需求弹性．设需求函数 $Q=f(P)$，这里 P 表示产品的价格．于是，可具体定义该产品在价格为 P 时的**需求弹性**如下：

$$\eta=\eta(P)=\lim_{\Delta P\to 0}\frac{\Delta Q/Q}{\Delta P/P}=\lim_{\Delta P\to 0}\frac{\Delta Q}{\Delta P}\times\frac{P}{Q}=f'(P)\frac{P}{f(P)},$$

故需求弹性 η 近似地表示在价格为 P 时，价格变动 1%，需求量将变化 $\eta\%$，通常也略去"近似"二字．

例 3 某商品的需求函数为 $Q=75-P^2$（Q 为需求量，P 为价格）．

(1) 求 $P=4$ 时的边际需求，并说明其经济意义．

(2) 求 $P=4$ 时的需求弹性，并说明其经济意义．

(3) 当 $P=4$ 时，若价格 P 上涨 1%，总收益将变化百分之几？是增加还是减少？

(4) 当 $P=6$ 时，若价格 P 上涨 1%，总收益将变化百分之几？是增加还是减少？

解 设 $Q=f(p)=75-P^2$．

(1) 当 $P=4$ 时的边际需求 $f'(4)=-2P|_{P=4}=-8$，

它说明当价格 P 为 4 个单位时，上涨一个单位的价格，则需求量下降 8 个单位．

(2) 当 $P=4$ 时的需求弹性 $\eta(4)=f'(P)\dfrac{P}{f(P)}\bigg|_{P=4}=(-8)\times\dfrac{4}{75-4^2}\approx-0.54$，

它说明当 $P=4$ 时，价格上涨 1%，需求减少 0.54%．

(3) 求总收益 R 变化的百分比，即求 R 的弹性．

总收益 $R=PQ=Pf(P)=75P-P^3$，$R(4)=75\times 4-4^3=236$，

于是 $R'=(75P-P^3)'=75-3P^2$，$R'|_{p=4}=75-3\times 4^2=27$，

$$\frac{ER}{EP}\bigg|_{P=4}=R'(4)\frac{4}{R(4)}=27\times\frac{4}{236}=0.46,$$

所以当 $P=4$ 时，价格上涨 1%，总收益增加 0.46%．

(4) $\dfrac{ER}{EP}\bigg|_{P=6}=R'(6)\dfrac{6}{R(6)}=(-33)\times\dfrac{6}{234}\approx-0.85$．

所以当 $P=6$ 时，价格上涨 1%，总收益减少 0.85%．

习题 2-12

1. 某商品的成本函数 $C=C(x)=100+\dfrac{x^2}{4}$，其中 x 为产量，求 $x=10$ 时的总成本、平均成本及边际成本．

2. 某工厂对其产品的销售情况进行大量统计后分析后，得出总利润 $L(Q)$（元）与每月产量 Q（吨）的关系为 $L=L(Q)=250Q-5Q^2$，试确定每月生产 20 吨、25 吨、35 吨的边际利润，并做出经济解释．

3. 设某产品的成本函数为 $C(x)=100+5x+2x^2$，收入函数为 $R(x)=200x+x^2$，其中 x 为产量，已生产并销售 75 个单位产品，第 76 个单位产品会有多少利润？

4. 某商品的需求函数为 $Q=\mathrm{e}^{-\frac{P}{4}}$，求需求弹性函数及 $P=3$，$P=5$ 时的需求弹性．

□ **本章小结**

【知识目标】 能复述一元函数导数、微分的定义，理解并会应用求导法则与求导公式做计算，可以利用微分做近似计算．能够理解微分中值定理，并应用其做简单的证明．能够记住泰勒公式和常见函数的麦克劳林公式．应用洛必达法则计算未定式极限．判断函数的单调性、曲线的凹凸性，判断极值、最值，可绘制简单函数的图像．＊经济、管理类专业学生能够记住边际函数与弹性函数，并利用其对经济量进行分析说明．

【能力目标】 训练导数、微分的计算能力，分析并证明简单微分中值定理问题的能力，应用导数、微分解决实际问题的能力．

【素质目标】 通过导数、微分内容的学习及训练，加深学生对于变化率的问题的理解，并引导学生注意整理、归类微分能解决的理论问题及实际问题，培养学生的应用意识，引导学生养成良好的学习习惯．

□ **目标测试**

记忆层次：

1. $f'_-(x_0)$ 及 $f'_+(x_0)$ 存在，$f'_-(x_0)=f'_+(x_0)$ 是 $f'(x_0)$ 存在的（　　）.

A. 必要条件，但不是充分条件　　B. 充分条件，但不是必要条件

C. 充要条件　　　　　　　　　　D. 既不是充分条件，也不是必要条件

2. 下列命题中，正确的是（　　）.

A. 函数 $f(x)$ 在 x_0 处可导，但不一定连续

B. 函数 $f(x)$ 在 x_0 处连续，则一定可导

C. 函数 $f(x)$ 在 x_0 处不可导，则一定不连续

D. 函数 $f(x)$ 在 x_0 处不连续，则一定不可导

3. 如果函数 $f(x)$ 满足在 $[a,b]$ 上连续；在 (a,b) 内可导，则（　　）使得 $f(b)-f(a)=f'(\xi)(b-a)$.

A. 存在一点 $\xi \in (a,b)$　　　　B. 存在一点 $\xi \in [a,b]$

C. 至少存在一点 $\xi \in (a,b)$　　D. 至少存在一点 $\xi \in [a,b]$

4. 下列结论中，正确的是（　　）.

A. 若 x_0 是 $f(x)$ 的极值点，则 x_0 一定是 $f(x)$ 的驻点

B. 若 x_0 是 $f(x)$ 的极值点，且 $f'(x)$ 存在，则 $f'(x)=0$

C. 若 x_0 是 $f(x)$ 的驻点，则 x_0 一定是 $f(x)$ 的极值点

D. 若 $f(x_1)$ 和 $f(x_2)$ 分别是 $f(x)$ 在 (a,b) 内的极大值和极小值，则必有 $f(x_1)>f(x_2)$

理解层次：

5. 已知 $f(x)$ 在 x_0 处可导，且 $f'(x_0)=2$，则 $\lim\limits_{h \to 0} \dfrac{h}{f(x_0-2h)-f(x_0)}=$（　　）.

A. $\dfrac{1}{4}$　　　　B. $-\dfrac{1}{4}$　　　　C. $\dfrac{1}{2}$　　　　D. $-\dfrac{1}{2}$

6. 设 $f(0)=0$，且 $\lim\limits_{x\to 0}\dfrac{f(x)}{x}=-1$，则 $f'(0)=$ （　　）.

7. 设函数 $f(x)$ 在 $x=1$ 处连续，且 $\lim\limits_{x\to 1}\dfrac{f(x)-f(1)}{x-1}=\infty$，则曲线 $y=f(x)$ 在点 $(1,f(1))$ 处的切线方程为（　　）.

8. 设函数 $y=f(x)$ 是可微函数，则 $\mathrm{d}y$（　　）.

A. 与 Δx 无关　　　　　　　　　　B. 为 Δx 的线性函数

C. 当 $\Delta x\to 0$ 时，为 Δx 的高阶无穷小　D. 与 Δx 为等价无穷小

9. 如果 $x=2$，$\Delta x=0.01$，则 $\mathrm{d}(x^3)\big|_{x=2}=$（　　）.

10. 下列函数在给定区间满足罗尔定理条件的是（　　）.

A. $f(x)=1-x^2,[-1,1]$　　　B. $f(x)=x\mathrm{e}^{-x},[-1,1]$

C. $f(x)=\dfrac{1}{1-x^2},[-1,1]$　　　D. $f(x)=|x|,[-1,1]$

11. 函数 $f(x)=x^3-6x^2+11x-6$ 在区间 $[0,3]$ 上满足拉格朗日定理条件的 $\xi=$（　　）.

12. 若在 (a,b) 内 $f'(x)\equiv g'(x)$，则（　　）.

A. $f(x)\equiv g(x)$

B. $f(x)=g(x)+1$

C. $f(x)=g(x)+C$，其中 C 是任意常数

D. $f(x)=g(x)+C_0$，其中 C_0 是某一确定常数

应用层次：

13. 设 $f(x)=(x-1)(x-2)(x-3)\cdots(x-100)$，求 $f'(1)$ 及 $f'(100)$.

14. 若 $f(x)$ 满足 $f(x+1)=2f(x)$，且 $f'(0)=2$，求 $f'(1)$.

15. 设函数 $f(x)=\begin{cases}\mathrm{e}^x, & x<0 \\ a-bx, & x\geqslant 0\end{cases}$，若函数 $f(x)$ 在 $x=0$ 处连续且可导，求出 a,b 的值.

16. 求下列函数的导数：

(1) $y=x^{\mathrm{e}}+\mathrm{e}^x+\ln x+\mathrm{e}^{\mathrm{e}}$；　　　　(2) $y=\ln(\mathrm{e}^x+\sqrt{1+\mathrm{e}^{2x}}\,)$；

(3) $y=2^{\frac{x}{\ln x}}$；　　　　(4) $y=a^{x^a}+x^{a^x}\ (a>0,x>0)$；

(5) $\mathrm{e}^x-\mathrm{e}^y=\sin xy$；　　　　(6) $y=5\sqrt{\dfrac{x^2(x+1)^3}{(2x-1)^4}}$.

17. 求下列函数的微分：

(1) $y=\sqrt{2}\,x\sin\dfrac{1}{x}-\ln x+1$；　　　　(2) $y=\mathrm{e}^{\sin^2(1-x)}$.

18. 设 $\begin{cases}x=t\cos t \\ y=t\sin t\end{cases}$，求一阶导数 $\dfrac{\mathrm{d}y}{\mathrm{d}x}$ 和二阶导数 $\dfrac{\mathrm{d}^2y}{\mathrm{d}x^2}$.

19. 求曲线 $x^3+y^3-xy=7$ 上点 $(1,2)$ 处的切线方程和法线方程.

20. 求下列极限：

(1) $\lim\limits_{x \to 0} \dfrac{e^x - e^{-x} - 2x}{x - \sin x}$;

(2) $\lim\limits_{x \to +\infty} \dfrac{\ln(1 + e^x)}{\sqrt{1 + x^2}}$;

(3) $\lim\limits_{x \to 0}\left(\dfrac{1}{x^2} - \dfrac{1}{\sin^2 x}\right)$;

(4) $\lim\limits_{x \to 0}(1 + x^2)^{\frac{1}{x}}$.

21. 确定 $y = e^{-x} + \sin x - x$ 的单调区间.

22. 求下列函数的极值:

(1) $y = 2x^3 - 3x^2$;

(2) $x - \ln(1 + x)$.

23. 求曲线 $y = x^4(12\ln x - 7)$ 的拐点及凹凸区间.

24. 求曲线 $y = \dfrac{x}{e^x}$ 在拐点处的切线方程.

分析层次:

25. 设函数 $f(x)$ 在 $[a, b]$ 上连续,在 (a, b) 内可导,证明在 (a, b) 内至少存在一点 ξ,使 $\dfrac{bf(b) - af(a)}{b - a} = f(\xi) + \xi f'(\xi)$.

26. 证明:

(1) 当 $x \geq 1$ 时,$2\arctan x + \arcsin \dfrac{2x}{1 + x^2} = \pi$;

(2) 当 $a > b > 0$,$n > 1$ 时,$nb^{n-1}(a - b) < a^n - b^n < na^{n-1}(a - b)$;

(3) 当 $0 < x < \dfrac{\pi}{2}$ 时,$\sin x > \dfrac{2}{\pi}x$;

(4) 当 $0 < x < +\infty$ 时,$x \geq e\ln x$.

27. 试确定曲线 $y = ax^3 + bx^2 + cx + d$ 中的 a, b, c, d,使得 $x = -2$ 为驻点,$(1, -10)$ 为拐点,且通过点 $(-2, 44)$.

28. 有一杠杆,支点在它的一端.在距支点 0.1m 处挂一重为 490N 的物体,加力于杠杆的另一端使杠杆保持水平(图 2-25),如果杠杆本身每米的重力为 50N,求最省力的杆长.

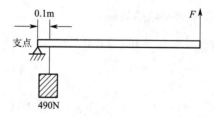

图 2-25

29. 要做一个上下均匀有底的圆柱形铁桶,规定其体积为 V(定值),问底半径 r 多大时,才能使其表面积为最小,并求此最小的表面积.

* 30. 某商品需求量 Q 与价格 p 之间的函数关系为 $Q = 100 - 5p$. 求:

(1) 总收益 R 和边际收益 R';

(2) 当价格 $p = 8$ 和 $p = 10$ 时,需求量 Q 对价格 p 的弹性,并解释其经济意义;

(3) 当价格 p 为多少时,总收益最大?

第三章
一元函数积分学

上一章我们已经讨论了微积分学中一类基本的问题，即微分学问题．其研究的核心问题可以简单地概括为：已知一个函数求它的导数，即变化率问题．在本章我们将要研究微分问题的逆问题：寻求一个可导的函数，使其导数等于已知函数，即积分学．

第一节　不定积分的概念与性质

一、原函数和不定积分的概念

定义 1　设 $f(x)$ 是定义在区间 I 上的已知函数，如果存在函数 $F(x)$，使得对任意 $x \in I$，都有
$$F'(x) = f(x) \text{ 或 } \mathrm{d}F(x) = f(x)\mathrm{d}x,$$
则称 $F(x)$ 为 $f(x)$ 在区间 I 上的一个**原函数**．

例如，因为 $(\sin x)' = \cos x$，$\forall x \in (-\infty, +\infty)$，所以在 $(-\infty, +\infty)$ 上 $\sin x$ 是 $\cos x$ 的一个原函数．

又如对 $\forall x \neq 0$，因 $(\ln|x|)' = \dfrac{1}{x}$，所以在 $(-\infty, 0) \bigcup (0, +\infty)$ 内，$\ln|x|$ 是 $\dfrac{1}{x}$ 的一个原函数．

为简便起见，今后我们将不再逐一标明原函数的定义区间．那么，具备什么条件的函数才有原函数呢？我们有如下结论：

定理 1（原函数存在定理）　如果函数 $f(x)$ 在区间 I 上连续，那么在区间 I 上存在可导的函数 $F(x)$，使对任意 $x \in I$，都有
$$F'(x) = f(x).$$

简言之，连续函数必有原函数．

由此推知：任何初等函数在其有定义的区间内一定有原函数．关于定理 1 的证明我们将在第六节给出．

由前文所述易知，一个函数的原函数并不是唯一的．比如 x^3，$x^3 + 1$，$x^3 - \sqrt{5}$ 等都是 $3x^2$ 的原函数．那么关于一个函数的原函数的个数问题，以及所有原函数之间的关系怎样，我们有下面的论证：

定理 2　设区间 I 上的 $F(x)$ 是函数 $f(x)$ 的一个原函数，则 $F(x) + C$ 也是 $f(x)$ 的原函数，其中 C 是任意常数．而且 $f(x)$ 的任一原函数都可以表示成 $F(x) + C$ 的形式．

证　因为对任意常数 C，$(F(x) + C)' = F'(x) = f(x)$，所以，$F(x) + C$ 是 $f(x)$ 的原函数．

设 $G(x)$ 为 $f(x)$ 的任一原函数，则有 $G'(x)=f(x)$.
于是
$$[G(x)-F(x)]'=G'(x)-F'(x)=f(x)-f(x)=0.$$
所以，$G(x)-F(x)\equiv C$（常数）. 即
$$G(x)=F(x)+C.$$
由以上结论，我们引进下述定义.

定义 2 在区间 I 上，函数 $f(x)$ 的原函数的全体，称为 $f(x)$ 在区间 I 上的**不定积分**. 记作 $\int f(x)\mathrm{d}x$. 其中 $\int$ 称为**积分号**，$f(x)$ 称为**被积函数**，$f(x)\mathrm{d}x$ 称为**被积表达式**，x 称为**积分变量**.

由此定义及前面的讨论可知，若 $F(x)$ 是函数 $f(x)$ 在区间 I 上的一个原函数，那么 $f(x)$ 的不定积分可表示为
$$\int f(x)\mathrm{d}x=F(x)+C.$$

二、基本积分表

根据不定积分的定义，我们可以利用基本初等函数的求导公式表，得到相应的基本积分公式.

(1) $\int k\,\mathrm{d}x=kx+C$（k 是常数）；

(2) $\int x^{\mu}\,\mathrm{d}x=\dfrac{x^{\mu+1}}{\mu+1}+C,\mu\neq-1$；

(3) $\int\dfrac{1}{x}\mathrm{d}x=\ln|x|+C$；

(4) $\int\cos x\,\mathrm{d}x=\sin x+C$；

(5) $\int\sin x\,\mathrm{d}x=-\cos x+C$；

(6) $\int\dfrac{1}{1+x^2}\mathrm{d}x=\arctan x+C$；

(7) $\int\dfrac{1}{\sqrt{1-x^2}}\mathrm{d}x=\arcsin x+C$；

(8) $\int\dfrac{1}{\cos^2 x}\mathrm{d}x=\int\sec^2 x\,\mathrm{d}x=\tan x+C$；

(9) $\int\dfrac{1}{\sin^2 x}\mathrm{d}x=\int\csc^2 x\,\mathrm{d}x=-\cot x+C$；

(10) $\int\sec x\tan x\,\mathrm{d}x=\sec x+C$；

(11) $\int\csc x\cot x\,\mathrm{d}x=-\csc x+C$；

(12) $\int\mathrm{e}^x\,\mathrm{d}x=\mathrm{e}^x+C$；

(13) $\displaystyle\int a^x \mathrm{d}x = \frac{a^x}{\ln a} + C$;

*(14) $\displaystyle\int \mathrm{sh}x \,\mathrm{d}x = \mathrm{ch}x + C$;

*(15) $\displaystyle\int \mathrm{ch}x \,\mathrm{d}x = \mathrm{sh}x + C$.

以上基本积分公式是求不定积分的基础，必须熟记．

例 1　求 $\displaystyle\int 2\mathrm{d}x$.

解　$\displaystyle\int 2\mathrm{d}x = 2x + C$.

例 2　求 $\displaystyle\int \frac{\mathrm{d}x}{x^4}$.

解　$\displaystyle\int \frac{\mathrm{d}x}{x^5} = \int x^{-5} \,\mathrm{d}x = \frac{x^{-5+1}}{-5+1} + C = -\frac{1}{4x^4} + C$.

例 3　求 $\displaystyle\int x\sqrt[3]{x}\,\mathrm{d}x$.

解　$\displaystyle\int x\sqrt[3]{x}\,\mathrm{d}x = \int x^{\frac{4}{3}}\,\mathrm{d}x = \frac{x^{\frac{4}{3}+1}}{\frac{4}{3}+1} + C = \frac{3}{7}x^{\frac{7}{3}} + C$.

三、不定积分的性质和应用举例

根据不定积分的定义，可以推得它有如下性质：

(1) $\displaystyle\int kf(x)\mathrm{d}x = k\int f(x)\mathrm{d}x$;

(2) $\displaystyle\int [f(x)+g(x)]\mathrm{d}x = \int f(x)\mathrm{d}x + \int g(x)\mathrm{d}x$ （此性质可以推广到任意有限个函数的代数和情形）；

(3) $\displaystyle\left[\int f(x)\mathrm{d}x\right]' = f(x)$ 或 $\displaystyle\mathrm{d}\left[\int f(x)\mathrm{d}x\right] = f(x)\mathrm{d}x$;

$\displaystyle\int F'(x)\mathrm{d}x = F(x) + C$ 或 $\displaystyle\int \mathrm{d}F(x) = F(x) + C$.

由此可见，微分运算（以记号 d 表示）与求不定积分的运算（简称积分运算，以记号 $\displaystyle\int$ 表示）是互逆的．当记号 $\displaystyle\int$ 与 d 连在一起时，或者抵消，或者抵消后差一个常数．

例 4　求 $\displaystyle\int (3x^2+2x-1)\mathrm{d}x$.

解　利用不定积分的性质及基本积分公式，得

$$\int (3x^2+2x-1)\mathrm{d}x = 3\int x^2 \mathrm{d}x + 2\int x\,\mathrm{d}x - \int \mathrm{d}x$$

$$= 3\times\frac{x^3}{3} + 2\times\frac{x^2}{2} - x + C$$

$$=x^3+x^2-x+C$$

例5 求 $\int(2\sqrt[3]{x}+5\sqrt{x})\mathrm{d}x$.

解 利用不定积分的性质及基本积分公式,

得

$$
\begin{aligned}
\int(2\sqrt[3]{x}+5\sqrt{x})\mathrm{d}x &=2\int\sqrt[3]{x}\,\mathrm{d}x+5\int\sqrt{x}\,\mathrm{d}x \\
&=2\times\frac{1}{1+\frac{1}{3}}x^{1+\frac{1}{3}}+5\times\frac{1}{1+\frac{1}{2}}x^{1+\frac{1}{2}}+C \\
&=\frac{3}{2}x^{\frac{4}{3}}+\frac{10}{3}x^{\frac{3}{2}}+C
\end{aligned}
$$

例6 求 $\int\dfrac{x^2}{1+x^2}\mathrm{d}x$.

解 利用不定积分的性质及基本积分公式,

得

$$
\begin{aligned}
\int\frac{x^2}{1+x^2}\mathrm{d}x &=\int\frac{x^2+1-1}{1+x^2}\mathrm{d}x \\
&=\int\left(1-\frac{1}{1+x^2}\right)\mathrm{d}x \\
&=\int\mathrm{d}x-\int\frac{1}{1+x^2}\mathrm{d}x \\
&=x-\arctan x+C
\end{aligned}
$$

例7 求 $\int\cos^2\dfrac{x}{2}\mathrm{d}x$.

解 先利用三角恒等变形,再计算不定积分,

得

$$
\begin{aligned}
\int\cos^2\frac{x}{2}\mathrm{d}x &=\int\frac{1}{2}(\cos x+1)\mathrm{d}x=\frac{1}{2}\int\cos x\,\mathrm{d}x+\frac{1}{2}\int\mathrm{d}x \\
&=\frac{1}{2}\sin x+\frac{1}{2}x+C
\end{aligned}
$$

例8 求 $\int\dfrac{5^{2x}}{3^x}\mathrm{d}x$.

解 $\displaystyle\int\frac{5^{2x}}{3^x}\mathrm{d}x=\int\left(\frac{25}{3}\right)^x\mathrm{d}x=\frac{\left(\frac{25}{3}\right)^x}{\ln\frac{25}{3}}+C=\frac{1}{2\ln5-\ln3}\left(\frac{25}{3}\right)^x+C$

利用不定积分的运算性质和基本积分公式,直接求出不定积分的方法,称为**直接积分法**.

下面说明不定积分的几何意义.

从几何角度看,$y=\displaystyle\int f(x)\mathrm{d}x=F(x)+C$ 代表一族曲线,称为**积分曲线族**. 对于每个

固定的 C，$y=F(x)+C$ 的图形都是一条积分曲线，它是由原函数 $y=F(x)$ 的图形作上、下平移得到的. 由于 $y'=[F(x)+C]'=f(x)$，所以在横坐标相同的点处，这些积分曲线的切线有相同的斜率，直观上，这些切线是相互平行的.

例 9 已知曲线 $y=f(x)$ 过点 $(-1,0)$，且其上任一点处的切线斜率等于该点横坐标的 3 倍，求此曲线方程.

解 由题设，得积分曲线族

$$y=f(x)=\int 3x\,\mathrm{d}x=\frac{3}{2}x^2+C,$$

将 $x=-1$，$y=0$ 代入，得 $C=-\frac{3}{2}$，所以，所求曲线方程为 $y=\frac{3}{2}x^2-\frac{3}{2}$.

习题 3-1

1. 选择题.

(1) 下列函数中，不是 $e^{2x}-e^{-2x}$ 的原函数的是 （　　）.

A. $\frac{1}{2}(e^{2x}-e^{-2x})$ B. $\frac{1}{2}(e^x+e^{-x})^2$

C. $\frac{1}{2}(e^x-e^{-x})^2$ D. $2(e^{2x}-e^{-2x})$

(2) 如果 $\int f(x)\mathrm{d}x=\int g(x)\mathrm{d}x$，则下列各式中不一定成立的是 （　　）.

A. $f(x)=g(x)$ B. $f'(x)=g'(x)$

C. $\mathrm{d}f(x)=\mathrm{d}g(x)$ D. $\mathrm{d}\int f'(x)\mathrm{d}x=\mathrm{d}\int g'(x)\mathrm{d}x$

2. 求不定积分.

(1) $\displaystyle\int \sqrt{x}\,(x^2+2)\mathrm{d}x$；

(2) $\displaystyle\int \frac{x+3}{\sqrt{x}}\mathrm{d}x$；

(3) $\displaystyle\int (3^x+5^x)^2\mathrm{d}x$；

(4) $\displaystyle\int \frac{e^{3x}+1}{e^x+1}\mathrm{d}x$；

(5) $\displaystyle\int \frac{\cos 2x}{\sin^2 x\cos^2 x}\mathrm{d}x$；

(6) $\displaystyle\int \frac{x-9}{\sqrt{x}+3}\mathrm{d}x$；

(7) $\displaystyle\int \frac{2+\sin^2 x}{1-\cos 2x}\mathrm{d}x$；

(8) $\displaystyle\int \sqrt{1-\sin 2x}\,\mathrm{d}x\left(\frac{\pi}{4}\leqslant x\leqslant\frac{\pi}{2}\right)$；

(9) $\displaystyle\int \frac{x^3+x^2+5x+1}{x^3+x}\mathrm{d}x$；

(10) $\displaystyle\int \frac{\mathrm{d}x}{2x^2(1+x^2)}$.

3. 求曲线 $y=f(x)$，使它在点 x 处的斜率为 $4x^3$，且曲线过点 $(2,16)$.

第二节　不定积分的换元积分法

直接利用基本积分表和积分性质所能计算的不定积分是十分有限的. 因此，需要进一步研究不定积分的计算方法. 本节介绍的换元积分法，是将复合函数的求导法则反过来用于不定积分的计算，利用中间变量的代换，把某些不定积分化为基本积分公式表中所列的形式，再计算出所求的不定积分，称这种方法为换元积分法．换元积分法通常分为两类，分别称为第一类换元法和第二类换元法．

一、不定积分的第一类换元法

我们知道，如果 $F(u)$ 是 $f(u)$ 的原函数，则

$$\int f(u)\mathrm{d}u = F(u) + C.$$

而如果 u 又是另一变量 x 的函数 $u = \varphi(x)$，且 $\varphi(x)$ 可导，那么由复合函数的微分法，得

$$[F(\varphi(x))]' = f(\varphi(x))\varphi'(x).$$

所以，

$$\int f(\varphi(x))\varphi'(x)\mathrm{d}x = F(\varphi(x)) + C = \left[\int f(u)\mathrm{d}u\right]_{u=\varphi(x)}.$$

于是得到下面的定理．

定理 1 设函数 $f(u)$ 存在原函数，且 $u = \varphi(x)$ 可导，则有换元公式

$$\int f(\varphi(x))\varphi'(x)\mathrm{d}x = \left[\int f(u)\mathrm{d}u\right]_{u=\varphi(x)}.$$

那么，在应用此换元公式来求某不定积分 $\int g(x)\mathrm{d}x$ 时，想办法将 $g(x)$ 化成 $f(\varphi(x))\varphi'(x)$ 形式，然后我们把 $\mathrm{d}x$ 当作变量 x 的微分，实现凑微分 $\varphi'(x)\mathrm{d}x = \mathrm{d}\varphi(x) = \mathrm{d}u$ 的过程，那么

$$\int g(x)\mathrm{d}x = \int f(\varphi(x))\varphi'(x)\mathrm{d}x = \left[\int f(u)\mathrm{d}u\right]_{u=\varphi(x)},$$

这样，函数 $g(x)$ 的积分即转化成为函数 $f(u)$ 的积分，求出 $f(u)$ 的原函数，也就求得了 $g(x)$ 的原函数．第一类换元法也称"凑微分法"．

例 1 求 $\int 2\sin 2x\,\mathrm{d}x$．

解 被积函数中，$\sin 2x$ 是一个复合函数，$\sin 2x = \sin u$，$u = 2x$，常数因子恰好是中间变量 u 的导数．因此，作换元 $u = 2x$，便有

$$\int 2\sin 2x\,\mathrm{d}x = \int \sin 2x \times 2\,\mathrm{d}x = \int \sin 2x \times (2x)'\,\mathrm{d}x = \int \sin u \times (u)'\,\mathrm{d}x$$
$$= \int \sin u\,\mathrm{d}u = -\cos u + C.$$

再将 $u = 2x$ 回代，得

$$\int 2\sin 2x\,\mathrm{d}x = -\cos 2x + C.$$

例 2 求 $\int \dfrac{1}{a+x}\mathrm{d}x$．

解 被积函数可以看成 $\dfrac{1}{a+x} = \dfrac{1}{u}$，$u = a+x$ 的复合，且 $\mathrm{d}u = \mathrm{d}x$，从而令 $u = a+x$，便有 $\int \dfrac{1}{a+x}\mathrm{d}x = \int \dfrac{1}{a+x}\mathrm{d}(a+x) = \int \dfrac{1}{u}\mathrm{d}u = \ln|u| + C.$

再将 $u = a+x$ 回代，得 $\int \dfrac{1}{a+x}\mathrm{d}x = \ln|a+x| + C.$

例 3 求 $\displaystyle\int \tan x\,\mathrm{d}x$.

解 $\displaystyle\int \tan x\,\mathrm{d}x = \int \frac{\sin x}{\cos x}\,\mathrm{d}x$. 因为 $-\sin x\,\mathrm{d}x = \mathrm{d}\cos x$，所以如果设 $u = \cos x$，那么 $\mathrm{d}u = -\sin x\,\mathrm{d}x$，故

$$\int \tan x\,\mathrm{d}x = \int \frac{\sin x}{\cos x}\,\mathrm{d}x = -\int \frac{1}{\cos x}(-\sin x)\,\mathrm{d}x = -\int \frac{1}{u}\,\mathrm{d}u = -\ln|u| + C$$
$$= -\ln|\cos x| + C.$$

类似地可得 $\displaystyle\int \cot x\,\mathrm{d}x = \ln|\sin x| + C$.

在对变量代换比较熟练之后，就可以不用写出中间变量 u.

例 4 求 $\displaystyle\int \sin x \cos x\,\mathrm{d}x$.

解 $\displaystyle\int \sin x \cos x\,\mathrm{d}x = \int \sin x\,\mathrm{d}\sin x = \frac{1}{2}\sin^2 x + C$.

例 5 求 $\displaystyle\int x\,\mathrm{e}^{x^2}\,\mathrm{d}x$.

解 $\displaystyle\int x\,\mathrm{e}^{x^2}\,\mathrm{d}x = \frac{1}{2}\int \mathrm{e}^{x^2}\,\mathrm{d}(x^2) = \frac{1}{2}\mathrm{e}^{x^2} + C$.

例 6 求 $\displaystyle\int x\sqrt{1-x^2}\,\mathrm{d}x$.

解

$$\int x\sqrt{1-x^2}\,\mathrm{d}x = \int (1-x^2)^{\frac{1}{2}} \times x\,\mathrm{d}x = -\frac{1}{2}\int (1-x^2)^{\frac{1}{2}} \times (-2x)\,\mathrm{d}x$$
$$= -\frac{1}{2}\int (1-x^2)^{\frac{1}{2}}\,\mathrm{d}(1-x^2) = -\frac{1}{2} \times \frac{2}{3}(1-x^2)^{\frac{3}{2}} + C$$
$$= -\frac{1}{3}(1-x^2)^{\frac{3}{2}} + C.$$

例 7 求 $\displaystyle\int \frac{1}{a^2+x^2}\,\mathrm{d}x$.

解

$$\int \frac{1}{a^2+x^2}\,\mathrm{d}x = \int \frac{1}{a} \times \frac{1}{1+\left(\frac{x}{a}\right)^2} \times \frac{1}{a}\,\mathrm{d}x = \int \frac{1}{a} \times \frac{1}{1+\left(\frac{x}{a}\right)^2}\,\mathrm{d}\left(\frac{x}{a}\right)$$
$$= \frac{1}{a}\arctan \frac{x}{a} + C.$$

例 8 求 $\displaystyle\int \frac{\mathrm{d}x}{x\ln x\ln\ln x}$.

解

$$\int \frac{\mathrm{d}x}{x\ln x\ln\ln x} = \int \frac{1}{\ln\ln x} \times \frac{1}{\ln x}\,\mathrm{d}\ln x$$
$$= \int \frac{\mathrm{d}\ln\ln x}{\ln\ln x} = \ln|\ln\ln x| + C.$$

例9 求 $\int \dfrac{1-\sin x}{x+\cos x}\mathrm{d}x$.

解

$$\int \dfrac{1-\sin x}{x+\cos x}\mathrm{d}x = \int \dfrac{\mathrm{d}(x+\cos x)}{x+\cos x}$$
$$=\ln|x+\cos x|+C.$$

例10 求 $\int \sin^2 x \cos^5 x\,\mathrm{d}x$.

解

$$\int \sin^2 x \cos^5 x\,\mathrm{d}x = \int \sin^2 x \cos^4 x \cos x\,\mathrm{d}x$$
$$= \int \sin^2 x (1-\sin^2 x)^2 \mathrm{d}(\sin x)$$
$$= \int (\sin^2 x - 2\sin^4 x + \sin^6 x)\mathrm{d}(\sin x)$$
$$= \dfrac{1}{3}\sin^3 x - \dfrac{2}{5}\sin^5 x + \dfrac{1}{7}\sin^7 x + C.$$

例11 求 $\int \cos 3x \cos 2x\,\mathrm{d}x$.

解

$$\int \cos 3x \cos 2x\,\mathrm{d}x = \dfrac{1}{2}\int (\cos x + \cos 5x)\mathrm{d}x = \dfrac{1}{2}\sin x + \dfrac{1}{10}\sin 5x + C.$$

常见的凑微分有：

(1) 令 $u=ax+b$，则 $\int f(ax+b)\mathrm{d}x = \dfrac{1}{a}\int f(ax+b)\mathrm{d}(ax+b), a\neq 0$；

(2) 令 $u=x^\mu$，则 $\int f(x^\mu)x^{\mu-1}\mathrm{d}x = \dfrac{1}{\mu}\int f(x^\mu)\mathrm{d}(x^\mu), \mu\neq 0$；

(3) 令 $u=\ln x$，则 $\int f(\ln x)\dfrac{1}{x}\mathrm{d}x = \int f(\ln x)\mathrm{d}(\ln x)$；

(4) 令 $u=\mathrm{e}^x$，则 $\int f(\mathrm{e}^x)\mathrm{e}^x\mathrm{d}x = \int f(\mathrm{e}^x)\mathrm{d}(\mathrm{e}^x)$；

(5) 令 $u=a^x$，则 $\int f(a^x)a^x\mathrm{d}x = \dfrac{1}{\ln a}\int f(a^x)\mathrm{d}(a^x), a>0$ 且 $a\neq 1$；

(6) 令 $u=\sin x$，则 $\int f(\sin x)\cos x\,\mathrm{d}x = \int f(\sin x)\mathrm{d}(\sin x), a>0$ 且 $a\neq 1$；

(7) 令 $u=\cos x$，则 $\int f(\cos x)\sin x\,\mathrm{d}x = -\int f(\cos x)\mathrm{d}(\cos x)$；

(8) 令 $u=\tan x$，则 $\int f(\tan x)\sec^2 x\,\mathrm{d}x = \int f(\tan x)\mathrm{d}(\tan x)$；

(9) 令 $u=\cot x$，则 $\int f(\cot x)\csc^2 x\,\mathrm{d}x = -\int f(\cot x)\mathrm{d}(\cot x)$；

(10) 令 $u=\arctan x$，则 $\int f(\arctan x)\dfrac{1}{1+x^2}\mathrm{d}x = \int f(\arctan x)\mathrm{d}(\arctan x)$；

(11) 令 $u=\arcsin x$，则 $\int f(\arcsin x)\dfrac{1}{\sqrt{1-x^2}}\mathrm{d}x = \int f(\arcsin x)\mathrm{d}(\arcsin x)$.

二、不定积分的第二换元法

定理 2　设 $x = \psi(t)$ 是单调的、可导的函数，并且 $\psi'(t) \neq 0$，设 $f[\psi(t)]\psi'(t)$ 具有原函数，则有换元公式

$$\int f(x)\mathrm{d}x = \left[\int f[\psi(t)]\psi'(t)\mathrm{d}t\right]_{t=\overline{\psi}(x)},$$

其中 $\overline{\psi}(x)$ 是 $x = \psi(t)$ 的反函数.

例 12　求 $\displaystyle\int \frac{1}{\sqrt{a^2 - x^2}}\mathrm{d}x\,(a > 0)$.

解　令 $x = a\sin t$，则 $\mathrm{d}x = a\cos t\,\mathrm{d}t$，$t \in \left(-\dfrac{\pi}{2}, \dfrac{\pi}{2}\right)$.

$$\int \frac{1}{\sqrt{a^2 - x^2}}\mathrm{d}x = \int \frac{1}{a\cos t} \times a\cos t\,\mathrm{d}t = \int \mathrm{d}t = t + c = \arcsin \frac{x}{a} + C.$$

例 13　求 $\displaystyle\int \frac{1}{\sqrt{x^2 + a^2}}\mathrm{d}x\,(a > 0)$.

解　令 $x = a\tan t$，则 $\mathrm{d}x = a\sec^2 t\,\mathrm{d}t$，$t \in \left(-\dfrac{\pi}{2}, \dfrac{\pi}{2}\right)$.

$$\int \frac{1}{\sqrt{x^2 + a^2}}\mathrm{d}x = \int \frac{1}{a\sec t} \times a\sec^2 t\,\mathrm{d}t = \int \sec t\,\mathrm{d}t = \ln\,(\sec t + \tan t) + C_1$$

$$= \ln\left(\frac{x}{a} + \frac{\sqrt{x^2 + a^2}}{a}\right) + C_1 = \ln\,(x + \sqrt{x^2 + a^2}) + C.$$

所以，$\displaystyle\int \frac{1}{\sqrt{x^2 + a^2}}\mathrm{d}x = \ln(x + \sqrt{x^2 + a^2}) + C$.

例 14　求 $\displaystyle\int x^3 \sqrt{4 - x^2}\,\mathrm{d}x$.

解　令 $x = 2\sin t$，则 $\mathrm{d}x = 2\cos t\,\mathrm{d}t$，$t \in \left(-\dfrac{\pi}{2}, \dfrac{\pi}{2}\right)$.

$$\int x^3 \sqrt{4 - x^2}\,\mathrm{d}x = \int (2\sin t)^3 \sqrt{4 - 4\sin^2 t} \times 2\cos t\,\mathrm{d}t = 32\int \sin^3 t\cos^2 t\,\mathrm{d}t$$

$$= 32\int \sin t(1 - \cos^2 t)\cos^2 t\,\mathrm{d}t = -32\int (\cos^2 t - \cos^4 t)\mathrm{d}\cos t$$

$$= -32\left(\frac{1}{3}\cos^3 t - \frac{1}{5}\cos^5 t\right) + C = -\frac{4}{3}(\sqrt{4 - x^2})^3 + \frac{1}{5}(\sqrt{4 - x^2})^5 + C.$$

注　以上几例所使用的均为三角代换，三角代换的目的是化掉根式，其一般规律是当被积函数中含有

(1) $\sqrt{a^2 - x^2}$，可令 $x = a\sin t$；

(2) $\sqrt{x^2 + a^2}$，可令 $x = a\tan t$；

(3) $\sqrt{x^2 - a^2}$，可令 $x = a\sec t$.

当有理分式函数中分母的阶较高时，常采用倒代换 $x = \dfrac{1}{t}$.

例 15　求 $\displaystyle\int \frac{1}{x(x^7+2)}\,\mathrm{d}x$.

解　令 $x=\dfrac{1}{t}$，则 $\mathrm{d}x=-\dfrac{1}{t^2}\mathrm{d}t$.

$$\int \frac{1}{x(x^7+2)}\mathrm{d}x = \int \frac{t}{\left(\dfrac{1}{t}\right)^7+2}\times\left(-\frac{1}{t^2}\right)\mathrm{d}t = -\int \frac{t^6}{1+2t^7}\mathrm{d}t$$

$$= -\frac{1}{14}\ln|1+2t^7|+C = -\frac{1}{14}\ln|2+x^7|+\frac{1}{2}\ln|x|+C.$$

习题 3-2

1. 在下列各式等号右端的横线处填入恰当的系数，使等式成立.

(1) $\mathrm{d}x=\underline{\quad}\mathrm{d}\left(\dfrac{1}{3}x\right)$;

(2) $\mathrm{d}x=\underline{\quad}\mathrm{d}(5x-2)$;

(3) $x\,\mathrm{d}x=\underline{\quad}\mathrm{d}(x^2)$;

(4) $x^3\,\mathrm{d}x=\underline{\quad}\mathrm{d}(3x^4+7)$;

(5) $\mathrm{e}^{5x}\,\mathrm{d}x=\underline{\quad}\mathrm{d}(\mathrm{e}^{5x})$;

(6) $\sin\dfrac{3}{4}x\,\mathrm{d}x=\underline{\quad}\mathrm{d}\left(\cos\dfrac{3}{4}x\right)$;

(7) $\dfrac{\mathrm{d}x}{1+9x^2}=\underline{\quad}\mathrm{d}(\arctan 3x)$;

(8) $\dfrac{\mathrm{d}x}{x}=\underline{\quad}\mathrm{d}(6\ln|x|)$;

(9) $\dfrac{\mathrm{d}x}{\sqrt{1-x^2}}=\underline{\quad}\mathrm{d}(1-\arcsin x)$;

(10) $\dfrac{x\,\mathrm{d}x}{\sqrt{1-x^2}}=\underline{\quad}\mathrm{d}\left(\sqrt{1-x^2}\right)$.

2. 求下列不定积分.

(1) $\displaystyle\int \frac{1}{3+2x}\mathrm{d}x$;

(2) $\displaystyle\int (2x+1)^{10}\,\mathrm{d}x$;

(3) $\displaystyle\int \frac{\cos\ln x}{x}\mathrm{d}x$;

(4) $\displaystyle\int \frac{x}{(1+x)^3}\mathrm{d}x$;

(5) $\displaystyle\int 2\mathrm{e}^x\sqrt{1-x^{2x}}\,\mathrm{d}x$;

(6) $\displaystyle\int \frac{\cos\sqrt{t}}{\sqrt{t}}\mathrm{d}t$;

(7) $\displaystyle\int \frac{1}{(a^2+x^2)^{\frac{3}{2}}}\mathrm{d}x$;

(8) $\displaystyle\int \frac{1}{1+\sqrt{1-x^2}}\mathrm{d}x$;

(9) $\displaystyle\int \frac{\sqrt{x^2-4}}{x}\mathrm{d}x$;

(10) $\displaystyle\int \frac{1}{x\sqrt{x^2-1}}\mathrm{d}x$.

3. 求 $\displaystyle\int \left[\frac{f(x)}{f'(x)}-\frac{f''(x)f^2(x)}{f'^3(x)}\right]\mathrm{d}x$.

第三节　不定积分的分部积分法

　　换元积分法是建立在复合函数求导法则基础上的，下面介绍的求不定积分的方法——分部积分法，则利用了两函数乘积的求导法则得到.

　　设函数 $u=u(x)$ 和 $v=v(x)$ 具有连续导数，那么这两个函数乘积的导数公式为

$$(uv)' = u'v + uv',$$

移项，得

$$uv' = (uv)' - u'v.$$

对上式两边求不定积分，得

$$\int uv'\,dx = uv - \int u'v\,dx, \tag{3-1}$$

亦即

$$\int u\,dv = uv - \int v\,du. \tag{3-2}$$

称式(3-1)、式(3-2)为分部积分公式.

如果求 $\int uv'\,dx$ 有困难，而求 $\int u'v\,dx$ 相对容易时，分部积分公式就可以发挥作用了. 利用分部积分公式求不定积分的关键在于如何将所给的积分 $\int f(x)\,dx$ 化成 $\int u\,dv$ 的形式，使计算更容易. 所采用的方法主要是凑微分法. 现在通过例子加以说明.

例 1　求积分 $\int x\cos x\,dx$.

解　被积函数含有两个基本初等函数，而且这两个函数都能与 dx 实现凑微分. 如果设 $u = x$，$dv = \cos x\,dx = d\sin x$，那么利用分部积分公式，得

$$\int x\cos x\,dx = \int x\,d\sin x = x\sin x - \int \sin x\,dx = x\sin x + \cos x + C.$$

如果设 $u = \cos x$，$dv = x\,dx = d\left(\dfrac{x^2}{2}\right)$，那么

$$\int x\cos x\,dx = \int \cos x\,d\left(\frac{x^2}{2}\right) = \frac{x^2}{2}\cos x + \int \frac{x^2}{2}\sin x\,dx.$$

显然，上式右端的积分比原来的积分更不容易求出.

由此例可见，应用分部积分法时，恰当选取 u 和 dv 是关键. 选取原则是：

(1) $\int v\,du$ 要比 $\int u\,dv$ 易求；

(2) 变量 v 要容易求出.

一般地，对于下列类型的积分，可以用分部积分法：$\int x^n e^{ax}\,dx$，$\int x^n \sin ax\,dx$，$\int x^n \cos ax\,dx$（其中 $n \in \mathbf{N}$，a 为常数）. 这时可设 $u = x^n$，余下部分设为 dv. 分部积分一次可以使被积函数中 x 的幂次降低一次.

注　对于上面所述类型的积分在使用凑微分法确定 u 和 dv 时，可以概括为：被积函数为两函数之积且都能凑微分，选择凑微分后不升幂的那个.

例 2　求积分 $\int x\ln x\,dx$.

解　被积函数含有两个基本初等函数，但与例 1 不同的是，这两个函数中只有 x 能与 dx 实现凑微分. 于是，设 $u = \ln x$，$dv = x\,dx = d\left(\dfrac{x^2}{2}\right)$，则

$$\int x\ln x\,dx = \int \ln x\,d\left(\frac{x^2}{2}\right) = \frac{x^2}{2}\ln x - \int \frac{x^2}{2}d(\ln x)$$

$$= \frac{x^2}{2}\ln x - \frac{1}{2}\int x\,\mathrm{d}x$$

$$= \frac{x^2}{2}\ln x - \frac{1}{4}x^2 + C.$$

对于下列类型的积分：$\int x^n \ln x\,\mathrm{d}x$，$\int x^n \arcsin x\,\mathrm{d}x$，$\int x^n \arccos x\,\mathrm{d}x$，$\int x^n \arctan x\,\mathrm{d}x$，$\int x^n \mathrm{arccot}x\,\mathrm{d}x$ 也可以利用分部积分法，设 $\mathrm{d}v = x^n\,\mathrm{d}x$，余下部分设为 u 即可.

例 3 求积分 $\int \arcsin x\,\mathrm{d}x$.

解 被积函数只含一个基本初等函数，直接使用分部积分公式. 设 $u = \arcsin x$，$\mathrm{d}v = \mathrm{d}x$，于是

$$\int \arcsin x\,\mathrm{d}x = x\arcsin x - \int x\,\mathrm{d}(\arcsin x) = x\arcsin x - \int \frac{x}{\sqrt{1-x^2}}\mathrm{d}x$$

$$= x\arcsin x + \frac{1}{2}\int \frac{1}{\sqrt{1-x^2}}\mathrm{d}(1-x^2)$$

$$= x\arcsin x + \sqrt{1-x^2} + C.$$

在分部积分法运用比较熟练以后，就不必再写出哪一部分选作 u，哪一部分选作 $\mathrm{d}v$. 只要把被积表达式凑成 $u\,\mathrm{d}v$ 的形式，直接利用分部积分公式写出解题过程即可.

下面几个例子所用的方法也是比较典型的.

例 4 求积分 $\int \mathrm{e}^x \sin x\,\mathrm{d}x$.

解

$$\int \mathrm{e}^x \sin x\,\mathrm{d}x = \int \sin x\,\mathrm{d}(\mathrm{e}^x) = \mathrm{e}^x \sin x - \int \mathrm{e}^x\,\mathrm{d}(\sin x)$$

$$= \mathrm{e}^x \sin x - \int \mathrm{e}^x \cos x\,\mathrm{d}x = \mathrm{e}^x \sin x - \int \cos x\,\mathrm{d}(\mathrm{e}^x)$$

$$= \mathrm{e}^x \sin x - (\mathrm{e}^x \cos x - \int \mathrm{e}^x\,\mathrm{d}\cos x) = \mathrm{e}^x(\sin x - \cos x) - \int \mathrm{e}^x \sin x\,\mathrm{d}x$$

所以，$\int \mathrm{e}^x \sin x\,\mathrm{d}x = \dfrac{\mathrm{e}^x}{2}(\sin x - \cos x) + C.$

注 本题解法中选用 $\sin x = u$，$\mathrm{e}^x\,\mathrm{d}x = \mathrm{d}v$ 求解的，也可以用 $\mathrm{e}^x = u$，$\sin x\,\mathrm{d}x = \mathrm{d}v$ 求解. 但要注意的是，连续两次以上使用分部积分公式时，要保持凑微分函数类型的一致性. 例如第一次用分部积分公式时选择三角函数凑微分，那么在第二次用分部积分公式时仍然要选择三角函数凑微分.

例 5 求积分 $\int (\sec x)^3\,\mathrm{d}x$.

解

$$\int \sec^3 x\,\mathrm{d}x = \int \sec x \times \sec^2 x\,\mathrm{d}x = \int \sec x\,\mathrm{d}(\tan x)$$

$$= \sec x \tan x - \int \tan x\,\mathrm{d}(\sec x)$$

$$= \sec x \tan x - \int \sec x \tan^2 x\,\mathrm{d}x$$

$$= \sec x \tan x - \int \sec x (\sec^2 x - 1) \mathrm{d}x$$

$$= \sec x \tan x - \int \sec^3 x \, \mathrm{d}x + \int \sec x \, \mathrm{d}x$$

$$= \sec x \tan x - \int \sec^3 x \, \mathrm{d}x + \ln|\sec x + \tan x|.$$

移项，得

$$\int (\sec x)^3 \mathrm{d}x = \frac{1}{2} \sec x \tan x + \frac{1}{2} \ln|\sec x + \tan x| + C.$$

例 6 求积分 $\int \mathrm{e}^{\sqrt{x}} \mathrm{d}x$.

解 令 $\sqrt{x} = t$，则 $x = t^2$，$\mathrm{d}x = 2t \mathrm{d}t$，于是

$$\int \mathrm{e}^{\sqrt{x}} \mathrm{d}x = \int \mathrm{e}^t \times 2t \mathrm{d}t = 2 \int t \mathrm{d}(\mathrm{e}^t)$$

$$= 2\left(t \mathrm{e}^t - \int \mathrm{e}^t \mathrm{d}t\right) = 2(t \mathrm{e}^t - \mathrm{e}^t) + C$$

$$= 2\mathrm{e}^{\sqrt{x}}(\sqrt{x} - 1) + C.$$

习题 3-3

求下列不定积分：

1. $\int x \sin x \, \mathrm{d}x$；

2. $\int x \mathrm{e}^x \mathrm{d}x$；

3. $\int x^2 \mathrm{e}^x \mathrm{d}x$；

4. $\int x \arctan x \, \mathrm{d}x$；

5. $\int \arccos x \, \mathrm{d}x$；

6. $\int x \cos \frac{x}{4} \mathrm{d}x$；

7. $\int x \tan^2 x \, \mathrm{d}x$；

8. $\int \ln(x^2 + 1) \mathrm{d}x$；

9. $\int x \cos^2 \frac{x}{2} \mathrm{d}x$；

10. $\int (x^2 + 1) \sin 2x \, \mathrm{d}x$；

11. $\int x^3 \ln x \, \mathrm{d}x$；

12. $\int \frac{\ln^2 x}{x^2} \mathrm{d}x$；

13. $\int \frac{\ln \ln x}{x} \mathrm{d}x$；

14. $\int \sin(\ln x) \mathrm{d}x$；

15. $\int \mathrm{e}^x \cos x \, \mathrm{d}x$；

16. $\int \mathrm{e}^{\sqrt[3]{x}} \mathrm{d}x$；

17. $\int \frac{\ln(1+x)}{\sqrt{x}} \mathrm{d}x$；

18. $\int \sqrt{a^2 + x^2} \mathrm{d}x$.

第四节 有理函数的积分

前面已经介绍了求不定积分的两个基本方法——换元积分法和分部积分法，这一节我们简要地介绍有理函数的积分法以及可化为有理函数的积分问题.

一、有理函数及其积分法

定义 1 两个多项式的商表示的函数称之为**有理函数**，记为

$$R(x) = \frac{P(x)}{Q(x)} = \frac{a_0 x^n + a_1 x^{n-1} + \cdots + a_{n-1} x + a_n}{b_0 x^m + b_1 x^{m-1} + \cdots + b_{m-1} x + b_m}.$$

其中 m、n 都是非负整数；$a_0,a_1,\cdots,a_n$ 及 $b_0,b_1,\cdots,b_m$ 都是实数，并且 $a_0\neq0,b_0\neq0$.

假定分子与分母之间没有公因式，若 $n<m$，称有理函数是真分式；若 $n\geqslant m$，称有理函数是假分式.

下面讨论积分 $\int R(x)\mathrm{d}x$ 的计算方法.

利用多项式除法，假分式可以化成一个多项式和一个真分式之和. 由于整式的积分容易求出，所以有理函数的积分可以归结为真分式的积分.

通常称以下四种类型的真分式

$$\frac{A}{x-a},\quad \frac{A}{(x-a)^k}\ (k>1),\quad \frac{Mx+N}{x^2+px+q},\quad \frac{Mx+N}{(x^2+px+q)^k}\ (k>1)$$

为**基本分式**，其中 x^2+px+q 无实根，即 $\dfrac{p^2}{4}-q<0$，k 为大于 1 的自然数. 而每个有理真分式都可以唯一地表示成有限个基本分式的和，比如

$$\frac{2}{x^2-1}=\frac{1}{x-1}-\frac{1}{x+1}.$$

化有理真分式为基本分式之和（也称部分分式之和）的方法通常是采用**待定系数法**：把分母 $Q(x)$ 在实数范围内分成若干个一次因式（可以重复）及若干个不可分解的二次因式（可以重复）的乘积，然后按照分母中因式的情况，写出部分分式之和.

（1）当分母中含有因式 $(x-a)^k$ 时，部分分式和中所含的对应项应为

$$\frac{A_1}{x-a}+\frac{A_2}{(x-a)^2}+\cdots+\frac{A_k}{(x-a)^k},$$

其中 $A_1,A_2,\cdots,A_k$ 都是常数. 特殊地：$k=1$，分解后为 $\dfrac{A}{x-a}$.

（2）当分母中含有因式 $(x^2+px+q)^k\left(\dfrac{p^2}{4}-q<0\right)$ 时，部分分式和中所含的对应项应为

$$\frac{M_1x+N_1}{x^2+px+q}+\frac{M_2x+N_2}{(x^2+px+q)^2}+\cdots+\frac{M_kx+N_k}{(x^2+px+q)^k},$$

其中 M_i,N_i 都是常数（$i=1,2,\cdots,k$）. 特殊地：$k=1$，分解后为 $\dfrac{Mx+N}{x^2+px+q}$.

我们把所有对应的项加在一起，即所谓的部分分式和，然后依照恒等关系求出待定系数.

例 1　将 $\dfrac{1}{x(x-1)^2}$ 分解为部分分式之和.

解　设 $\dfrac{1}{x(x-1)^2}=\dfrac{A}{x}+\dfrac{B}{x-1}+\dfrac{C}{(x-1)^2}$，去分母，得

$$1=A(x-1)^2+Bx(x-1)+Cx.$$

比较上式两端对应项系数，得

$$\begin{cases}0=A+B\\0=-2A-B+C,\\1=A\end{cases}$$

解得 $A=1$，$B=-1$，$C=1$. 于是 $\dfrac{1}{x(x-1)^2}=\dfrac{1}{x}-\dfrac{1}{x-1}+\dfrac{1}{(x-1)^2}$.

进一步，可以容易地计算积分

$$\int\dfrac{1}{x(x-1)^2}\mathrm{d}x=\int\dfrac{1}{x}\mathrm{d}x-\int\dfrac{1}{x-1}\mathrm{d}x+\int\dfrac{1}{(x-1)^2}\mathrm{d}x=\ln|x|-\ln|x-1|-\dfrac{1}{x-1}+C.$$

例2 将 $\dfrac{1}{(1+2x)(1+x^2)}$ 分解为部分分式之和.

解 设 $\dfrac{1}{(1+2x)(1+x^2)}=\dfrac{A}{1+2x}+\dfrac{Bx+C}{1+x^2}$，

去分母，得 $1=A(1+x^2)+(Bx+C)(1+2x)$，

整理得 $1=(A+2B)x^2+(B+2C)x+C+A$，

比较上式两端对应项系数，得

$$\begin{cases}A+2B=0,\\ B+2C=0,\\ A+C=1.\end{cases}$$

解得 $A=\dfrac{4}{5}$，$B=-\dfrac{2}{5}$，$C=\dfrac{1}{5}$，所以

$$\dfrac{1}{(1+2x)(1+x^2)}=\dfrac{\dfrac{4}{5}}{1+2x}+\dfrac{-\dfrac{2}{5}x+\dfrac{1}{5}}{1+x^2}.$$

例3 求积分 $\displaystyle\int\dfrac{1}{(1+2x)(1+x^2)}\mathrm{d}x$.

解

$$\int\dfrac{1}{(1+2x)(1+x^2)}\mathrm{d}x=\int\dfrac{\dfrac{4}{5}}{1+2x}\mathrm{d}x+\int\dfrac{-\dfrac{2}{5}x+\dfrac{1}{5}}{1+x^2}\mathrm{d}x$$

$$=\dfrac{2}{5}\ln|1+2x|-\dfrac{1}{5}\int\dfrac{2x}{1+x^2}\mathrm{d}x+\dfrac{1}{5}\int\dfrac{1}{1+x^2}\mathrm{d}x$$

$$=\dfrac{2}{5}\ln|1+2x|-\dfrac{1}{5}\ln(1+x^2)+\dfrac{1}{5}\arctan x+C.$$

例4 求积分 $\displaystyle\int\dfrac{x+1}{x^2-5x+6}\mathrm{d}x$.

解 被积函数的分母可分解成 $(x-3)(x-2)$，故设

$$\dfrac{x+1}{x^2-5x+6}=\dfrac{A}{x-3}+\dfrac{B}{x-2},$$

上式两端去分母，整理得 $x+1=(A+B)x-2A-3B$.

比较上式两端对应项系数，有 $\begin{cases}A+B=1,\\ 2A+3B=-1.\end{cases}$

解得 $A=4$，$B=-3$.

于是 $\displaystyle\int\dfrac{x+1}{x^2-5x+6}\mathrm{d}x=\int\left(\dfrac{4}{x-3}-\dfrac{3}{x-2}\right)\mathrm{d}x=4\ln|x-3|-3\ln|x-2|+C.$

例 5　求积分 $\displaystyle\int\frac{x+2}{(2x+1)(1+x+x^2)}\mathrm{d}x$.

解　设 $\displaystyle\frac{x+2}{(2x+1)(1+x+x^2)}=\frac{A}{2x+1}+\frac{Bx+C}{1+x+x^2}$,

则　　　　　　　　$x+2=A(1+x+x^2)+(Bx+C)(2x+1)$,

即　　　　　　　　$x+2=(A+2B)x^2+(A+B+2C)x+A+C$,

由对应项系数相等，得 $\begin{cases}A+2B=0\\A+B+2C=1\\A+C=2\end{cases}$ 解得 $A=2$，$B=-1$，$C=0$，于是

$$\int\frac{x+2}{(2x+1)(1+x+x^2)}\mathrm{d}x=\int\left(\frac{2}{2x+1}-\frac{x}{1+x+x^2}\right)\mathrm{d}x=\ln|2x+1|-\frac{1}{2}\int\left(\frac{(2x+1)-1}{1+x+x^2}\right)\mathrm{d}x$$

$$=\ln|2x+1|-\frac{1}{2}\int\frac{\mathrm{d}(x^2+x+1)}{1+x+x^2}+\frac{1}{2}\int\frac{\mathrm{d}x}{\left(x+\frac{1}{2}\right)^2+\frac{3}{4}}$$

$$=\ln|2x+1|-\frac{1}{2}\ln(x^2+x+1)+\frac{1}{\sqrt{3}}\arctan\frac{2x+1}{\sqrt{3}}+C.$$

二、可化为有理函数积分

例 6　求积分 $\displaystyle\int\frac{\mathrm{d}x}{2\sin x-\cos x+3}$.

解　由三角函数知道，$\sin x$ 与 $\cos x$ 都可以用 $\tan\dfrac{x}{2}$ 的有理式表示，即

$$\sin x=2\sin\frac{x}{2}\cos\frac{x}{2}=\frac{2\tan\dfrac{x}{2}}{\sec^2\dfrac{x}{2}}=\frac{2\tan\dfrac{x}{2}}{1+\tan^2\dfrac{x}{2}},$$

$$\cos x=\cos^2\frac{x}{2}-\sin^2\frac{x}{2}=\frac{1-\tan^2\dfrac{x}{2}}{\sec^2\dfrac{x}{2}}=\frac{1-\tan^2\dfrac{x}{2}}{1+\tan^2\dfrac{x}{2}}.$$

因此，作变换 $t=\tan\dfrac{x}{2}(-\pi<x<\pi)$，则

$$x=2\arctan t，\mathrm{d}x=\frac{2\mathrm{d}t}{1+t^2}，\sin x=\frac{2t}{1+t^2}，\cos x=\frac{1-t^2}{1+t^2},$$

于是

$$\int\frac{\mathrm{d}x}{2\sin x-\cos x+3}=\int\frac{2\mathrm{d}t}{4t^2+4t+2}=\int\frac{2\mathrm{d}t}{1+(2t+1)^2}$$

$$=\arctan(2t+1)+C$$

$$=\arctan\left(2\tan\frac{x}{2}+1\right)+C.$$

注　本例所用的变量代换 $t=\tan\dfrac{x}{2}$ 对三角函数有理式的积分都可以应用.

例 7 求积分 $\int \dfrac{\mathrm{d}x}{1+\sqrt[3]{x+2}}$.

解 为去掉根号，可以设 $\sqrt[3]{x+2}=t$. 于是 $x=t^3-2,\mathrm{d}x=3t^2\mathrm{d}t$，从而

$$\int \frac{\mathrm{d}x}{1+\sqrt[3]{x+2}}=\int\frac{3t^2}{1+t}\mathrm{d}t=3\int\left(t-1+\frac{1}{1+t}\right)\mathrm{d}t$$

$$=3\left(\frac{t^2}{2}-t+\ln|1+t|\right)+C$$

$$=\frac{3}{2}\sqrt[3]{(x+2)^2}-3\sqrt[3]{x+2}+3\ln|1+\sqrt[3]{x+2}|+C.$$

例 8 求积分 $\int\dfrac{\sqrt{x}}{1+\sqrt[3]{x}}\mathrm{d}x$.

解 被积函数中出现了两个根式 $\sqrt{x}$ 及 $\sqrt[3]{x}$. 为了能同时消去这两个根式，可令 $x=t^6$，于是 $\mathrm{d}x=6t^5\mathrm{d}t$，从而

$$\int\frac{\sqrt{x}}{1+\sqrt[3]{x}}\mathrm{d}x=\int\frac{6t^8}{1+t^2}\mathrm{d}t=6\int\left(t^6-t^4+t^2-1+\frac{1}{1+t^2}\right)\mathrm{d}t$$

$$=6\left(\frac{t^7}{7}-\frac{t^5}{5}+\frac{t^3}{3}-t+\arctan t\right)+C$$

$$=6\left(\frac{1}{7}\sqrt[6]{x^7}-\frac{1}{5}\sqrt[6]{x^5}+\frac{1}{3}\sqrt{x}-\sqrt[6]{x}+\arctan\sqrt[6]{x}\right)+C.$$

例 9 求积分 $\int\dfrac{1}{x}\sqrt{\dfrac{1+x}{x}}\mathrm{d}x$.

解 为了去掉根号，设 $\sqrt{\dfrac{1+x}{x}}=t$，于是 $x=\dfrac{1}{t^2-1},\mathrm{d}x=-\dfrac{2t}{(t^2-1)^2}\mathrm{d}t$，从而

$$\int\frac{1}{x}\sqrt{\frac{1+x}{x}}\mathrm{d}x=\int(t^2-1)t\frac{-2t}{(t^2-1)^2}\mathrm{d}t=-2\int\frac{t^2}{t^2-1}\mathrm{d}t$$

$$=-2\int\left(1+\frac{1}{t^2-1}\right)\mathrm{d}t=-2t-\ln\left|\frac{t-1}{t+1}\right|+C$$

$$=-2\sqrt{\frac{1+x}{x}}-\ln\left[x\left(\sqrt{\frac{1+x}{x}}-1\right)^2\right]+C.$$

以上三个例子表明，如果被积函数中含有简单根式 $\sqrt[n]{ax+b}$ 或 $\sqrt[n]{\dfrac{ax+b}{cx+d}}$，可以令这个简单根式为 t. 由于这样的变换具有反函数，且反函数是 t 的有理函数，因此原积分即可化为有理函数的积分.

习题 3-4

1. 填空题

(1) $\int\dfrac{3}{x^3+1}\mathrm{d}x=\int\left(\dfrac{A}{x+1}+\dfrac{Bx+C}{x^2-x+1}\right)\mathrm{d}x$，其 $A=$____，$B=$____，$C=$____.

(2) $\int\dfrac{\mathrm{d}x}{\sqrt{ax+b}+m}$，令 $t=$____，$x=$____，$\mathrm{d}x=$____.

2. 求下列不定积分.

(1) $\displaystyle\int \frac{x^3}{x+2}\mathrm{d}x$；

(2) $\displaystyle\int \frac{3x+1}{x^2+3x-10}\mathrm{d}x$；

(3) $\displaystyle\int \frac{1-x}{(x+1)(x^2+1)}\mathrm{d}x$；

(4) $\displaystyle\int \frac{x^4}{x^4+5x^2+4}\mathrm{d}x$；

(5) $\displaystyle\int \frac{1+\sin x}{3+\cos x}\mathrm{d}x$；

(6) $\displaystyle\int \frac{1}{2+\sin x}\mathrm{d}x$；

(7) $\displaystyle\int \frac{\sqrt{x-1}}{x}\mathrm{d}x$；

(8) $\displaystyle\int \frac{1}{\sqrt{x}+\sqrt[4]{x}}\mathrm{d}x$.

第五节 定 积 分

一、定积分问题举例

1. 求曲边梯形的面积

曲边梯形由连续曲线 $y=f(x)\,[f(x)\geqslant0]$、x 轴与两条直线 $x=a$、$x=b$ 所围成. 用矩形面积近似取代曲边梯形面积. 显然，小矩形越多，矩形面积和越接近曲边梯形面积. 曲边梯形如图 3-1 所示.

在区间 $[a,b]$ 内插入 $n-1$ 个分点. 把区间 $[a,b]$ 分成 n 个小区间 $[x_{i-1},x_i]$，长度为 $\Delta x_i=x_i-x_{i-1}$；在每个小区间 $[x_{i-1},x_i]$ 上任取一点 ξ_i，以 $[x_{i-1},x_i]$ 为底，$f(\xi_i)$ 为高的小矩形面积为 $A_i=f(\xi_i)\Delta x_i$；曲边梯形面积的近似值 $A\approx\sum\limits_{i=1}^{n}f(\xi_i)\Delta x_i$；当分割无限加细，即小区间的最大长度 $\lambda=\max\{\Delta x_1,\Delta x_2,\cdots,\Delta x_n\}$ 趋近于零（$\lambda\to0$）时，曲边梯形面积为

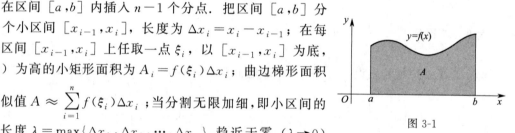

图 3-1

$$A=\lim_{\lambda\to0}\sum_{i=1}^{n}f(\xi_i)\Delta x_i.$$

2. 变速直线运动的路程问题

设有一质点作变速直线运动，在时刻 t 的速度 $v=v(t)$ 是一已知的连续函数，我们来计算质点从时刻 α 到时刻 β 所通过的路程：

（1）在 $[\alpha,\beta]$ 内任意插入 $n-1$ 个分点

$$\alpha=t_0<t_1<t_2<\cdots<t_{n-1}<t_n=\beta,$$

把 $[\alpha,\beta]$ 分成 n 个时间间隔 $[t_{i-1},t_i]$，每段间隔时间的长为 $\Delta t_i=t_i-t_{i-1}(i=1,2,\cdots,n)$；

（2）在 $[t_{i-1},t_i]$ 内任取一点 $\tau_i(i=1,2,\cdots,n)$，作乘积

$$\Delta S_i=v(\tau_i)\Delta t_i$$

为路程近似值，即把 $v(\tau_i)$ 作为在 $[t_{i-1},t_i]$ 上的速度近似值；

（3）把每段时间通过的路程相加

$$S \approx \sum_{i=1}^{n} v(\tau_i) \Delta t_i;$$

（4）取极限，令 $\lambda = \max_{1 \leqslant i \leqslant n} \{\Delta t_i\}$，

$$S = \lim_{\lambda \to 0} \sum_{i=1}^{n} v(\tau_i) \Delta t_i$$

这极限 S 就作为变速直线运动的路程.

3. 收益问题

设某商品的价格 P 是销售量 x 的函数 $P = P(x)$. 求当销售量从 a 变到 b 时的收益 R 为多少？（设 x 为连续变量）

把整个销售量段分割成若干小段，每小段上价格看作不变，求出各小段的收益再相加，便得到整个收益的近似值，最后通过对销售量的无限细分过程求得收益的精确值. 仿造上面的两个例子，我们用下述方法进行计算：

（1）在 $[a, b]$ 内任意插入 $n-1$ 个分点

$$a = x_0 < x_1 < x_2 < \cdots < x_{n-1} < x_n = b,$$

每个销售量段 $[x_i, x_{i-1}] (i = 1, 2, \cdots, n)$ 的销售量为：$\Delta x_i = x_i - x_{i-1}$；

（2）在每个销售量段 $[x_i, x_{i-1}]$ 中任取一点 ξ_i，把 $P(\xi_i)$ 作为该段的近似价格，收益近似为 $\Delta R_i \approx P(\xi_i) \Delta x_i (i = 1, 2, \cdots, n)$；

（3）把 n 段的收益相加，得收益的近似值

$$R \approx \sum_{i=1}^{n} P(\xi_i) \Delta x_i;$$

（4）取极限，令 $\lambda = \max_{1 \leqslant i \leqslant n} \{\Delta t_i\}$，于是 $R = \lim_{\lambda \to 0} \sum_{i=1}^{n} P(\xi_i) \Delta x_i$ 为所求收益.

二、定积分的定义

从上面三个例子可见，抛开三个问题的实际意义，它们的结果表现形式具有一致性，即为一个特定和的极限.

面积：$A = \lim_{\lambda \to 0} \sum_{i=1}^{n} f(\xi_i) \Delta x_i$；

路程：$S = \lim_{\lambda \to 0} \sum_{i=1}^{n} v(\tau_i) \Delta t_i$；

收益：$R = \lim_{\lambda \to 0} \sum_{i=1}^{n} P(\xi_i) \Delta x_i$.

我们抓住它们在数量上共同的特征与本质加以概括，可以表述出下面的概念：

定义 1 设函数 $f(x)$ 在 $[a, b]$ 上有界.

（1）在 $[a, b]$ 中任意插入 $n-1$ 个分点

$$a = x_0 < x_1 < x_2 < \cdots < x_{n-1} < x_n = b,$$

把区间 $[a, b]$ 分成 n 个小区间

$$[x_0, x_1], [x_1, x_2], \cdots, [x_{n-1}, x_n],$$

每个小区间的长度依次为

$$\Delta x_1 = x_1 - x_0, \Delta x_2 = x_2 - x_1, \cdots, \Delta x_n = x_n - x_{n-1}.$$

（2）在每个小区间 $[x_{i-1}, x_i]$ 上任取一点 ξ_i，作乘积

$$f(\xi_i)\Delta x_i (i=1,2,\cdots,n).$$

（3）作和

$$\sum_{i=1}^{n} f(\xi_i)\Delta x_i. \tag{3-3}$$

（4）记 $\lambda = \max\{\Delta x_1, \Delta x_2, \cdots, \Delta x_n\}$，取极限

$$\lim_{\lambda \to 0} \sum_{i=1}^{n} f(\xi_i)\Delta x_i. \tag{3-4}$$

如果对 $[a,b]$ 的任意分法，对在小区间 $[x_{i-1}, x_i]$ 上点 ξ_i 的任意取法，极限（3-4）式总趋于一个确定的值 I，那么我们称函数 $f(x)$ 在区间 $[a,b]$ 上**可积**，称这个极限值 I 为函数 $f(x)$ 在区间 $[a,b]$ 上的**定积分**，记作

$$\int_a^b f(x)\mathrm{d}x.$$

其中 $f(x)$ 称为**被积函数**，$f(x)\mathrm{d}x$ 称为**被积表达式**，x 称为**积分变量**，a 称为**积分下限**，b 称为**积分上限**，$[a,b]$ 称为**积分区间**.

按照定积分的定义，前面所举的例子可以分别表示如下：

由 $y = f(x) \geqslant 0$，$y = 0$，$x = a$，$x = b$ 所围图形的面积

$$A = \int_a^b f(x)\mathrm{d}x.$$

质点以速度 $v = v(t)$ 作变速直线运动时，从时刻 α 到时刻 β 所通过的路程

$$S = \int_\alpha^\beta v(t)\mathrm{d}t.$$

价格 $P = P(x)$（x 为销售量）的商品，当销售量从 a 变到 b 时所得的收益

$$R = \int_a^b P(x)\mathrm{d}x.$$

注 （1）定积分的这一定义，在历史上首先由黎曼给出，因此这种意义下的定积分也成为**黎曼积分**，定义中的和式 $\sum_{i=1}^{n} f(\xi_i)\Delta x_i$ 称为**黎曼和**或**积分和**.

（2）定积分的值与被积函数有关，与积分区间有关，而与积分变量字母的选取无关，即

$$\int_a^b f(x)\mathrm{d}x = \int_a^b f(t)\mathrm{d}t = \int_a^b f(u)\mathrm{d}u.$$

这一点正如表达式

$$\sum_{i=1}^{10} \frac{1}{i}, \sum_{n=1}^{10} \frac{1}{n}, \sum_{i=1}^{10} \frac{1}{k}$$

都表示同一个和数一样.

（3）定义中区间的分法和 ξ_i 的取法是任意的.

（4）为以后使用方便，我们规定：

当 $a \neq b$ 时，$\int_b^a f(x)\mathrm{d}x = -\int_a^b f(x)\mathrm{d}x$ ；当 $a = b$ 时，$\int_a^b f(x)\mathrm{d}x = 0$.

对于定积分，有这样一个重要问题：函数 $f(x)$ 在 $[a,b]$ 上满足怎样的条件，$f(x)$ 在 $[a,b]$ 上一定可积？这个问题我们不作深入讨论，而只给出以下两个充分条件.

定理 1 若函数 $f(x)$ 在区间 $[a,b]$ 上连续，则 $f(x)$ 在区间 $[a,b]$ 上可积.

定理 2 设函数 $f(x)$ 在区间 $[a,b]$ 上有界，且只有有限个间断点，则 $f(x)$ 在区间 $[a,b]$ 上可积.

例 1 判断积分 $\int_2^3 x\mathrm{e}^x \mathrm{d}x$ 的存在性.

解 被积函数 $f(x) = x\mathrm{e}^x$ 在 $[2,3]$ 上连续. 因而可积，即积分存在.

例 2 设 $f(x) = \begin{cases} x\sin\dfrac{1}{x} & ,x \neq 0 \\ 1 & ,x = 0 \end{cases}$，讨论积分 $\int_{-1}^1 f(x)\mathrm{d}x$ 的存在性.

解 $\lim\limits_{x \to 0} f(x) = \lim\limits_{x \to 0} x\sin\dfrac{1}{x} = 0$，又 $f(0) = 1$，故 $x = 0$ 为 $f(x)$ 在 $[-1,1]$ 上唯一的可去间断点，因此积分 $\int_{-1}^1 f(x)\mathrm{d}x$ 存在.

下面讨论定积分的几何意义. 在 $[a,b]$ 上 $f(x) \geqslant 0$ 时，我们已经知道，定积分 $\int_a^b f(x)\mathrm{d}x$ 在几何上表示曲线 $y = f(x)$、两条直线 $x = a$、$x = b$ 与 x 轴所围成的曲边梯形的面积；在 $[a,b]$ 上 $f(x) \leqslant 0$ 时，由曲线 $y = f(x)$、两条直线 $x = a$、$x = b$ 与 x 轴所围成的曲边梯形位于 x 轴的下方，定积分 $\int_a^b f(x)\mathrm{d}x$ 在几何上表示上述曲边梯形面积的负值；在 $[a,b]$ 上 $f(x)$ 既取得正值又取得负值时，函数 $f(x)$ 的图形某些部分在 x 轴的上方，而其他部分在 x 轴的下方

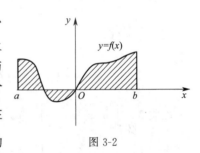

图 3-2

（图 3-2），此时定积分 $\int_a^b f(x)\mathrm{d}x$ 表示 x 轴上方图形面积减去 x 轴下方图形面积所得之差.

例 3 利用定义计算定积分 $\int_0^1 x^2 \mathrm{d}x$.

解 因为被积函数 $f(x) = x^2$ 在积分区间 $[0,1]$ 上连续，而连续函数是可积的，所以积分与区间 $[0,1]$ 的分法及点 ξ_i 的取法无关. 因此，为了便于计算，不妨把区间等分.

（1）将积分区间 $[0,1]$ n 等分，分点为 $x_i = \dfrac{i}{n}$ $(i = 1,2,\cdots,n)$，于是小区间 $[x_{i-1}, x_i]$ 的长度 $\Delta x_i = \dfrac{1}{n}(i = 1,2,\cdots,n)$；

（2）取 ξ_i 为每个小区间的右端点，即 $\xi_i = x_i(i = 1,2,\cdots,n)$，作乘积

$$f(\xi_i)\Delta x_i = \xi_i^2 \Delta x_i;$$

（3）作和

$$\sum_{i=1}^{n} f(\xi_i)\Delta x_i = \sum_{i=1}^{n}\left(\frac{i}{n}\right)^2 \times \frac{1}{n} = \frac{1}{n^3}\sum_{i=1}^{n} i^2 = \frac{1}{n^3} \times \frac{n(n+1)(2n+1)}{6} = \frac{1}{6}\left(1+\frac{1}{n}\right)\left(2+\frac{1}{n}\right);$$

(4) 取极限，当 $\lambda \to 0$ 即 $n \to \infty$ 时，取上式右端的极限. 由定积分的定义，即得所要计算的积分为

$$\int_0^1 x^2 \mathrm{d}x = \lim_{\lambda \to 0}\sum_{i=1}^{n}\xi_i^2\Delta x_i = \lim_{n \to \infty}\frac{1}{6}\left(1+\frac{1}{n}\right)\left(2+\frac{1}{n}\right) = \frac{1}{3}.$$

三、定积分的性质

性质 1　$\displaystyle\int_a^b [f(x) \pm g(x)]\mathrm{d}x = \int_a^b f(x)\mathrm{d}x \pm \int_a^b g(x)\mathrm{d}x.$

证　$\displaystyle\int_a^b [f(x) \pm g(x)]\mathrm{d}x = \lim_{\lambda \to 0}\sum_{i=1}^{n}[f(\xi_i) \pm g(\xi_i)]\Delta x_i$

$$= \lim_{\lambda \to 0}\sum_{i=1}^{n} f(\xi_i)\Delta x_i \pm \lim_{\lambda \to 0}\sum_{i=1}^{n} g(\xi_i)\Delta x_i = \int_a^b f(x)\mathrm{d}x \pm \int_a^b g(x)\mathrm{d}x.$$

此性质可以推广到有限多个函数代数和的情况.

性质 2　$\displaystyle\int_a^b kf(x)\mathrm{d}x = k\int_a^b f(x)\mathrm{d}x$　（k 为常数）.

证　$\displaystyle\int_a^b kf(x)\mathrm{d}x = \lim_{\lambda \to 0}\sum_{i=1}^{n} kf(\xi_i)\Delta x_i = \lim_{\lambda \to 0}k\sum_{i=1}^{n} f(\xi_i)\Delta x_i$

$$= k\lim_{\lambda \to 0}\sum_{i=1}^{n} f(\xi_i)\Delta x_i = k\int_a^b f(x)\mathrm{d}x.$$

性质 3　$\displaystyle\int_a^b f(x)\mathrm{d}x = \int_a^c f(x)\mathrm{d}x + \int_c^b f(x)\mathrm{d}x.$

事实上，若 $a<b<c$，$\displaystyle\int_a^c f(x)\mathrm{d}x = \int_a^b f(x)\mathrm{d}x + \int_b^c f(x)\mathrm{d}x$，

则　　$\displaystyle\int_a^b f(x)\mathrm{d}x = \int_a^c f(x)\mathrm{d}x - \int_b^c f(x)\mathrm{d}x = \int_a^c f(x)\mathrm{d}x + \int_c^b f(x)\mathrm{d}x.$

此性质表明定积分对于积分区间具有可加性.

性质 4　$\displaystyle\int_a^b 1\mathrm{d}x = \int_a^b \mathrm{d}x = b-a.$

性质 5　如果在区间 $[a,b]$ 上 $f(x) \geqslant 0$，则 $\displaystyle\int_a^b f(x)\mathrm{d}x \geqslant 0(a<b).$

证　因为 $f(x) \geqslant 0$，所以 $f(\xi_i) \geqslant 0(i=1,2,\cdots,n)$. 因为 $\Delta x_i \geqslant 0$，所以 $\displaystyle\sum_{i=1}^{n} f(\xi_i)\Delta x_i \geqslant 0$，

$$\lambda = \max\{\Delta x_1, \Delta x_2, \cdots, \Delta x_n\}，所以 \lim_{\lambda \to 0}\sum_{i=1}^{n} f(\xi_i)\Delta x_i = \int_a^b f(x)\mathrm{d}x \geqslant 0.$$

性质 5 的推论：

(1) 如果在区间 $[a,b]$ 上 $f(x) \leqslant g(x)$，则 $\displaystyle\int_a^b f(x)\mathrm{d}x \leqslant \int_a^b g(x)\mathrm{d}x(a<b).$

证：因为 $f(x) \leqslant g(x)$，所以 $g(x) - f(x) \geqslant 0$，

所以 $\int_a^b [g(x)-f(x)]\mathrm{d}x \geqslant 0$, $\int_a^b g(x)\mathrm{d}x - \int_a^b f(x)\mathrm{d}x \geqslant 0$,

于是　$\int_a^b f(x)\mathrm{d}x \leqslant \int_a^b g(x)\mathrm{d}x$.

(2) $\left| \int_a^b f(x)\mathrm{d}x \right| \leqslant \int_a^b |f(x)|\mathrm{d}x (a < b)$.

证　因为 $-|f(x)| \leqslant f(x) \leqslant |f(x)|$, 所以 $-\int_a^b |f(x)|\mathrm{d}x \leqslant \int_a^b f(x)\mathrm{d}x \leqslant \int_a^b |f(x)|\mathrm{d}x$,

即 $\left| \int_a^b f(x)\mathrm{d}x \right| \leqslant \int_a^b |f(x)|\mathrm{d}x$.

例 4　比较积分值 $\int_0^{-3} \mathrm{e}^x \mathrm{d}x$ 和 $\int_0^{-3} x\mathrm{d}x$ 的大小.

解　令 $f(x) = \mathrm{e}^x - x$, $x \in [-3, 0]$, 因为 $f(x) > 0$, 所以 $\int_{-3}^0 (\mathrm{e}^x - x)\mathrm{d}x > 0$, $\int_{-3}^0 \mathrm{e}^x \mathrm{d}x >$

$\int_{-3}^0 x\mathrm{d}x$, 于是 $\int_0^{-3} \mathrm{e}^x \mathrm{d}x < \int_0^{-3} x\mathrm{d}x$.

性质 6　（估值性）设 M 及 m 分别是函数 $f(x)$ 在区间 $[a, b]$ 上的最大值及最小值, 则

$$m(b-a) \leqslant \int_a^b f(x)\mathrm{d}x \leqslant M(b-a).$$

证　因为 $m \leqslant f(x) \leqslant M$, 所以 $\int_a^b m\mathrm{d}x \leqslant \int_a^b f(x)\mathrm{d}x \leqslant \int_a^b M\mathrm{d}x$, $m(b-a) \leqslant \int_a^b f(x)\mathrm{d}x$

$\leqslant M(b-a)$.

此性质可用于估计积分值的大致范围.

例 5　估计积分 $\int_0^\pi \dfrac{1}{3+\sin^3 x}\mathrm{d}x$ 的值.

解　$f(x) = \dfrac{1}{3+\sin^3 x}$, $\forall x \in [0, \pi]$, $0 \leqslant \sin^3 x \leqslant 1$, $\dfrac{1}{4} \leqslant \dfrac{1}{3+\sin^3 x} \leqslant \dfrac{1}{3}$, $\int_0^\pi \dfrac{1}{4}\mathrm{d}x \leqslant$

$\int_0^\pi \dfrac{1}{3+\sin^3 x}\mathrm{d}x \leqslant \int_0^\pi \dfrac{1}{3}\mathrm{d}x$, 所以 $\dfrac{\pi}{4} \leqslant \int_0^\pi \dfrac{1}{3+\sin^3 x}\mathrm{d}x \leqslant \dfrac{\pi}{3}$.

性质 7　（定积分中值定理）　如果函数 $f(x)$ 在闭区间 $[a, b]$ 上连续, 则在积分区间 $[a, b]$ 上至少存在一个点 ξ, 使

$$\int_a^b f(x)\mathrm{d}x = f(\xi)(b-a)(a \leqslant \xi \leqslant b).$$

证　由性质 6, 知 $m(b-a) \leqslant \int_a^b f(x)\mathrm{d}x \leqslant M(b-a)$, 于是

$$m \leqslant \dfrac{1}{b-a}\int_a^b f(x)\mathrm{d}x \leqslant M.$$

由闭区间上连续函数的介值定理知, 在区间 $[a, b]$ 上至少存在一个点 ξ, 使

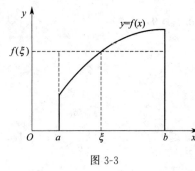

图 3-3

$$f(\xi) = \frac{1}{b-a} \int_a^b f(x) \mathrm{d}x ,$$

即

$$\int_a^b f(x) \mathrm{d}x = f(\xi)(b-a).$$

积分中值公式的几何解释：在区间 $[a,b]$ 上至少存在一个点 ξ，使得以区间 $[a,b]$ 为底边，以曲线 $y = f(x)$ 为曲边的曲边梯形的面积等于同一底边而高为 $f(\xi)$ 的一个矩形的面积，如图 3-3。

习题 3-5

1. 利用定积分的定义计算下列定积分：

（1）$\int_0^1 \mathrm{e}^x \mathrm{d}x$ ；　　（2）$\int_1^2 \frac{1}{x} \mathrm{d}x$.

2. 根据定积分的几何意义计算下列各式：

（1）$\int_0^3 4x \mathrm{d}x$ ；　　（2）$\int_1^3 |x-2| \mathrm{d}x$ ；　　（3）$\int_{-\frac{\pi}{2}}^{\frac{\pi}{2}} \sin x \mathrm{d}x$ ；　　（4）$\int_0^1 \sqrt{1-x^2} \mathrm{d}x$.

3. 试将下列极限表示成定积分.

（1）$\lim\limits_{\lambda \to 0} \sum\limits_{i=1}^n (\xi_i^2 - 3\xi_i) \Delta x_i$ ，λ 是 $[-7,5]$ 上的分割直径；

（2）$\lim\limits_{\lambda \to 0} \sum\limits_{i=1}^n \sqrt{4 - \xi_i^2} \Delta x_i$ ，λ 是 $[0,1]$ 上的分割直径.

4. 用定积分的性质比较下列各组积分值的大小.

（1）$\int_0^1 x^2 \mathrm{d}x , \int_0^1 x^4 \mathrm{d}x$ ；

（2）$\int_1^2 x^2 \mathrm{d}x , \int_1^2 x^4 \mathrm{d}x$ ；

（3）$\int_0^1 \mathrm{e}^x \mathrm{d}x , \int_0^1 \mathrm{e}^{x^2} \mathrm{d}x$ ；

（4）$\int_0^{\frac{\pi}{2}} x \mathrm{d}x , \int_0^{\frac{\pi}{2}} \sin x \mathrm{d}x$ ；

（5）$\int_{-\frac{\pi}{2}}^0 \sin x \mathrm{d}x , \int_0^{\frac{\pi}{2}} \sin x \mathrm{d}x$.

5. 估计下列积分的值.

（1）$\int_0^4 (x^2 - 1) \mathrm{d}x$ ；　　（2）$\int_1^2 \frac{x}{1+x^2} \mathrm{d}x$ ；　　（3）$\int_{\frac{\pi}{4}}^{\frac{5\pi}{4}} (1 + \cos^2 x) \mathrm{d}x$ ；

（4）$\int_0^2 \mathrm{e}^{x^2 - x} \mathrm{d}x$.

6. 利用积分中值定理证明下式：

（1）$\lim\limits_{n \to \infty} \int_0^{\frac{1}{2}} \frac{x^n}{1+x} \mathrm{d}x = 0$ ；

(2) $\lim\limits_{n\to\infty}\displaystyle\int_n^{n+1}x^2\mathrm{e}^{-x^2}\mathrm{d}x=0.$

7. 设函数 $f(x)$ 在区间 $[0,1]$ 上连续，在 $(0,1)$ 内可导，且 $3\displaystyle\int_{\frac{2}{3}}^1 f(x)\mathrm{d}x=f(0)$，证明在 $(0,1)$ 内至少存在一点 ξ，使 $f'(\xi)=0$.

第六节　微积分基本公式

从上一节例 3 可以看到，直接用定义来计算定积分不是很容易的事情，如果被积函数是比较复杂的函数，其困难就更大了. 为寻求计算定积分的有效方法，本节将以原函数和变上限函数为基础，通过揭示变上限函数与定积分计算之间的关系，得到微积分的基本定理和牛顿-莱布尼茨公式. 该公式建立了积分与微分之间的联系，把求定积分的问题转化为求原函数的问题.

一、积分上限函数及其导数

设函数 $f(x)$ 在区间 $[a,b]$ 上连续，则对于任意取定的 $[a,b]$ 区间上 x，$f(x)$ 在 $[a,x]$ 上也连续，从而可积，于是积分 $\displaystyle\int_a^x f(t)\mathrm{d}t$ 是一个确定的值. 这样我们就得到了一个以积分上限 x 为自变量的函数

$$\Phi(x)=\int_a^x f(t)\mathrm{d}t,$$

称其为**积分上限函数**.

定理 1　如果 $f(x)$ 在 $[a,b]$ 上连续，则积分上限的函数 $\Phi(x)=\displaystyle\int_a^x f(t)\mathrm{d}t$，在 $[a,b]$ 上可导，且它的导数是

$$\Phi'(x)=\frac{\mathrm{d}}{\mathrm{d}x}\int_a^x f(t)\mathrm{d}t=f(x)\quad(a\leqslant x\leqslant b).$$

证　对任意的 x 及 $x+\Delta x\in[a,b]$，

$$\Delta\Phi(x)=\Phi(x+\Delta x)-\Phi(x)=\int_a^{x+\Delta x}f(t)\mathrm{d}t-\int_a^x f(t)\mathrm{d}t$$

$$=\int_a^x f(t)\mathrm{d}t+\int_x^{x+\Delta x}f(t)\mathrm{d}t-\int_a^x f(t)\mathrm{d}t$$

$$=\int_x^{x+\Delta x}f(t)\mathrm{d}t,$$

由积分中值定理得

$$\Delta\Phi(x)=f(\xi)\Delta x(\xi\text{ 介于 }x\text{ 与 }x+\Delta x\text{ 之间}),$$

即
$$\lim_{\Delta x\to 0}\frac{\Delta\Phi}{\Delta x}=\lim_{\Delta x\to 0}f(\xi).$$

由于 $\Delta x\to 0$ 时 $\xi\to x$，且 $f(x)$ 连续，所以

$$\Phi'(x)=f(x).$$

这个定理表明，当 $f(x)$ 是连续函数时，它的积分上限的函数 $\displaystyle\int_a^x f(t)\mathrm{d}t$ 是被积函数 $f(t)$ 的原函数，即有

$$\frac{\mathrm{d}}{\mathrm{d}x}\int_a^x f(t)\,\mathrm{d}t = f(x) \quad (a \leqslant x \leqslant b).$$

换言之，连续函数一定存在原函数．因此，这个定理又称为**原函数存在定理**．上述公式表示：对积分上限函数求导等于被积函数在积分上限的值．

例 1 求 $\dfrac{\mathrm{d}}{\mathrm{d}x}\displaystyle\int_0^x \sin^3 t\,\mathrm{d}t$．

解 $\dfrac{\mathrm{d}}{\mathrm{d}x}\displaystyle\int_0^x \sin^3 t\,\mathrm{d}t = \sin^3 x$．

例 2 求 $\dfrac{\mathrm{d}}{\mathrm{d}x}\displaystyle\int_0^{x^3} \ln t\,\mathrm{d}t$．

解 $\dfrac{\mathrm{d}}{\mathrm{d}x}\displaystyle\int_0^{x^3} \ln t\,\mathrm{d}t = \left(\dfrac{\mathrm{d}}{\mathrm{d}x^3}\displaystyle\int_0^{x^3} \ln t\,\mathrm{d}t\right)\dfrac{\mathrm{d}x^3}{\mathrm{d}t} = 3x^2 \ln x^3$．

例 3 求 $\displaystyle\lim_{x\to 0}\dfrac{\displaystyle\int_x^0 \cos t^2\,\mathrm{d}t}{x}$．

解法一 应用洛必达法则．

因为 $\dfrac{\mathrm{d}}{\mathrm{d}x}\displaystyle\int_x^0 \cos t^2\,\mathrm{d}t = -\cos x^2$，所以

$$\lim_{x\to 0}\frac{\displaystyle\int_x^0 \cos t^2\,\mathrm{d}t}{x} = \lim_{x\to 0}(-\cos x^2) = -1.$$

解法二 应用积分中值定理．

$$\lim_{x\to 0}\frac{\displaystyle\int_x^0 \cos t^2\,\mathrm{d}t}{x} = \lim_{x\to 0}\frac{\cos\xi^2 \times (-x)}{x} = -\lim_{\xi\to 0}\cos\xi^2 = -1,$$

其中 ξ 在 x 与 0 之间．

二、牛顿-莱布尼兹公式

现在，我们用定理 1 来证明一个重要定理，它给出了用原函数计算定积分的公式．

定理 2（微积分基本定理） 如果 $F(x)$ 是连续函数 $f(x)$ 在区间 $[a,b]$ 上的一个原函数，则

$$\int_a^b f(x)\,\mathrm{d}x = F(b) - F(a). \tag{3-5}$$

证 已知 $F(x)$ 是 $f(x)$ 的一个原函数，又 $\Phi(x) = \displaystyle\int_a^x f(t)\,\mathrm{d}t$ 也是 $f(x)$ 的一个原函数，所以

$$F(x) - \Phi(x) = C \quad x\in[a,b].$$

在上式中令 $x=a$，于是 $F(a) - \Phi(a) = C$，又 $\Phi(a) = \displaystyle\int_a^a f(t)\,\mathrm{d}t = 0$，所以

$$F(a) = C.$$

代入 $F(x) - \displaystyle\int_a^x f(t)\,\mathrm{d}t = C$，得

$$\int_a^x f(t)\,\mathrm{d}t = F(x) - F(a).$$

在上式中令 $x=b$，便有

$$\int_a^b f(t)\mathrm{d}t = F(b) - F(a),$$

即证得式(3-5).

为方便起见，上述公式可写成

$$\int_a^b f(x)\mathrm{d}x = \left[F(x)\right]_a^b = F(b) - F(a).$$

通常称式(3-5)为**微积分基本公式**或**牛顿-莱布尼茨公式**，它表明：一个连续函数在 $[a,b]$ 上的定积分等于它的任意一个原函数在 $[a,b]$ 上的改变量. 这个公式进一步揭示了定积分与被积函数的原函数或不定积分之间的联系，给定积分提供了一个有效而简便的计算方法.

下面我们举几个应用式(3-5)来计算定积分的简单例子.

例 4 计算 $\int_0^1 x^2 \mathrm{d}x$.

解 由于 $\dfrac{x^3}{3}$ 是 x^2 的一个原函数，所以 $\int_0^1 x^2\mathrm{d}x = \left[\dfrac{x^3}{3}\right]_0^1 = \dfrac{1}{3}$.

我们在第四节用定义法计算过这个积分. 现在用了牛顿-莱布尼茨公式重新计算，两个方法比较，用式(3-5)计算简单多了.

例 5 计算曲线 $y = \sin x$ 在 $[0,\pi]$ 上与 x 轴所围成的平面图形的面积.

解 面积 $A = \int_0^\pi \sin x\,\mathrm{d}x = \left[-\cos x\right]_0^\pi = 2$.

例 6 求 $\int_0^{\frac{\pi}{2}} (2\cos x + \sin x - 1)\mathrm{d}x$.

解 原式 $= \left[2\sin x - \cos x - x\right]_0^{\frac{\pi}{2}} = 3 - \dfrac{\pi}{2}$.

例 7 求 $\int_{-2}^2 \max\{x, x^2\}\mathrm{d}x$.

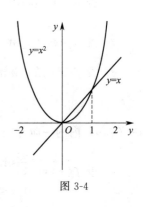

图 3-4

解 由图 3-4 可知 $f(x) = \max\{x, x^2\} = \begin{cases} x^2, & -2 \leqslant x \leqslant 0 \\ x, & 0 \leqslant x \leqslant 1, \\ x^2, & 1 \leqslant x \leqslant 2 \end{cases}$

所以，原式 $= \int_{-2}^0 x^2\mathrm{d}x + \int_0^1 x\mathrm{d}x + \int_1^2 x^2\mathrm{d}x = \dfrac{11}{2}$.

习题 3-6

1. 求下列各导数.

(1) $\dfrac{\mathrm{d}}{\mathrm{d}x}\displaystyle\int_0^x \sqrt{1+t^4}\,\mathrm{d}t$；

(2) $\dfrac{\mathrm{d}}{\mathrm{d}x}\displaystyle\int_0^{x^3} \sqrt{1+t^2}\,\mathrm{d}t$；

(3) $\dfrac{\mathrm{d}^2}{\mathrm{d}x^2}\displaystyle\int_x^\pi \dfrac{\sin t}{t}\,\mathrm{d}t\ (x>0)$.

2. 求下列各积分.

(1) $\displaystyle\int_{-2}^{-1} \dfrac{1}{x}\mathrm{d}x$；

(2) $\displaystyle\int_0^2 (3x^2 - x)\mathrm{d}x$；

(3) $\displaystyle\int_{\frac{1}{\sqrt{3}}}^{0}\frac{1}{1+x^2}\mathrm{d}x$;

(4) $\displaystyle\int_{0}^{4}\sqrt{x}\,(1+\sqrt{x})\,\mathrm{d}x$;

(5) $\displaystyle\int_{-\frac{1}{2}}^{0}\frac{\mathrm{d}x}{\sqrt{1-x^2}}$;

(6) $\displaystyle\int_{-\sqrt{3}a}^{0}\frac{\mathrm{d}x}{a^2+x^2}$;

(7) $\displaystyle\int_{-1}^{2}\mid x^2-x\mid\mathrm{d}x$;

(8) $\displaystyle\int_{0}^{2\pi}\mid\sin x\mid\mathrm{d}x$;

(9) $\displaystyle\int_{0}^{2}f(x)\mathrm{d}x$，其中 $f(x)=\begin{cases}2x, & 0\leqslant x\leqslant 1\\ 5, & 1\leqslant x\leqslant 2\end{cases}$;

(10) $\displaystyle\int_{0}^{\frac{\pi}{2}}\sqrt{1-\sin 2x}\,\mathrm{d}x$.

3. 求 $\displaystyle\lim_{x\to 0}\frac{\displaystyle\int_{0}^{x}f(t)(x-t)\mathrm{d}t}{x^2}$，其中 $f(x)$ 是 $(-\infty,+\infty)$ 内的连续函数.

4. 求下列极限.

(1) $\displaystyle\lim_{x\to 0}\frac{\displaystyle\int_{x}^{0}\arctan t\,\mathrm{d}t}{x^2}$;　　(2) $\displaystyle\lim_{x\to 0}\frac{\displaystyle\int_{0}^{\sin x}\mathrm{e}^{-t^2}\mathrm{d}t}{x}$;　　(3) $\displaystyle\lim_{x\to 0}\frac{\left(\displaystyle\int_{0}^{x}\mathrm{e}^{t^3}\mathrm{d}t\right)^2}{\displaystyle\int_{0}^{x}t\,\mathrm{e}^{2t^3}\mathrm{d}t}$.

5. 求 x 为何值时，函数 $I(x)=\displaystyle\int_{0}^{x}t\,\mathrm{e}^{-t^2}\mathrm{d}t$ 有极值?

6. 设 $y=\displaystyle\int_{0}^{x}\cos t\,\mathrm{d}t$，求 $y'(0),y'\left(\dfrac{\pi}{4}\right)$.

7. 求由参数表达式 $x=\displaystyle\int_{0}^{t}u\,\mathrm{d}u,y=\displaystyle\int_{0}^{t^2}\ln u\,\mathrm{d}u$ 所确定的函数对 x 的导数 $\dfrac{\mathrm{d}y}{\mathrm{d}x}$.

8. 设 $f(x)$ 在 $[a,b]$ 上连续，在 (a,b) 内可导且 $f'(x)<0$，证明函数

$$F(x)=\frac{1}{x-a}\int_{a}^{x}f(t)\mathrm{d}t$$

在 (a,b) 内的一阶导数 $F'(x)<0$.

9. 设 $f(x)=\begin{cases}\dfrac{1}{2}\sin x, & 0\leqslant x\leqslant\pi\\ 0, & x<0\text{ 或 }x>\pi\end{cases}$，求 $\varPhi(x)=\displaystyle\int_{0}^{x}f(t)\mathrm{d}t$ 在 $(-\infty,+\infty)$ 内的表达式.

第七节　定积分的换元法与分部积分法

由上节知道，计算定积分 $\displaystyle\int_{a}^{b}f(x)\mathrm{d}x$ 的简便方法是把它转化为求 $f(x)$ 的原函数的改变量. 我们已经知道换元积分法和分部积分法可以求出一些函数的原函数. 因此，在一定条件下，可以用换元积分法和分部积分法来计算定积分.

一、定积分的换元法

定理 1　假设

(1) $f(x)$ 在区间 $[a,b]$ 上连续;

（2）函数 $x = \varphi(t)$ 在 $[\alpha, \beta]$ 上是单值的且有连续导数；

（3）当 t 在区间 $[\alpha, \beta]$ 上变化时，$x = \varphi(t)$ 的值在 $[a, b]$ 上变化，且 $\varphi(\alpha) = a$、$\varphi(\beta) = b$.

则有

$$\int_a^b f(x)\mathrm{d}x = \int_\alpha^\beta f[\varphi(t)]\varphi'(t)\mathrm{d}t.$$

证 设 $F(x)$ 是 $f(x)$ 的一个原函数，则有 $\int_a^b f(x)\mathrm{d}x = F(b) - F(a)$，

记 $\Phi(t) = F[\varphi(t)]$，则

$$\Phi'(t) = \frac{\mathrm{d}F}{\mathrm{d}x} \times \frac{\mathrm{d}x}{\mathrm{d}t} = f(x)\varphi'(t) = f[\varphi(t)]\varphi'(t),$$

这表明 $\Phi(t)$ 是 $f[\varphi(t)]\varphi'(t)$ 的一个原函数. 因此有

$$\int_\alpha^\beta f[\varphi(t)]\varphi'(t)\mathrm{d}t = \Phi(\beta) - \Phi(\alpha) = F[\varphi(\beta)] - F[\varphi(\alpha)]$$
$$= F(b) - F(a).$$

所以

$$\int_a^b f(x)\mathrm{d}x = F(b) - F(a) = \Phi(\beta) - \Phi(\alpha) = \int_\alpha^\beta f[\varphi(t)]\varphi'(t)\mathrm{d}t.$$

这就证明了换元公式.

当 $\alpha > \beta$ 时，换元公式仍成立.

应用换元公式时有几点值得注意：（1）用 $x = \varphi(t)$ 把原来变量 x 换成新变量 t 时，积分限也要相应的改变；（2）求出 $f[\varphi(t)]\varphi'(t)$ 的一个原函数 $\Phi(t)$ 后，不必像计算不定积分那样再把 $\Phi(t)$ 变换成原变量 x 的函数，而只要把新变量 t 的上、下限分别代入 $\Phi(t)$，然后相减即可；（3）用第一类换元法即凑微分法解定积分时可以不换元，当然也就不存在换上下限的问题了.

例1 求半径为 r 的圆的面积.

解 设圆的中心在原点. 由对称性，只需求出它在第一象限部分的面积. 圆周在第一象限部分的方程为

$$y = \sqrt{r^2 - x^2}, 0 \leqslant x \leqslant r.$$

因此，相应的面积为 $\int_0^r \sqrt{r^2 - x^2}\,\mathrm{d}x$.

下面计算这个定积分. 作变量替换 $x = r\sin t$，则 $\mathrm{d}x = r\cos t\,\mathrm{d}t$，且当 $x = 0$ 时，$t = 0$；当 $x = r$ 时，$t = \dfrac{\pi}{2}$，即变量 x 对应的积分区间 $[0, r]$ 转换为变量 t 对应的积分区间 $\left[0, \dfrac{\pi}{2}\right]$，于是

$$\int_0^r \sqrt{r^2 - x^2}\,\mathrm{d}x = r^2 \int_0^{\frac{\pi}{2}} \cos^2 t\,\mathrm{d}t = \frac{r^2}{2} \int_0^{\frac{\pi}{2}} (1 + \cos 2t)\,\mathrm{d}t$$

$$= \frac{r^2}{2}\left[t + \frac{\sin 2t}{2}\right]_0^{\frac{\pi}{2}} = \frac{\pi r^2}{4}.$$

所以，整个圆的面积为 $A = \pi r^2$.

例 2　计算 $\displaystyle\int_0^{\frac{\pi}{2}}\cos^5 x\sin x\,\mathrm{d}x$.

解　令 $t=\cos x$，于是 $\mathrm{d}t=-\sin x\,\mathrm{d}x$，且当 $x=\dfrac{\pi}{2}$ 时，$t=0$，当 $x=0$ 时，$t=1$.

$$\int_0^{\frac{\pi}{2}}\cos^5 x\sin x\,\mathrm{d}x=-\int_1^0 t^5\,\mathrm{d}t=\frac{1}{6}.$$

例 2 中可以不用换元，直接使用凑微分法

$$\int_0^{\frac{\pi}{2}}\cos^5 x\sin x\,\mathrm{d}x=-\int_0^{\frac{\pi}{2}}\cos^5 x\,\mathrm{d}(\cos x)=\left[-\frac{1}{6}\cos^6 x\right]_0^{\frac{\pi}{2}}=\frac{1}{6}.$$

例 3　计算 $\displaystyle\int_0^{\pi}\sqrt{\sin^3 x-\sin^5 x}\,\mathrm{d}x$.

解　由于被积函数 $f(x)=\sqrt{\sin^3 x-\sin^5 x}=|\cos x|\,(\sin x)^{\frac{3}{2}}$，所以

$$\begin{aligned}
\int_0^{\pi}\sqrt{\sin^3 x-\sin^5 x}\,\mathrm{d}x&=\int_0^{\pi}|\cos x|\,(\sin x)^{\frac{3}{2}}\,\mathrm{d}x\\
&=\int_0^{\frac{\pi}{2}}\cos x\,(\sin x)^{\frac{3}{2}}\,\mathrm{d}x-\int_{\frac{\pi}{2}}^{\pi}\cos x\,(\sin x)^{\frac{3}{2}}\,\mathrm{d}x\\
&=\int_0^{\frac{\pi}{2}}(\sin x)^{\frac{3}{2}}\,\mathrm{d}\sin x-\int_{\frac{\pi}{2}}^{\pi}(\sin x)^{\frac{3}{2}}\,\mathrm{d}\sin x\\
&=\frac{2}{5}(\sin x)^{\frac{5}{2}}\Big|_0^{\frac{\pi}{2}}-\frac{2}{5}(\sin x)^{\frac{5}{2}}\Big|_{\frac{\pi}{2}}^{\pi}=\frac{4}{5}.
\end{aligned}$$

例 4　计算 $\displaystyle\int_{-1}^1\frac{x\,\mathrm{d}x}{\sqrt{5-4x}}$.

解　令 $\sqrt{5-4x}=t$，则 $x=\dfrac{5-t^2}{4}$，$\mathrm{d}x=-\dfrac{t}{2}\mathrm{d}t$，

且当 $x=-1$ 时，$t=3$，当 $x=1$ 时，$t=1$，

$$\int_{-1}^1\frac{x\,\mathrm{d}x}{\sqrt{5-4x}}=\int_3^1\frac{\frac{5-t^2}{4}\left(-\frac{t}{2}\right)}{t}\mathrm{d}t=\int_3^1\frac{t^2-5}{8}\mathrm{d}t=\frac{1}{8}\left(\frac{t^3}{3}-5t\right)\Big|_3^1=\frac{1}{6}.$$

下面的例子有着明显的几何意义，利用它往往可以简化积分的计算.

例 5　证明当 $f(x)$ 在 $[-a,a]$ 上连续，且有

① $f(x)$ 为偶函数，则 $\displaystyle\int_{-a}^a f(x)\mathrm{d}x=2\int_0^a f(x)\mathrm{d}x$；

② $f(x)$ 为奇函数，则 $\displaystyle\int_{-a}^a f(x)\mathrm{d}x=0$.

证：因为

$$\int_{-a}^a f(x)\mathrm{d}x=\int_{-a}^0 f(x)\mathrm{d}x+\int_0^a f(x)\mathrm{d}x,$$

在 $\displaystyle\int_{-a}^0 f(x)\mathrm{d}x$ 中，令 $x=-t$，则当 $x=-a$ 时，$t=a$；当 $x=0$ 时，$t=0$；$\mathrm{d}x=-\mathrm{d}t$. 于是，有

$$\int_{-a}^0 f(x)\mathrm{d}x=-\int_a^0 f(-t)\mathrm{d}t=\int_0^a f(-t)\mathrm{d}t.$$

① $f(x)$ 为偶函数，则 $f(-t)=f(t)$，所以
$$\int_{-a}^{a} f(x)\mathrm{d}x = \int_{-a}^{0} f(x)\mathrm{d}x + \int_{0}^{a} f(x)\mathrm{d}x = 2\int_{0}^{a} f(x)\mathrm{d}x;$$

② $f(x)$ 为奇函数，则 $f(-t)=-f(t)$，
$$\int_{-a}^{a} f(x)\mathrm{d}x = \int_{-a}^{0} f(x)\mathrm{d}x + \int_{0}^{a} f(x)\mathrm{d}x = 0.$$

利用例 5 的结论，我们可以简化奇、偶函数在关于原点对称区间的积分运算.

例 6 计算 $\displaystyle\int_{-1}^{1} \frac{2x^2+x\cos x}{1+\sqrt{1-x^2}}\mathrm{d}x$.

解 原式 $= \displaystyle\int_{-1}^{1} \frac{2x^2}{1+\sqrt{1-x^2}}\mathrm{d}x$（偶函数）$+ \displaystyle\int_{-1}^{1} \frac{x\cos x}{1+\sqrt{1-x^2}}\mathrm{d}x$（奇函数）

$$= 4\int_{0}^{1} \frac{x^2}{1+\sqrt{1-x^2}}\mathrm{d}x = 4\int_{0}^{1} \frac{x^2(1-\sqrt{1-x^2})}{1-(1-x^2)}\mathrm{d}x$$

$$= 4\int_{0}^{1}(1-\sqrt{1-x^2})\mathrm{d}x = 4 - 4\int_{0}^{1}\sqrt{1-x^2}\,\mathrm{d}x$$

$$= 4-\pi.$$

例 7 证明 $f(x)$ 在 $(-\infty,+\infty)$ 上连续，以 T 为周期，则对任何常数 a，有
$$\int_{a}^{a+T} f(x)\mathrm{d}x = \int_{0}^{T} f(x)\mathrm{d}x.$$

证 因为
$$\int_{a}^{a+T} f(x)\mathrm{d}x = \int_{a}^{0} f(x)\mathrm{d}x + \int_{0}^{T} f(x)\mathrm{d}x + \int_{T}^{a+T} f(x)\mathrm{d}x$$

$$= -\int_{0}^{a} f(x)\mathrm{d}x + \int_{0}^{T} f(x)\mathrm{d}x + \int_{T}^{a+T} f(x)\mathrm{d}x$$

下面只需证明
$$\int_{T}^{a+T} f(x)\mathrm{d}x = \int_{0}^{a} f(x)\mathrm{d}x.$$

令 $x-T=t$，则有函数的周期性知
$$\int_{T}^{a+T} f(x)\mathrm{d}x = \int_{0}^{a} f(T+t)\mathrm{d}t = \int_{0}^{a} f(t)\mathrm{d}t,$$

于是
$$\int_{a}^{a+T} f(x)\mathrm{d}x = -\int_{0}^{a} f(x)\mathrm{d}x + \int_{0}^{T} f(x)\mathrm{d}x + \int_{T}^{a+T} f(x)\mathrm{d}x = \int_{0}^{T} f(x)\mathrm{d}x.$$

此例说明，连续的周期函数在任何两个长度为周期 T 的区间上的积分值相等. 由此可推出两个重要结论：
$$\int_{0}^{T} f(x)\mathrm{d}x = \int_{-\frac{T}{2}}^{\frac{T}{2}} f(x)\mathrm{d}x;$$

$$\int_{0}^{nT} f(x)\mathrm{d}x = n\int_{0}^{T} f(x)\mathrm{d}x\ (n\ \text{为正整数}).$$

例 8 若 $f(x)$ 在 $[0,1]$ 上连续，证明：

(1) $\displaystyle\int_{0}^{\frac{\pi}{2}} f(\sin x)\mathrm{d}x = \int_{0}^{\frac{\pi}{2}} f(\cos x)\mathrm{d}x;$

(2) $\int_0^\pi x f(\sin x)\mathrm{d}x = \dfrac{\pi}{2}\int_0^\pi f(\sin x)\mathrm{d}x$，并由此计算 $\int_0^\pi \dfrac{x\sin x}{1+\cos^2 x}\mathrm{d}x$.

证 （1）令 $x=\dfrac{\pi}{2}-t$，则 $\mathrm{d}x=-\mathrm{d}t$，$x=0$ 时 $t=\dfrac{\pi}{2}$；$x=\dfrac{\pi}{2}$ 时 $t=0$，于是

$$\int_0^{\frac{\pi}{2}} f(\sin x)\mathrm{d}x = -\int_{\frac{\pi}{2}}^0 f\left[\sin\left(\dfrac{\pi}{2}-t\right)\right]\mathrm{d}t$$

$$= \int_0^{\frac{\pi}{2}} f(\cos t)\mathrm{d}t = \int_0^{\frac{\pi}{2}} f(\cos x)\mathrm{d}x.$$

（2）令 $x=\pi-t$，则 $\mathrm{d}x=-\mathrm{d}t$，$x=0$ 时 $t=\pi$；$x=\pi$ 时 $t=0$，于是

$$\int_0^\pi x f(\sin x)\mathrm{d}x = -\int_\pi^0 (\pi-t) f[\sin(\pi-t)]\mathrm{d}t = \int_0^\pi (\pi-t) f(\sin t)\mathrm{d}t$$

$$= \pi\int_0^\pi f(\sin t)\mathrm{d}t - \int_0^\pi t f(\sin t)\mathrm{d}t$$

$$= \pi\int_0^\pi f(\sin x)\mathrm{d}x - \int_0^\pi x f(\sin x)\mathrm{d}x,$$

所以

$$\int_0^\pi x f(\sin x)\mathrm{d}x = \dfrac{\pi}{2}\int_0^\pi f(\sin x)\mathrm{d}x.$$

利用已证结论计算

$$\int_0^\pi \dfrac{x\sin x}{1+\cos^2 x}\mathrm{d}x = \dfrac{\pi}{2}\int_0^\pi \dfrac{\sin x}{1+\cos^2 x}\mathrm{d}x = -\dfrac{\pi}{2}\int_0^\pi \dfrac{1}{1+\cos^2 x}\mathrm{d}(\cos x)$$

$$= -\dfrac{\pi}{2}\left[\arctan(\cos x)\right]_0^\pi = -\dfrac{\pi}{2}\left(-\dfrac{\pi}{4}-\dfrac{\pi}{4}\right) = \dfrac{\pi^2}{4}.$$

二、定积分的分部积分法

定理 2 设函数 $u(x)$、$v(x)$ 在区间 $[a,b]$ 上具有连续的一阶导数，则有分部积分公式

$$\int_a^b u\,\mathrm{d}v = [uv]_a^b - \int_a^b v\,\mathrm{d}u.$$

证 因为 $(uv)'=u'v+uv'$，左端积分有

$$\int_a^b (uv)'\,\mathrm{d}x = [uv]_a^b,$$

而右端积分为

$$\int_a^b [u'v+uv']\,\mathrm{d}x = \int_a^b u'v\,\mathrm{d}x + \int_a^b uv'\,\mathrm{d}x.$$

令左右积分相等并移项，得

$$\int_a^b u\,\mathrm{d}v = [uv]_a^b - \int_a^b v\,\mathrm{d}u.$$

例 9 计算 $\int_0^{\frac{1}{2}} \arcsin x\,\mathrm{d}x$.

解 令 $u=\arcsin x$，$\mathrm{d}v=\mathrm{d}x$，则 $\mathrm{d}u=\dfrac{\mathrm{d}x}{\sqrt{1-x^2}}$，$v=x$，

$$\int_0^{\frac{1}{2}} \arcsin x \, dx = \left[x \arcsin x \right]_0^{\frac{1}{2}} - \int_0^{\frac{1}{2}} \frac{x \, dx}{\sqrt{1-x^2}} = \frac{1}{2} \times \frac{\pi}{6} + \frac{1}{2} \int_0^{\frac{1}{2}} \frac{1}{\sqrt{1-x^2}} d(1-x^2)$$

$$= \frac{\pi}{12} + \left[\sqrt{1-x^2} \right]_0^{\frac{1}{2}} = \frac{\pi}{12} + \frac{\sqrt{3}}{2} - 1.$$

例 10 计算 $\int_0^{\frac{\pi}{4}} \frac{x \, dx}{1+\cos 2x}$.

解 因 $1+\cos 2x = 2\cos^2 x$，则

$$\int_0^{\frac{\pi}{4}} \frac{x \, dx}{1+\cos 2x} = \int_0^{\frac{\pi}{4}} \frac{x \, dx}{2\cos^2 x} = \int_0^{\frac{\pi}{4}} \frac{x}{2} d(\tan x)$$

$$= \frac{1}{2} \left[x \tan x \right]_0^{\frac{\pi}{4}} - \frac{1}{2} \int_0^{\frac{\pi}{4}} \tan x \, dx = \frac{\pi}{8} - \frac{1}{2} \left[\ln \sec x \right]_0^{\frac{\pi}{4}} = \frac{\pi}{8} - \frac{\ln 2}{4}.$$

例 11 计算 $\int_0^1 \frac{\ln(1+x)}{(2+x)^2} dx$.

解 $\int_0^1 \frac{\ln(1+x)}{(2+x)^2} dx = -\int_0^1 \ln(1+x) d\frac{1}{2+x} = -\left[\frac{\ln(1+x)}{2+x} \right]_0^1 + \int_0^1 \frac{1}{2+x} d\ln(1+x)$

$$= -\frac{\ln 2}{3} + \int_0^1 \frac{1}{2+x} \times \frac{1}{1+x} dx = -\frac{\ln 2}{3} + \int_0^1 \left(\frac{1}{1+x} - \frac{1}{2+x} \right) dx$$

$$= -\frac{\ln 2}{3} + \left[\ln(1+x) - \ln(2+x) \right]_0^1 = \frac{5}{3} \ln 2 - \ln 3.$$

例 12 证明定积分公式

$$I_n = \int_0^{\frac{\pi}{2}} \sin^n x \, dx \left(= \int_0^{\frac{\pi}{2}} \cos^n x \, dx \right) = \begin{cases} \dfrac{n-1}{n} \times \dfrac{n-3}{n-2} \cdots \cdots \dfrac{3}{4} \times \dfrac{1}{2} \times \dfrac{\pi}{2}, & n \text{ 为正偶数} \\ \dfrac{n-1}{n} \times \dfrac{n-3}{n-2} \cdots \cdots \dfrac{4}{5} \times \dfrac{2}{3}, & n \text{ 为大于 1 的正奇数} \end{cases}.$$

证 因为

$$I_n = \int_0^{\frac{\pi}{2}} \sin^{n-1} x \, d(-\cos x)$$

$$= \left[-\sin^{n-1} x \cos x \right]_0^{\frac{\pi}{2}} + (n-1) \int_0^{\frac{\pi}{2}} \sin^{n-2} x \cos^2 x \, dx$$

$$= (n-1) \int_0^{\frac{\pi}{2}} \sin^{n-2} x (1 - \sin^2 x) \, dx$$

$$= (n-1) \int_0^{\frac{\pi}{2}} \sin^{n-2} x \, dx - (n-1) \int_0^{\frac{\pi}{2}} \sin^n x \, dx$$

$$= (n-1) I_{n-2} - (n-1) I_n,$$

所以

$$I_n = \frac{n-1}{n} I_{n-2} \quad \text{（积分 } I_n \text{ 关于下标的递推公式）}.$$

如果把 n 换成 $n-2$，就有

$$I_{n-2} = \frac{n-3}{n-2} I_{n-4}.$$

于是，直到下标减到 0 或 1 为止，

$$I_{2m} = \frac{2m-1}{2m} \times \frac{2m-3}{2m-2} \cdots\cdots \frac{5}{6} \times \frac{3}{4} \times \frac{1}{2} I_0 \ (m=1,2,\cdots),$$

$$I_{2m+1} = \frac{2m}{2m+1} \times \frac{2m-2}{2m-1} \cdots\cdots \frac{6}{7} \times \frac{4}{5} \times \frac{2}{3} I_1.$$

容易计算

$$I_0 = \int_0^{\frac{\pi}{2}} dx = \frac{\pi}{2}, I_1 = \int_0^{\frac{\pi}{2}} \sin x\, dx = 1,$$

所以

$$I_{2m} = \frac{2m-1}{2m} \times \frac{2m-3}{2m-2} \cdots\cdots \frac{5}{6} \times \frac{3}{4} \times \frac{1}{2} \times \frac{\pi}{2},$$

$$I_{2m+1} = \frac{2m}{2m+1} \times \frac{2m-2}{2m-1} \cdots\cdots \frac{6}{7} \times \frac{4}{5} \times \frac{2}{3}. \quad (m=1,2,\cdots)$$

可以直接利用此例的结论计算积分，比如：

$$\int_0^{\frac{\pi}{2}} \sin^6 x\, dx = \frac{5 \times 3 \times 1}{6 \times 4 \times 2} \times \frac{\pi}{2} = \frac{15}{96}\pi.$$

习题 3-7

1. 求下列各积分．

(1) $\int_{\frac{\pi}{3}}^{\pi} \cos\left(x + \frac{\pi}{3}\right) dx$；

(2) $\int_{-2}^{1} \frac{dx}{(9+4x)^2}$；

(3) $\int_0^{\sqrt{a}} x e^{x^2}\, dx$；

(4) $\int_0^{\pi} \sin^3 x\, dx$；

(5) $\int_{-1}^{1} \frac{x\, dx}{(x^2+1)^2}$；

(6) $\int_0^3 \frac{x^3}{x^2+1}\, dx$；

(7) $\int_{\sqrt{e}}^{e^{\frac{3}{4}}} \frac{dx}{x\sqrt{\ln x(1-\ln x)}}$；

(8) $\int_{-2}^{-1} \frac{dx}{x^2+4x+5}$；

(9) $\int_1^4 \frac{1}{\sqrt{x}+1}\, dx$；

(10) $\int_{-\frac{\pi}{2}}^{\frac{\pi}{2}} \sqrt{\cos x - \cos^3 x}\, dx$；

(11) $\int_0^4 \frac{x+2}{\sqrt{2x+1}}\, dx$；

(12) $\int_{-2}^{-\sqrt{2}} \frac{dx}{x\sqrt{x^2-1}}$；

(13) $\int_0^{\sqrt{2}a} \frac{x\, dx}{\sqrt{3a^2-x^2}}$；

(14) $\int_1^{\sqrt{3}} \frac{dx}{x^2\sqrt{x^2+1}}$．

2. 求下列各积分．

(1) $\int_0^1 x e^x\, dx$；

(2) $\int_1^e x \ln x\, dx$；

(3) $\int_0^{2\pi} x \sin 2x\, dx$；

(4) $\int_0^1 e^{\sqrt{x}}\, dx$；

(5) $\int_1^3 \ln(x+2)\, dx$；

(6) $\int_1^e \sin(\ln x)\, dx$；

(7) $\int_0^{\frac{\pi}{2}} 2x \cos^2 x\, dx$；

(8) $\int_0^{\pi} e^x \cos 2x\, dx$；

(9) $\int_0^{\sqrt{\ln 2}} x^3 e^{x^2}\, dx$；

(10) $\int_0^2 \ln(x+\sqrt{x^2+1})\, dx$；

(11) $\int_0^{\pi^2} \sin\sqrt{x}\, dx$；

(12) $\int_{\frac{1}{e}}^{e} |\ln x|\, dx$．

3. 利用函数的奇偶性计算下列定积分．

(1) $\displaystyle\int_{-\pi}^{\pi} x^6 \sin x \, dx$;　　　　　(2) $\displaystyle\int_{-1}^{1} \frac{x + |x|}{2 + x^2} dx$;

(3) $\displaystyle\int_{-4}^{4} \frac{x^2 \sin x^5}{x^4 + 2x^2 + 1} dx$;　　　　(4) $\displaystyle\int_{-1}^{1} \tan^2 x \ln\left(x + \sqrt{1 + x^2}\right) dx$.

4. 若 $f(t)$ 是连续函数，且为奇函数，试证：$\displaystyle\int_0^x f(t)dt$ 为偶函数.

5. 若 $f(t)$ 是连续函数，且为偶函数，试证：$\displaystyle\int_0^x f(t)dt$ 为奇函数.

6. 已知 $f'(x) = \dfrac{\sin x}{x}$，$f\left(\dfrac{\pi}{2}\right) = a$，$f\left(\dfrac{3\pi}{2}\right) = b$，求积分 $\displaystyle\int_{\frac{\pi}{2}}^{\frac{3\pi}{2}} f(x)dx$.

第八节　定积分的几何应用

这节和下节我们将应用前面学过的定积分理论来分析和解决一些几何、物理中的问题，其目的不仅在于计算这些几何、物理量的公式，而且更重要的还在于介绍运用元素法将一个量表达成定积分的分析方法.

由定积分的定义知道，使用定积分来表示的量 A 具有如下特征：

(1) A 是一个与变量 x 的变化区间 $[a,b]$ 有关的量；

(2) 如果把区间 $[a,b]$ 分成 n 个小区间，则量 A 相应地分成 n 个小的局部量，而 A 等于所有局部量的和. 简称量 A 对于区间 $[a,b]$ 具有可加性.

(3) 相应于每个小区间 $[x, x + dx]$ 上的部分量 ΔA 的近似值可表示为 $f(x)dx$，即

$$\Delta A \approx f(x)dx.$$

通常把上式右端的 $f(x)dx$ 叫做量 A 的**元素**（或**微元**），并记为 $dA = f(x)dx$，如图 3-5.

(4) 量 A 的元素对区间 $[a,b]$ 求和取极限，则此极限值就是量 A 的值，即

$$A = \int_a^b dA = \int_a^b f(x)dx.$$

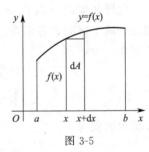
图 3-5

由此可见，将量 A 化为定积分计算，可简化为先在区间 $[a,b]$ 上任取一个小区间 $[x, x + dx]$，求出量 A 被限制在这个小区间上的部分的近似值 $\Delta A \approx f(x)dx$，再以 A 的元素 $f(x)dx$ 为被积表达式，求得 $A = \displaystyle\int_a^b f(x)dx$.

我们把上述导出积分表达式的分析方法称为**元素法**（或**微元法**）.

一、平面图形的面积

应用定积分，不但可以计算曲面梯形的面积，还可以计算一些比较复杂的平面图形的面积.

1. 直角坐标系下的面积公式

例 1　计算由两条抛物线 $y^2 = x$ 和 $y = x^2$ 所围成的图形的面积.

解　两条抛物线所围图形如图 3-6 所示. 两曲线的交点为 $(0,0),(1,1)$. 从而知道这图形在直线 $x = 0$ 与 $x = 1$ 之间.

选 x 为积分变量，则 $x\in[0,1]$，应用元素法求面积 A。在 $[0,1]$ 上任选小区间 $[x,x+\mathrm{d}x]$，容易看出与它对应的面积元素是

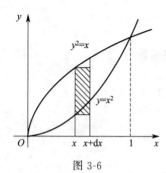

$$\mathrm{d}A=(\sqrt{x}-x^2)\,\mathrm{d}x.$$

于是得所求面积

$$A=\int_0^1(\sqrt{x}-x^2)\,\mathrm{d}x=\left[\frac{2}{3}x^{\frac{3}{2}}-\frac{x^3}{3}\right]_0^1=\frac{1}{3}.$$

一般地，由曲线 $y=f(x),y=g(x)(f(x)\geqslant g(x))$ 与直线 $x=a,x=b$ 所围成的平面图形的面积是定积分

$$A=\int_a^b[f(x)-g(x)]\mathrm{d}x.$$

图 3-6

如果平面图形的区域是由曲线 $x=\varphi(y),x=\psi(y)[\varphi(y)\leqslant\psi(y)]$ 及直线 $y=c,y=d$ 所围，则它的面积是定积分

$$A=\int_c^d[\psi(y)-\varphi(y)]\mathrm{d}y.$$

例 2 计算由曲线 $y^2=2x$ 和直线 $y=x-4$ 所围成的图形的面积。

解 为定出图形所在范围，先解方程组 $\begin{cases}y^2=2x\\y=x-4\end{cases}$，得两曲线的交点 $(2,-2),(8,4)$。选 y 为积分变量，则 $y\in[-2,4]$。从中任选小区间 $[y,y+\mathrm{d}y]$，与它对应的面积元素是

$$\mathrm{d}A=\left(y+4-\frac{1}{2}y^2\right)\mathrm{d}y.$$

故所求面积为

$$A=\int_{-2}^4\mathrm{d}A=\int_{-2}^4\left(y+4-\frac{y^2}{2}\right)\mathrm{d}y=18.$$

此题如果以 x 为积分变量，则 x 的变化范围为 $[0,8]$，但必须把它分成 $[0,2]$ 和 $[2,8]$ 两个区间，分别在这两个区间中任选小区间 $[x,x+\mathrm{d}x]$，与它们相对于的面积元素分别为

$$\mathrm{d}A_1=\left[\sqrt{2x}-(-\sqrt{2x})\right]\mathrm{d}x(0\leqslant x\leqslant2),$$

$$\mathrm{d}A_2=\left[\sqrt{2x}-(x-4)\right]\mathrm{d}x(2\leqslant x\leqslant8),$$

故所求面积为

$$A=\int_0^2\left[\sqrt{2x}-(-\sqrt{2x})\right]\mathrm{d}x+\int_2^8\left[\sqrt{2x}-(x-4)\right]\mathrm{d}x=18.$$

比较上述两种方法可以看出，积分变量的恰当选取，可以简便计算。一般选择积分变量的原则是：

（1）积分容易计算；（2）尽量少分割积分区域。

例 3 求椭圆 $\dfrac{x^2}{a^2}+\dfrac{y^2}{b^2}=1$ 所围成的图形的面积。

解 已知椭圆关于两坐标轴都对称（图 3-7），所以所求面积等于 4 倍第一象限部分面积，即 $A=4A_1$。其中 A_1 为该椭圆在第一象限部分与坐标轴所围图形的面积。因此 $A=4A_1=4\int_0^a y\,\mathrm{d}x.$

利用椭圆的参数方程 $\begin{cases} x = a\cos t \\ y = a\sin t \end{cases} \left(0 \leqslant t \leqslant \dfrac{\pi}{2}\right)$ 应用定积分

换元法，令 $x = a\cos t$，则 $\mathrm{d}x = -a\sin t\,\mathrm{d}t$. 当 x 由 0 变到 a

时，t 由 $\dfrac{\pi}{2}$ 变到 0，所以

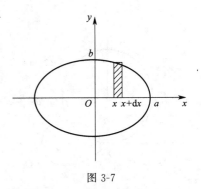

图 3-7

$$A = 4\int_{\frac{\pi}{2}}^{0} b\sin t\,(-a\sin t)\,\mathrm{d}t = -4ab\int_{\frac{\pi}{2}}^{0}\sin^2 t\,\mathrm{d}t$$

$$= 4ab\int_{0}^{\frac{\pi}{2}}\sin^2 t\,\mathrm{d}t = 4ab \times \frac{1}{2} \times \frac{\pi}{2} = \pi ab.$$

2. 极坐标系下的面积公式

设有一条连续曲线，其极坐标方程为 $r = r(\theta)$. 求由曲线 $r = r(\theta)$ 及两条射线 $\theta = \alpha$，$\theta = \beta$ 所围成的图形面积.

如图 3-8，我们仍采用元素法来求面积 A. 取极角 θ 为积分变量，则它的变化区间为 $[\alpha, \beta]$. 先分割区间 $[\alpha, \beta]$，任取小区间 $[\theta, \theta + \mathrm{d}\theta]$，用圆弧代替曲线弧，即用中心角为 $\mathrm{d}\theta$ 的扇形面积代替对应的窄曲边扇形面积，得到面积元素

$$\mathrm{d}A = \frac{1}{2}r^2(\theta)\,\mathrm{d}\theta.$$

然后将 $\mathrm{d}A$ 在区间 $[\alpha, \beta]$ 上无限求和，即以面积元素 $\dfrac{1}{2}r^2(\theta)\,\mathrm{d}\theta$ 为被积表达式在区间 $[\alpha, \beta]$ 上做定积分，便得到面积公式

$$A = \int_{\alpha}^{\beta}\frac{1}{2}r^2(\theta)\,\mathrm{d}\theta = \frac{1}{2}\int_{\alpha}^{\beta}r^2(\theta)\,\mathrm{d}\theta.$$

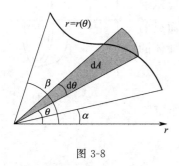

图 3-8

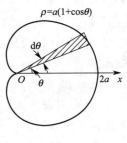

图 3-9

例 4 求心形线 $r = a(1 + \cos\theta)$ 所围平面图形的面积（$a > 0$）.

解 心形线所围成的图形如图 3-9 所示，该图形关于极轴对称，因此，所求面积 A 是 $[0, \pi]$ 上图形面积的 2 倍. 任取其上的一个区间微元 $[\theta, \theta + \mathrm{d}\theta]$，相应地得到面积微元

$$\mathrm{d}A = \frac{1}{2}a^2(1 + \cos\theta)^2\,\mathrm{d}\theta.$$

故所求面积为

$$A = 2\int_{0}^{\pi}\mathrm{d}A = a^2\int_{0}^{\pi}(1 + 2\cos\theta + \cos^2\theta)\,\mathrm{d}\theta$$

$$= a^2\int_{0}^{\pi}\left(\frac{3}{2} + 2\cos\theta + \frac{1}{2}\cos 2\theta\right)\mathrm{d}\theta$$

$$= \frac{3}{2}\pi a^2.$$

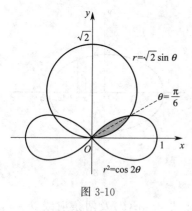

图 3-10

例 5 求圆 $r=\sqrt{2}\sin\theta$ 和双纽线 $r^2=\cos2\theta$ 所围成的公共部分面积.

解 如图 3-10，图形关于 y 轴对称，故只需求其在第一象限的部分的面积. 解方程 $\begin{cases} r=\sqrt{2}\sin\theta \\ r^2=\cos2\theta \end{cases}$，得第一象限内的交点为 $\left(\dfrac{\sqrt{2}}{2},\dfrac{\pi}{6}\right)$. 因此，公共部分面积为

$$A=2\times\frac{1}{2}\int_0^{\frac{\pi}{6}}2\sin^2\theta\,\mathrm{d}\theta+2\times\frac{1}{2}\int_{\frac{\pi}{6}}^{\frac{\pi}{4}}\cos2\theta\,\mathrm{d}\theta$$

$$=\int_0^{\frac{\pi}{6}}(1-\cos2\theta)\,\mathrm{d}\theta+\frac{1}{2}\sin2\theta\,\Big|_{\frac{\pi}{6}}^{\frac{\pi}{4}}$$

$$=\left(\theta-\frac{1}{2}\sin2\theta\right)\Big|_0^{\frac{\pi}{6}}+\frac{1}{2}-\frac{\sqrt{3}}{4}=\frac{1}{6}(\pi+3-3\sqrt{3}).$$

二、体积

1. 旋转体的体积

旋转体就是由一个平面图形绕这平面内一条直线旋转一周而成的立体，这直线叫做**旋转轴**.

如图 3-11，如果旋转体是由连续曲线 $y=f(x)$、直线 $x=a$、直线 $x=b$ 及 x 轴所围成的曲边梯形绕 x 轴旋转一周而成的立体，求此旋转体的体积.

取 x 为积分变量，则 $x\in[a,b]$. 在 $[a,b]$ 上任取小区间 $[x,x+\mathrm{d}x]$，取以 $\mathrm{d}x$ 为底的窄边梯形绕 x 轴旋转而成的薄片的体积近似于以 $f(x)$ 为底半径、$\mathrm{d}x$ 为高的扁圆柱体的体积，即体积元素

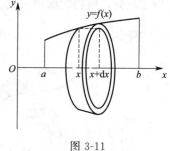

图 3-11

$$\mathrm{d}V=\pi[f(x)]^2\mathrm{d}x.$$

以 $\pi[f(x)]^2\mathrm{d}x$ 为被积表达式，在闭区间 $[a,b]$ 上作定积分，便得所求旋转体的体积为

$$V=\int_a^b\pi[f(x)]^2\mathrm{d}x.$$

例 6 连接坐标原点 O 及点 $P(h,r)$ 的直线、直线 $x=h$ 及 x 轴围成一个直角三角形. 将它绕 x 轴旋转构成一个底半径为 r、高为 h 的圆锥体，计算圆锥体的体积.

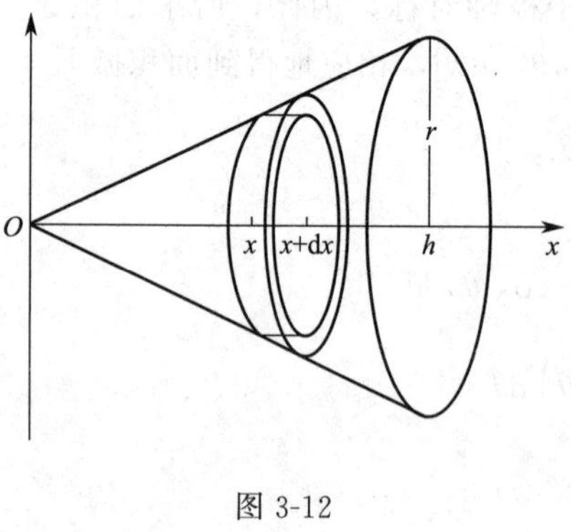

图 3-12

解 如图 3-12，直线 OP 方程为 $y=\dfrac{r}{h}x$，取积分变量为 x，则 $x\in[0,h]$. 在 $[0,h]$ 上任取小区间 $[x,x+\mathrm{d}x]$，以 $\mathrm{d}x$ 为底的窄边梯形绕 x 轴旋转而成的薄片的体积为

$$\mathrm{d}V=\pi\left(\frac{r}{h}x\right)^2\mathrm{d}x.$$

于是，所求圆锥体的体积

$$V = \int_0^h \pi \left(\frac{r}{h} x \right)^2 \mathrm{d}x = \frac{\pi r^2}{h^2} \left[\frac{x^3}{3} \right]_0^h = \frac{\pi h r^2}{3}.$$

例 7 计算由椭圆 $\dfrac{x^2}{a^2} + \dfrac{y^2}{b^2} = 1$ 绕 x 轴旋转一周而成的旋转体（叫做**旋转椭球体**）的体积.

解 此旋转椭球体可以看作是由上半椭圆 $y = \dfrac{b}{a}\sqrt{a^2 - x^2}$ 绕 x 轴旋转一周而成的立体（如图 3-13）. 则所求体积为

$$V = \pi \int_{-a}^a \frac{b^2}{a^2}(a^2 - x^2)\mathrm{d}x = \pi \frac{b^2}{a^2}\left[a^2 x - \frac{x^3}{3} \right]_{-a}^a = \frac{4}{3}\pi a b^2.$$

当 $a = b$ 时，旋转椭球体就是半径为 a 的球，它的体积为 $\dfrac{4}{3}\pi a^3$.

用与上面类似的方法可以推出：由曲线 $x = \varphi(y)$，直线 $y = c$，直线 $y = d$（$c < d$）与 y 轴所围成的曲边梯形，绕 y 轴旋转一周而成的旋转体的体积为

$$V = \int_c^d \pi [\varphi(y)]^2 \mathrm{d}y.$$

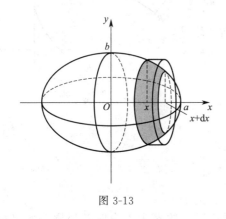

图 3-13

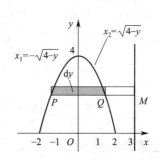

图 3-14

例 8 计算由曲线 $y = 4 - x^2$ 及 $y = 0$ 所围成的图形绕直线 $x = 3$ 旋转而成的旋转体的体积.

解 解方程组 $\begin{cases} y = 4 - x^2 \\ y = 0 \end{cases}$ 得交点 $(-2, 0)$，$(2, 0)$. 取 y 为自变量，其变化区间为 $[0, 4]$，任取其上一区间 $[y, y + \mathrm{d}y]$，以内半径 $\overline{QM}$、外半径 $\overline{PM}$、高 $\mathrm{d}y$ 的薄圆环柱体体积作为体积微元（图 3-14），即

$$\mathrm{d}V = (\pi \overline{PM}^2 - \pi \overline{QM}^2)\mathrm{d}y = \left[\pi(3 + \sqrt{4 - y})^2 - \pi(3 - \sqrt{4 - y})^2 \right]\mathrm{d}y = 12\pi\sqrt{4 - y}\,\mathrm{d}y.$$

故所求旋转体的体积 $V = \displaystyle\int_0^4 12\pi\sqrt{4 - y}\,\mathrm{d}y = 64\pi$.

2. 平行截面面积为已知的立体体积

如果一个立体不是旋转体，但却知道该立体上垂直于一定轴的各个截面面积，那么，这个立体的体积也可用定积分来计算.

设空间某立体由一曲面和垂直于 x 轴的两平面 $x = a, x = b$ 围成. 用一组垂直于 x 轴的

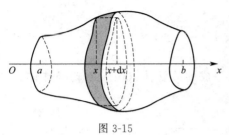

图 3-15

平面去截它,得到彼此平行的截面,如图 3-15. 如果过任一点 $x \in [a,b]$ 且垂直于 x 轴的平面截该立体所得的截面面积 $A(x)$ 是已知的连续函数,那么此立体的体积为

$$V = \int_a^b A(x)\mathrm{d}x.$$

我们用元素法来证明上述公式. 分割区间 $[a,b]$,考虑任一小区间 $[x, x+\mathrm{d}x]$,相应的这段小薄片立体可以近似看成小扁柱体,其上、下底的面积都是 $A(x)$,高为 $\mathrm{d}x$. 于是得到体积元素

$$\mathrm{d}V = A(x)\mathrm{d}x.$$

将 $\mathrm{d}V$ 在 $[a,b]$ 上无限求和,即以体积元素 $A(x)\mathrm{d}x$ 为被积表达式在区间 $[a,b]$ 上作定积分,便得到公式

$$V = \int_a^b A(x)\mathrm{d}x.$$

例 9 一平面经过半径为 R 的圆柱体的底圆中心,并与底面交成角 α,计算该平面截圆柱体所得立体的体积.

解 取坐标系如图 3-16,取底直径为底圆方程为 x 轴,x 的变化区间为 $[-R, R]$,底圆方程为 $x^2 + y^2 = R^2$. 在 $[-R, R]$ 上任取一 x,作与 x 轴垂直的平面,截得一直角三角形,它的两条直角边分别为 y 和 $y\tan\alpha$,面积为

$$A(x) = \frac{1}{2}(R^2 - x^2)\tan\alpha,$$

所以所求体积为

$$V = \int_{-R}^R \frac{1}{2}(R^2 - x^2)\tan\alpha\,\mathrm{d}x = \frac{2}{3}R^3\tan\alpha.$$

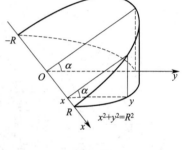

图 3-16

三、平面曲线的弧长

1. 弧长的概念

我们知道,圆的周长是用圆内接正 n 边形的周长当边数趋于无穷时的极限来定义的. 现在用类似的方法来建立一般曲线弧的长度概念.

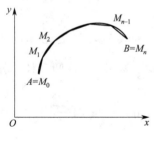

图 3-17

如图 3-17,设 A、B 是曲线弧的两个端点. 在弧 $\overparen{AB}$ 上任取分点 $A = M_0, M_1, M_2, \cdots, M_{i-1}, M_i, \cdots, M_{n-1}, M_n = B$,依次连接相邻的分点得到一条内接折线. 记每条弦的长度为 $|M_{i-1}M_i|\,(i = 1, 2, \cdots, n)$,令 $\lambda = \max\limits_{1 \leqslant i \leqslant n}|M_{i-1}M_i|$. 如果当分点无限增加且 $\lambda \to 0$ 时,若折线长度的极限 $\lim\limits_{\lambda \to 0}\sum\limits_{i=1}^n |M_{i-1}M_i|$ 存在,则称此极限值为曲线弧 $\overparen{AB}$ 的**长度**,或称**弧长**,并称此曲线弧是**可求长的**.

我们不加证明地给出如下结论:

定理 1 光滑的曲线弧是可求长的.

2. 弧长的计算公式

（1）直角坐标情形：设曲线弧的方程为 $y=f(x)$，其在区间 $[a,b]$ 上有一阶连续导数，即曲线弧是光滑的．求此光滑曲线的弧长 s．

如图 3-18 所示，取 x 为积分变量，其变化区间为 $[a,b]$，任取区间上一小区间 $[x,x+\mathrm{d}x]$，相应的这一小段弧的长度近似等于该曲线在点 $(x,f(x))$ 处的切线上相应的一小段的长度，即 $PT=\sqrt{(\mathrm{d}x)^2+(\mathrm{d}y)^2}=\sqrt{1+y'^2}\,\mathrm{d}x$，从而得到弧长微元（弧微分）

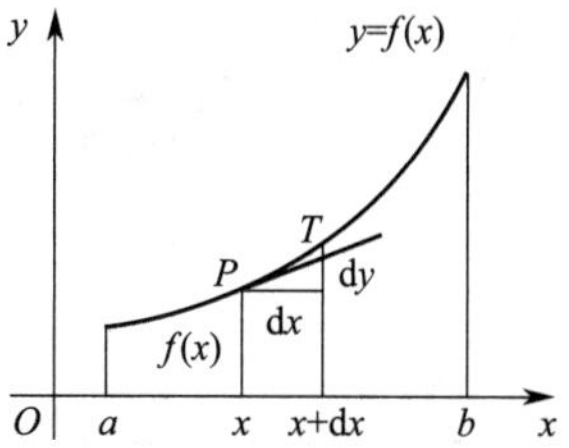

图 3-18

$$\mathrm{d}s=\sqrt{1+y'^2}\,\mathrm{d}x,$$

所求光滑曲线的弧长为

$$s=\int_a^b\sqrt{1+y'^2}\,\mathrm{d}x\,(a<b).$$

（2）参数方程情形：如果曲线弧由参数方程

$$\begin{cases}x=\varphi(t)\\y=\psi(t)\end{cases}(\alpha\leqslant t\leqslant\beta)$$

给出，其中 $\varphi(t),\psi(t)$ 在 $[\alpha,\beta]$ 上具有一阶连续导数，则弧长微元为

$$\mathrm{d}s=\sqrt{(\mathrm{d}x)^2+(\mathrm{d}y)^2}=\sqrt{\varphi'^2(t)+\psi'^2(t)}\,\mathrm{d}t,$$

从而，所求光滑曲线的弧长为

$$s=\int_\alpha^\beta\sqrt{\varphi'^2(t)+\psi'^2(t)}\,\mathrm{d}t.$$

（3）极坐标情形：如果曲线弧由极坐标方程

$$r=r(\theta)\,(\alpha\leqslant\theta\leqslant\beta)$$

给出，其中 $r(\theta)$ 在 $[\alpha,\beta]$ 上具有连续导数，此时可把极坐标方程化为参数方程

$$\begin{cases}x=r(\theta)\cos\theta\\y=r(\theta)\sin\theta\end{cases}(\alpha\leqslant\theta\leqslant\beta).$$

由于 $\mathrm{d}x=[r'(\theta)\cos\theta-r(\theta)\sin\theta]\mathrm{d}\theta$，$\mathrm{d}y=[r'(\theta)\sin\theta+r(\theta)\cos\theta]\mathrm{d}\theta$，所以得弧长微元

$$\mathrm{d}s=\sqrt{(\mathrm{d}x)^2+(\mathrm{d}y)^2}=\sqrt{r^2(\theta)+r'^2(\theta)}\,\mathrm{d}\theta,$$

故所求光滑曲线的弧长为

$$s=\int_\alpha^\beta\sqrt{r^2(\theta)+r'^2(\theta)}\,\mathrm{d}\theta.$$

例 10 求曲线 $y=\dfrac{2}{3}x^{\frac{3}{2}}$ 在点 $(0,0)$ 与 $(1,1)$ 之间的一段弧长．

解 因 $y'=x^{\frac{1}{2}}$，从而弧长元素 $\mathrm{d}s=\sqrt{1+(x^{\frac{1}{2}})^2}\,\mathrm{d}x=\sqrt{1+x}\,\mathrm{d}x$．
因此，所求弧长为

$$s=\int_0^1\sqrt{1+x}\,\mathrm{d}x=\left[\frac{2}{3}(1+x)^{\frac{3}{2}}\right]_0^1=\frac{2}{3}(2\sqrt{2}-1).$$

例 11 计算图 3-19 中摆线 $\begin{cases}x=a(\theta-\sin\theta)\\y=a(1-\cos\theta)\end{cases}(a>0)$ 的一拱 $(0\leqslant\theta\leqslant2\pi)$ 的弧长．

解 弧长元素为

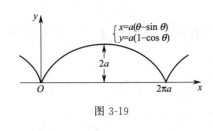
图 3-19

$$ds = \sqrt{a^2(1-\cos\theta)^2 + a^2\sin^2\theta}\,d\theta = a\sqrt{2(1-\cos\theta)}$$
$$= 2a\sin\frac{\theta}{2}\,d\theta.$$

从而，所求弧长

$$s = \int_0^{2\pi} 2a\sin\frac{\theta}{2}\,d\theta = 2a\left[-2\cos\frac{\theta}{2}\right]_0^{2\pi} = 8a.$$

例 12 求对数螺线 $\rho = e^{a\theta}$ 相应于自 $\theta = 0$ 到 $\theta = \varphi$ 的一段弧长.

解 由极坐标弧长公式得

$$s = \int_0^{\varphi} \sqrt{r^2(\theta) + r'^2(\theta)}\,d\theta = \int_0^{\varphi} \sqrt{(e^{a\theta})^2 + (a\,e^{a\theta})^2}\,d\theta$$
$$= \int_0^{\varphi} \sqrt{1+a^2}\,e^{a\theta}\,d\theta = \frac{\sqrt{1+a^2}}{a}(e^{a\varphi} - 1).$$

习题 3-8

1. 求曲线 $y = \frac{1}{2}x^2$ 与 $x^2 + y^2 = 8$ 所围位于 $y = \frac{1}{2}x^2$ 上方图形的面积.

2. 求 $y = \frac{1}{x}$ 与直线 $y = x$ 及 $x = 2$ 所围图形的面积.

3. 求 $y = \ln x$, y 轴与直线 $y = \ln a$, $y = \ln b$ $(b > a > 0)$ 所围图形的面积.

4. 求抛物线 $y = x^2 - 1$ 与直线 $y = x + 1$ 所围成的图形的面积.

5. 求抛物线 $y = -x^2 + 4x - 3$ 及其点在 $(0, -3)$ 和 $(3, 0)$ 处的切线所围成的图形的面积.

6. 求曲线 $\rho_1 = a\cos\theta$ 与 $\rho_2 = a(\cos\theta + \sin\theta)$ 所围成图形公共部分的面积.

7. 求由曲线 $r = 2a\cos\theta$ $(a > 0)$ 所围图形的面积.

8. 求三叶玫瑰线 $r = a\sin3\theta$ 的面积 S.

9. 对数螺线 $\rho = a e^{\theta}$ $(-\pi \leqslant \theta \leqslant \pi)$ 及射线 $\theta = \pi$ 所围图形的面积.

10. 由 $y = x^3, y = 0, x = 2$ 所围成的图形，分别绕 x 轴及 y 轴旋转，计算所得两个旋转体的体积.

11. 求曲线 $y = x^2$, $x = y^2$ 所围图形绕 y 轴旋转所得旋转体的体积.

12. 求圆 $x^2 + (y-5)^2 = 16$ 绕 x 轴旋转所得的旋转体的体积.

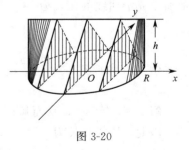
图 3-20

13. 求以半径为 R 的圆为底，平行且等于底圆直径的线段为顶，高为 H 的正劈锥体的体积，如图 3-20.

14. 求曲线 $y = \frac{2}{3}x^{\frac{3}{2}}$ 上相应于 x 从 a 到 b 的一段弧的长度.

15. 求阿基米德螺线 $r = a\theta$ $(a > 0)$ 上相应于 θ 从 0 到 2π 的弧长.

16. 计算星形线 $x = a\cos^3 t, y = a\sin^3 t$ 的全长.

*第九节　定积分的物理应用举例

一、变力沿直线所做的功

从物理学知道，如果物体在做直线运动的过程中有一个方向与其一致、大小不变的力 F 作用在这物体上，那么，在物体移动了距离 s 时，力 F 对物体所做的功为（设 F 表示力的大小）

$$W = Fs.$$

但是，在实际问题中，往往需要计算变力对物体所做的功．下面我们来研究如何用定积分来解决这一问题．

设物体在变力 F 的作用下沿直线 Ox 运动．力 F 的方向不变，始终沿着 Ox 轴，力 F 的大小是关于 x 的连续函数：$F = F(x)$．若物体在力 $F(x)$ 作用下沿 Ox 轴从点 a 运动到点 b，问力 F 对物体做了多少功？

采用元素法，分割位移区间 $[a,b]$，任取微元 $[x,x+dx]$，将物体由点 x 移动到 $x+dx$ 的过程中受到了变力，近似地视为物体在点 x 处受到的常力 $F(x)$，则功的微元为

$$dW = F(x)dx.$$

于是，物体受变力 $F(x)$ 的作用从 $x=a$ 移动到 $x=b$ 时，所做的功为

$$W = \int_a^b dW = \int_a^b F(x)dx.$$

在实际应用中，许多问题都可以转化为物体受变力作用沿直线做功的情形．下面举例说明．

例 1　一圆柱形的贮水桶高为 6m，底圆半径为 2m，桶内盛满了水．试问要把桶内的水全部吸出需做多少功？

解　建立坐标系如图 3-21 所示．

取深度 x 为积分变量，其变化区间为 $[0,6]$，相应于 $[0,6]$ 上任一小区间 $[x,x+dx]$ 的一薄层水的高度为 dx．因此取 x 的单位为 m，则这薄层水的重力为 $9.8\pi \times 2^2 dx$ kN．把这薄层水吸出桶外需做的功近似地为

$$dW = 39.2\pi x\, dx.$$

于是，所做的功为

$$W = \int_0^6 39.2\pi x\, dx = 39.2\pi \left[\frac{x^2}{2}\right]_0^6 = 705.2\pi \approx 2214.33 \text{(kJ)}.$$

例 2　自地面垂直向上发射火箭，火箭质量为 m．试计算将火箭发射到距离地面高度为 h 处所做的功，并由此计算第二宇宙速度（即火箭脱离地球引力所具有的速度）．

解　设地球质量为 M，半径为 R，取坐标系如图 3-22 所示．根据元素法，只需写出在区间 $[R,R+h]$ 的任一点 r 处，对火箭所需施加的外力 $F(r)$．

由实验可知，地球对位于点 r 处的火箭的引力大小为 $f = G\dfrac{Mm}{r^2}$，其中 r 为火箭到地球中心的距离，$G>0$ 为引力常数．为了发射火箭，必须克服地球的引力．用以克服地球引力

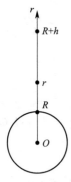

图 3-22

的外力 $F(r)$ 与地球引力大小相等，即 $F(r)=G\dfrac{Mm}{r^2}$. 于是，将火箭自地面（即 $r=R$ 处）发射到距离地面高度为 h（此时 $r=R+h$ 时所需做的功为

$$W_1=\int_R^{R+h}F(r)\mathrm{d}r=GMm\int_R^{R+h}\frac{1}{r^2}\mathrm{d}r$$

$$=GMm\left(\frac{1}{R}-\frac{1}{R+h}\right).$$

此式中引力常数 G 可以这样确定：当火箭在地面时，地球对火箭的引力大小等于火箭的重力，即

$$G\frac{Mm}{r^2}=mg（g\text{ 为重力加速度}）.$$

于是 $G=\dfrac{R^2g}{M}$，代入 W_1 中，得到

$$W_1=\frac{R^2g}{M}Mm\left(\frac{1}{R}-\frac{1}{R+h}\right)=mgR^2\left(\frac{1}{R}-\frac{1}{R+h}\right).$$

为了使火箭脱离地球引力范围，也就是把火箭发射到无穷远处，这时所需做的功为

$$W_2=\lim_{h\to+\infty}W_1=mgR^2\lim_{h\to+\infty}\left(\frac{1}{R}-\frac{1}{R+h}\right)=mgR.$$

由能量守恒定律，W_2 应等于外界所给予火箭的动能 $\dfrac{1}{2}mV_0^2$（V_0 是火箭离开地面的初速度），即

$$mgR=\frac{1}{2}mV_0^2,$$

解出 $V_0=\sqrt{2gR}$.

已知 $g=9.8\mathrm{m/s^2}, R=6371\mathrm{km}$，便得出第二宇宙速度 $V_0\approx11.2\mathrm{km/s}$.

二、水压力

从物理学可知，在水深为 h 处的压强为 $p=\rho gh$，这里 ρ 是水的密度，g 是重力加速度. 如果有一面积为 A 的平板水平地放置在水深为 h 处，那么，平板一侧所受的水压力为 $P=pA$.

如果平板垂直放置水中，如图 3-23 所示，那么由于水深不同的点处其压强不等，所以平板一侧不同深度所受的水的压力是不同的，因此就不能用上述方法计算. 此时，可采用微元法计算.

任取微元 $[x,x+\mathrm{d}x]$，则小矩形上的压强近似为 $p=\rho gx$，从而小矩形片的压力微元为 $\mathrm{d}P=p\mathrm{d}A=\rho gxf(x)\mathrm{d}x$，其中 $\mathrm{d}A$ 和 $f(x)$ 分别表示小矩形片的面积和长，则所求平板一侧所受的水压力为

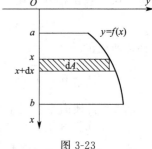

图 3-23

$$P=\int_a^b\mathrm{d}P=\int_a^b\rho gxf(x)\mathrm{d}x.$$

例 3 一个横放着的圆柱形水桶，桶内乘有半桶水 [图 3-24(a)]. 设桶的底半径为 R，

水的密度为 ρ，计算桶的一个端面上所受的压力．

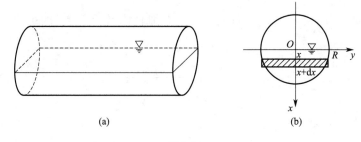

图 3-24

解 桶的一个端面是圆片，所以现在要计算的是当水平面通过圆心时，铅直放置的一个半圆片的一侧所受到的水压力．

如图 3-24(b) 所示，在这个圆片上取过圆心且铅直向下的直线为 x 轴，过圆心的水平线为 y 轴．在这个坐标系下所讨论的半圆的方程为 $x^2+y^2=R^2$（$0\leqslant x\leqslant R$）．取 x 为积分变量，其变化区间为 $[0,R]$．设 $[x,x+\mathrm{d}x]$ 为 $[0,R]$ 上的任一小区间．半圆片上相应于 $[x,x+\mathrm{d}x]$ 的窄条上各处的压强近似于 ρgx，这窄条的面积近似于 $2\sqrt{R^2-x^2}\,\mathrm{d}x$．因此，这窄条一侧所受水压力的近似值为

$$\mathrm{d}P=2\rho gx\sqrt{R^2-x^2}\,\mathrm{d}x,$$

于是所求压力为

$$P=\int_0^R\mathrm{d}P=\int_0^R2\rho gx\sqrt{R^2-x^2}\,\mathrm{d}x=\frac{2\rho g}{3}R^3.$$

三、引力

根据初等物理知识，质量分别为 m_1，m_2 的相距为 r 的两个质点间的引力大小为 $F=K\dfrac{m_1m_2}{r^2}$，其中 K 为引力系数，引力的方向为两质点的连线方向．

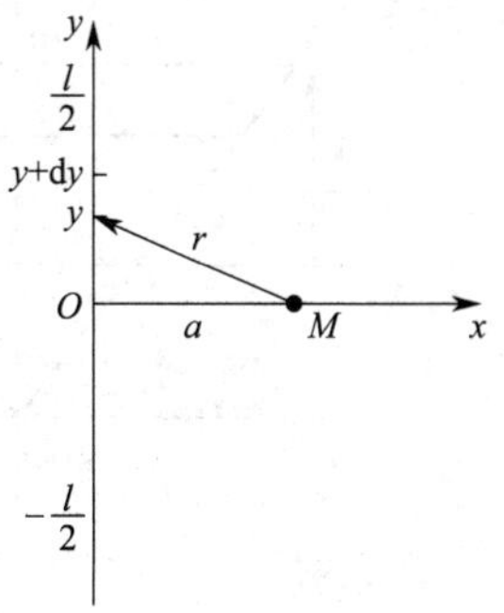

如果要计算一根细棒或一个平面对一个质点的引力，由于细棒或平面上各点与该质点的距离是变化的，且各点对该质点的引力方向也是变化，那么就不能用上述公式来计算．下面举例说明该问题的计算方法．

例 4 设有一长度为 l、线密度为 μ 的均匀细直棒，在其中垂线上距离棒 a 单位处有一质量为 m 的质点 M．试计算该棒对质点 M 的引力．

图 3-25

解 如图 3-25 所示，取直角坐标系，使细棒位于 y 轴上，质点 M 位于 x 轴上，棒的中点为原点 O．取 y 为积分变量，它的变化区间为 $\left[-\dfrac{l}{2},\dfrac{l}{2}\right]$．设 $[y,y+\mathrm{d}y]$ 为 $\left[-\dfrac{l}{2},\dfrac{l}{2}\right]$ 上任一小区间，把细棒上相应与 $[y,y+\mathrm{d}y]$ 的一段近似地看成质点，其质量为 $\mu\,\mathrm{d}y$，与 M 相距 $r=\sqrt{a^2+y^2}$．因此按照两质点间的引力计算公式求得这一小段细棒对质点 M 的引力 ΔF 的大小为

$$\Delta F \approx K \frac{m\mu \mathrm{d}y}{a^2 + y^2},$$

从而求得 ΔF 在水平方向分力 ΔF_x 的近似值，即细直棒对质点 M 的引力在水平方向分力 F_x 的元素为

$$\mathrm{d}F_x = -K \frac{am\mu \mathrm{d}y}{(a^2 + y^2)^{\frac{3}{2}}}.$$

于是得引力在水平方向分力为

$$F_x = -\int_{-\frac{l}{2}}^{\frac{l}{2}} \frac{Kam\mu \mathrm{d}y}{(a^2 + y^2)^{\frac{3}{2}}} = -\frac{2Km\mu l}{a} \times \frac{1}{\sqrt{4a^2 + l^2}}.$$

由对称性知，引力在铅直方向的分力为 $F_y = 0$.

当细直棒的长度 l 很大时，可视 l 趋于无穷．此时，引力的大小为 $\dfrac{2Km\mu}{a}$，方向与细棒垂直且由 M 指向细棒．

习题 3-9

1. 设 40N 的力使弹簧从自然长度 10cm 拉长到 15cm，问需要做多大的功才能克服弹性恢复力，将伸长的弹簧从 15cm 处再拉长 3cm？

2. 设有一直径为 20m 的半球形水池，池内注满水，若要把水抽尽，问至少需要做多少功？

3. 有一正圆锥形油罐，其轴向剖面如图 3-26 所示．油罐高 10m，油面高度为 8m，油的密度为 $480\mathrm{kg/m^3}$，欲将罐内的油全部用泵抽到罐外，问需要做的功是多少？

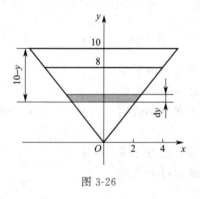

图 3-26

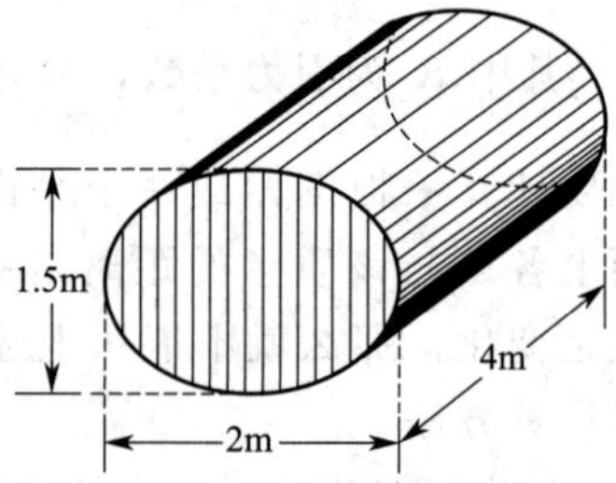

图 3-27

4. 洒水车上的水箱是一个横放的椭圆柱体，尺寸如图 3-27 所示．当水箱装满水时，计算水箱的一个端面所受的压力．

5. 一底为 8cm，高为 6cm 的等腰三角形片，铅直沉没在水中，顶在上、底在下，且与水面平行，而顶离水面 3cm，试求它每面所受的压力．

6. 长为 $2l$ 的杆，质量均匀分布，其总质量为 M，在其中垂线上高为 h 处有一质量为 m 的质点，求它们之间的引力大小．

*第十节　定积分的经济应用举例

定积分的经济应用主要介绍，已知总经济量函数的边际函数或变化率，求总经济函数.

一、总产量函数

设某产品的产量 x 为时间 t 的函数 $x(t)$，如果已知产量 x 对时间的变化率为 $x'(t)$，则总产量函数 $x(t) = \int_0^t x'(u)\mathrm{d}u$，在时间段 $[t_1, t_2]$ 内的总产量 $x = \int_{t_1}^{t_2} x'(t)\mathrm{d}t$.

例 1　已知某钢厂的钢产量 x（万吨）的变化率是时间 t（年）的函数 $x'(t) = 4t - 5$.

（1）求第一个五年计划期间该厂钢的产量；

（2）求第 n 个五年计划期间该厂钢的产量；

（3）求该厂在第几个五年计划期间钢的产量能达到 800 万吨.

解　（1）第一个五年计划期间该厂钢的产量

$$x(5) = \int_0^5 (4t - 5)\mathrm{d}t = 25（万吨）.$$

（2）第 n 个五年计划期间该厂钢的产量

$$x = \int_{5n-5}^{5n} (4t - 5)\mathrm{d}t = 100n - 75（万吨）.$$

（3）设第 n 个五年计划期间钢的产量能达到 800 万吨，则 $100n - 75 = 800$，$n = 8.75$，即第 9 个五年计划期间钢的产量达到 800 万吨.

二、成本函数

已知边际成本函数 $C' = C'(x)$，则当产量为 x 时的总成本函数 $C(x)$ 用定积分可表示为 $C(x) = \int_0^x C'(t)\mathrm{d}t + C_0$，其中 C_0 为固定成本.

例 2　某企业生产某产品的边际成本为 $C'(x) = 0.2x + 10$，固定成本 $C_0 = 50$，求总成本函数 $C(x)$.

解　总成本函数为

$$C(x) = \int_0^x C'(t)\mathrm{d}t + C_0 = \int_0^x (0.2t + 10)\mathrm{d}t + 50 = 0.1x^2 + 10x + 50.$$

当产量由 a 变化到 b 时，则总成本的改变量为 $\Delta C = \int_a^b C'(x)\mathrm{d}x$. 如上例中当产量由 10 个单位变到 20 个单位时，总成本的改变量为

$$\Delta C = \int_{10}^{20} (0.2x + 10)\mathrm{d}x = 130.$$

三、收益函数

已知边际收益 $R' = R'(q)$，则总收益函数 $R(q) = \int_0^q R'(x)\mathrm{d}x$. 当销售量 q 由 a 变化到 b 时，总收益的改变量 $\Delta R = \int_a^b R'(q)\mathrm{d}q.$

例 3 已知某商品销售 q 单位时，边际收益函数为 $R' = R'(q) = 30 - \dfrac{q}{5}$.

（1）求销售 q 单位时的总收益函数 $R(q)$ 以及平均单位收益 $\overline{R}(q)$；

（2）如果已经销售了 10 个单位，求再销售 20 个单位总收益将增加多少？

解 （1）销售 q 单位时的总收益函数

$$R(q) = \int_0^q R'(x)\mathrm{d}x = \int_0^q \left(30 - \frac{x}{5}\right)\mathrm{d}x = 30q - \frac{q^2}{10},$$

平均单位收益 $\overline{R}(q) = \dfrac{R(q)}{q} = 30 - \dfrac{q}{30}$.

（2）已销售了 10 个单位，再销售 20 个单位的总收益的改变量

$$\Delta R = \int_a^b R'(q)\mathrm{d}q = \int_{10}^{30} R'(q)\mathrm{d}q = \int_{10}^{30} \left(30 - \frac{q}{5}\right)\mathrm{d}q = \left[30q - \frac{q^2}{10}\right]_{10}^{30} = 520.$$

四、利润函数

因为边际利润等于边际收益减去边际成本，即 $L'(x) = R'(x) - C'(x)$，所以当产量为 x 时的总利润

$$L(x) = \int_0^x L'(t)\mathrm{d}t - C_0 = \int_0^x [R'(t) - C'(t)]\mathrm{d}t - C_0,$$

其中 C_0 为固定成本. 当产量由 a 变化到 b 时，总利润的改变量为

$$\Delta L = \int_a^b [R'(x) - C'(x)]\mathrm{d}x.$$

例 4 某产品的产量为 x 时总成本函数 $C(x)$ 的边际成本 $C'(x) = 0.5x + 1$（万元/百台），总收益函数 $R(x)$ 的边际收益 $R'(x) = 7 - 0.5x$（万元/百台），固定成本为 2 万元.（注：此处设产量即是销售量）

（1）总利润函数 $L(x)$ 及最大总利润 L；

（2）求利润最大时再生产 1 百台，总利润的改变量.

解 （1）总利润函数

$$L(x) = \int_0^x [R'(t) - C'(t)]\mathrm{d}t - C_0 = \int_0^x (7 - t - 1)\mathrm{d}t - 2 = 6x - \frac{1}{2}x^2 - 2.$$

令 $L'(x) = R'(x) - C'(x) = 6 - x = 0$，得唯一驻点 $x = 6$，又 $L''(6) = -1 < 0$，所以驻点 $x = 6$ 为利润函数 $L(x)$ 的极大值点，由于实际问题中最大利润是存在的，从而，当产量 $x = 6$（百台）时利润最大，最大总利润 $L(6) = 16$（万元）.

（2）当产量 $x = 6$ 百台是总利润最大，这时再生产 1 百台总利润的改变量

$$\Delta L = \int_6^7 [R'(x) - C'(x)]\mathrm{d}x = \int_6^7 (6 - x)\mathrm{d}x = -0.5（万元）.$$

这表明，当利润达到最大时，产量再增加 1 百台总利润不但不能增加，反而减少了 0.5 万元.

习题 3-10

1. 设某产品的边际成本是产量 x 的函数 $C'(x) = 2x + 4$，该产品的固定成本 $C_0 = 80$，求总成本函数.

2. 已知销售某商品 q 个单位的边际收益为 $R'(q)=200-q$，求：

(1) 生产 q 个单位时的总收益；

(2) 生产 60 个到 80 个单位时的总收益.

3. 设某产品的产量等于销售量，若该产品的边际成本 $C'(x)=6$ 元/件，固定成本为 1200 元，边际收益为 $R'(x)=410-x$，问产量 x 为多少时利润最大并求出最大利润.

第十一节　反常积分

在一些实际问题中，常遇到积分区间为无穷区间，或者被积函数在积分区间上具有无穷间断点的积分，它们已不属于前面所讨论的定积分了. 因此，需要将定积分的概念进行推广，从而形成反常积分.

一、无穷限的反常积分

定义 1　设函数 $f(x)$ 在区间 $[a,+\infty]$ 上连续，如果极限

$$\lim_{b\to+\infty}\int_a^b f(x)\mathrm{d}x \quad (b>a)$$

存在，就称此极限为 $f(x)$ 在区间 $[a,+\infty]$ 上的**反常积分**. 记作

$$\int_a^{+\infty} f(x)\mathrm{d}x=\lim_{b\to+\infty}\int_a^b f(x)\mathrm{d}x \tag{3-6}$$

此时也称**反常积分收敛**，若上述极限不存在，则称**反常积分发散**.

类似地，设函数 $f(x)$ 在 $(-\infty,b]$ 上连续，如果极限

$$\lim_{a\to-\infty}\int_a^b f(x)\mathrm{d}x \quad (b>a)$$

存在，称此极限为在区间 $(-\infty,b]$ 上的**反常积分**. 记作

$$\int_{-\infty}^b f(x)\mathrm{d}x=\lim_{a\to-\infty}\int_a^b f(x)\mathrm{d}x.$$

此时也称**反常积分收敛**，若上述极限不存在，则称**反常积分发散**.

设函数 $f(x)$ 在 $(-\infty,+\infty)$ 上连续，如果反常积分

$$\int_{-\infty}^0 f(x)\mathrm{d}x \text{ 与 } \int_0^{+\infty} f(x)\mathrm{d}x$$

都收敛，则称上述两反常积分之和为函数 $f(x)$ 在 $(-\infty,+\infty)$ 上的反常积分，记作 $\int_{-\infty}^{+\infty} f(x)\mathrm{d}x$，即

$$\int_{-\infty}^{+\infty} f(x)\mathrm{d}x=\int_{-\infty}^0 f(x)\mathrm{d}x+\int_0^{+\infty} f(x)\mathrm{d}x$$

$$=\lim_{a\to-\infty}\int_a^b f(x)\mathrm{d}x+\lim_{b\to+\infty}\int_a^b f(x)\mathrm{d}x,$$

这时也称反常积分 $\int_{-\infty}^{+\infty} f(x)\mathrm{d}x$ 收敛；否则就称反常积分 $\int_{-\infty}^{+\infty} f(x)\mathrm{d}x$ 发散.

上述反常积分统称为**无穷限的反常积分**.

例 1　计算 $\int_1^{+\infty}\dfrac{\mathrm{d}x}{x^3}$.

解 $\displaystyle\int_{1}^{+\infty}\dfrac{\mathrm{d}x}{x^{3}}=\lim_{b\to+\infty}\int_{1}^{b}\dfrac{\mathrm{d}x}{x^{3}}=\lim_{b\to+\infty}\left[\dfrac{1}{-3+1}x^{-3+1}\right]_{1}^{b}=\lim_{b\to+\infty}\dfrac{1}{2}\left(-\dfrac{1}{b^{2}}+1\right)=\dfrac{1}{2}.$

例 2 计算 $\displaystyle\int_{-\infty}^{+\infty}\sin x\,\mathrm{d}x.$

解 $\displaystyle\int_{-\infty}^{+\infty}\sin x\,\mathrm{d}x=\int_{-\infty}^{0}\sin x\,\mathrm{d}x+\int_{0}^{+\infty}\sin x\,\mathrm{d}x,$

因为 $\displaystyle\int_{-\infty}^{0}\sin x\,\mathrm{d}x=\lim_{a\to-\infty}\int_{a}^{0}\sin x\,\mathrm{d}x=\lim_{a\to-\infty}\cos a+1$，极限不存在，

所以 $\displaystyle\int_{-\infty}^{0}\sin x\,\mathrm{d}x$ 发散. 故 $\displaystyle\int_{-\infty}^{+\infty}\sin x\,\mathrm{d}x$ 发散.

例 3 计算 $\displaystyle\int_{-\infty}^{+\infty}\dfrac{1}{1+x^{2}}\mathrm{d}x.$

解 $\displaystyle\int_{-\infty}^{+\infty}\dfrac{1}{1+x^{2}}\mathrm{d}x=\int_{-\infty}^{0}\dfrac{1}{1+x^{2}}\mathrm{d}x+\int_{0}^{+\infty}\dfrac{1}{1+x^{2}}\mathrm{d}x=\lim_{a\to-\infty}\int_{a}^{0}\dfrac{\mathrm{d}x}{1+x^{2}}+\lim_{b\to+\infty}\int_{0}^{b}\dfrac{\mathrm{d}x}{1+x^{2}}$

$$=\lim_{a\to-\infty}(-\arctan a)+\lim_{b\to+\infty}\arctan b$$

$$=-\left(-\dfrac{\pi}{2}\right)+\dfrac{\pi}{2}=\pi.$$

若 $F(x)$ 是 $f(x)$ 的原函数，引入记号

$$F(+\infty)=\lim_{x\to+\infty}F(x),\quad F(-\infty)=\lim_{x\to-\infty}F(x).$$

则有类似牛顿-莱布尼茨公式的计算表达式：

$$\int_{a}^{+\infty}f(x)\mathrm{d}x=F(x)\,\big|_{a}^{+\infty}=F(+\infty)-F(a),$$

$$\int_{-\infty}^{b}f(x)\mathrm{d}x=F(x)\,\big|_{+\infty}^{b}=F(b)-F(-\infty),$$

$$\int_{-\infty}^{+\infty}f(x)\mathrm{d}x=F(x)\,\big|_{-\infty}^{+\infty}=F(+\infty)-F(-\infty).$$

例 4 计算 $\displaystyle\int_{a}^{+\infty}\dfrac{1}{x^{p}}\mathrm{d}x\,(a>0).$

解 当 $p=1$ 时，$\displaystyle\int_{a}^{+\infty}\dfrac{1}{x^{p}}\mathrm{d}x=\int_{a}^{+\infty}\dfrac{1}{x}\mathrm{d}x=\ln x\,\big|_{a}^{+\infty}=+\infty;$

当 $p\neq1$ 时，$\displaystyle\int_{a}^{+\infty}\dfrac{1}{x^{p}}\mathrm{d}x=\left[\dfrac{x^{1-p}}{1-p}\right]_{a}^{+\infty}=\begin{cases}+\infty,\ &p<1\\[2mm]\dfrac{a^{1-p}}{1-p},\ &p>1\end{cases}.$

所以，当 $p>1$ 时，反常积分收敛；当 $p\leqslant1$ 时，反常积分发散.

二、具有无穷间断点的函数的反常积分

具有无穷间断点的函数的反常积分又称为**瑕积分**，无穷间断点称为**瑕点**.

定义 2 设函数 $f(x)$ 在 $[a,b)$ 上连续，且 $\lim\limits_{x\to b^{-}}f(x)=\infty$，如果极限

$$\lim_{\varepsilon\to0^{+}}\int_{a}^{b-\varepsilon}f(x)\mathrm{d}x\quad(\varepsilon>0)$$

存在，就称此极限为函数 $f(x)$ 在 $[a,b)$ 上的反常积分，记作

$$\int_a^b f(x)\mathrm{d}x = \lim_{\varepsilon \to 0^+} \int_a^{b-\varepsilon} f(x)\mathrm{d}x.$$

这时，也称反常积分 $\int_a^b f(x)\mathrm{d}x$ 收敛；如果上述极限不存在，就称反常积分 $\int_a^b f(x)\mathrm{d}x$ 发散.

类似地，设函数 $f(x)$ 在 $(a,b]$ 上连续，且 $\lim\limits_{x \to a^+} f(x) = \infty$，若极限

$$\lim_{\varepsilon \to 0^+} \int_{a+\varepsilon}^b f(x)\mathrm{d}x (\varepsilon > 0)$$

存在，就称此极限为 $f(x)$ 在 $(a,b]$ 上的反常积分，记作

$$\int_a^b f(x)\mathrm{d}x = \lim_{\varepsilon \to 0^+} \int_{a+\varepsilon}^b f(x)\mathrm{d}x.$$

此时也称反常积分 $\int_a^b f(x)\mathrm{d}x$ 收敛，若上述极限不存在，就称反常积分 $\int_a^b f(x)\mathrm{d}x$ 发散.

设函数 $f(x)$ 在除 $x = c$ $(a < c < b)$ 外连续，且 $\lim\limits_{x \to c} f(x) = \infty$，如果两个反常积分

$$\int_a^c f(x)\mathrm{d}x \quad \text{与} \quad \int_c^b f(x)\mathrm{d}x$$

都收敛，则定义反常积分

$$\int_a^b f(x)\mathrm{d}x = \int_a^c f(x)\mathrm{d}x + \int_c^b f(x)\mathrm{d}x$$
$$= \lim_{\varepsilon \to 0^+} \int_a^{c-\varepsilon} f(x)\mathrm{d}x + \lim_{\varepsilon \to 0^+} \int_{c+\varepsilon}^b f(x)\mathrm{d}x.$$

否则称反常积分 $\int_a^b f(x)\mathrm{d}x$ 发散.

例5 计算 $\int_0^a \dfrac{1}{\sqrt{a^2 - x^2}}\mathrm{d}x (a > 0)$.

解

$$\int_0^a \frac{\mathrm{d}x}{\sqrt{a^2 - x^2}} = \lim_{\varepsilon \to 0^+} \int_0^{a-\varepsilon} \frac{\mathrm{d}x}{\sqrt{a^2 - x^2}} = \lim_{\varepsilon \to 0^+} \left[\arcsin \frac{x}{a}\right]_0^{a-\varepsilon} = \lim_{\varepsilon \to 0^+} \arcsin \frac{a-\varepsilon}{a} = \frac{\pi}{2}.$$

例6 讨论 $\int_{-1}^1 \dfrac{1}{x^2}\mathrm{d}x$ 的收敛性.

解
$$\int_{-1}^1 \frac{\mathrm{d}x}{x^2} = \int_{-1}^0 \frac{\mathrm{d}x}{x^2} + \int_0^1 \frac{\mathrm{d}x}{x^2},$$

其中 $\int_0^1 \dfrac{1}{x^2}\mathrm{d}x = \lim\limits_{\varepsilon \to 0^+} \int_\varepsilon^1 \dfrac{\mathrm{d}x}{x^2} = \lim\limits_{\varepsilon \to 0^+} \left[-\dfrac{1}{x}\right]_\varepsilon^1 = \lim\limits_{\varepsilon \to 0^+} \left(-1 + \dfrac{1}{\varepsilon}\right) = +\infty$，故此反常积分发散.

若 $F(x)$ 是 $f(x)$ 的原函数，引入记号

$$F(b^-) = \lim_{x \to b^-} F(x), F(a^+) = \lim_{x \to a^+} F(x).$$

则有类似牛顿-莱布尼茨公式的计算表达式：

若 b 为瑕点，则 $\int_a^b f(x)\mathrm{d}x = F(b^-) - F(a)$；

若 a 为瑕点，则 $\int_a^b f(x)\mathrm{d}x = F(b) - F(a^+)$；

若 a，b 都为瑕点，则 $\int_a^b f(x)\mathrm{d}x = F(b^-) - F(a^+)$.

例7 证明反常积分 $\int_a^b \dfrac{\mathrm{d}x}{\sqrt{(x-a)^q}}$ 当 $q<1$ 时收敛，$q\geqslant 1$ 时发散．

证 当 $q=1$ 时，$\int_a^b \dfrac{\mathrm{d}x}{x-a} = \left[\ln|x-a|\right]_{a^+}^b = +\infty$；

当 $q\neq 1$ 时，$\int_a^b \dfrac{\mathrm{d}x}{x-a} = \left[\dfrac{(x-a)^{1-q}}{1-q}\right]_{a^+}^b = \begin{cases} \dfrac{(b-a)^{1-q}}{1-q}, & q<1 \\ +\infty, & q>1 \end{cases}$.

所以，当 $q<1$ 时，该反常积分收敛，且收敛于 $\dfrac{(b-a)^{1-q}}{1-q}$；当 $q\geqslant 1$ 时，该反常积分发散．

习题 3-11

1. 判断下列反常积分的敛散性，若收敛，计算其值．

(1) $\int_1^{+\infty} \dfrac{\mathrm{d}x}{x^4}$；　　(2) $\int_1^{+\infty} \dfrac{\mathrm{d}x}{\sqrt{x}}$；　　(3) $\int_0^{+\infty} \mathrm{e}^{-5x}\mathrm{d}x$；　　(4) $\int_{-\infty}^{+\infty} \dfrac{\mathrm{d}x}{x^2+4x+5}$；

(5) $\int_e^{+\infty} \dfrac{\ln x}{x}\mathrm{d}x$；　　(6) $\int_0^1 \dfrac{x\,\mathrm{d}x}{\sqrt{1-x^2}}$；　　(7) $\int_0^2 \dfrac{\mathrm{d}x}{(1-x)^2}$；　　(8) $\int_1^2 \dfrac{x}{\sqrt{x-1}}\mathrm{d}x$.

2. 试判断反常积分的 $\int_0^1 \dfrac{x\,\mathrm{d}x}{\sqrt{1-x^2}}$ 瑕点．

3. 下列计算是否正确？为什么？

(1) $\int_{-\infty}^{+\infty} \dfrac{x}{\sqrt{x^2+1}}\mathrm{d}x = 0$；

(2) $\int_{-1}^1 \dfrac{\mathrm{d}x}{x^6} = -\dfrac{1}{5}\times\dfrac{1}{x^5}\Big|_{-1}^1 = -\dfrac{2}{5}$.

4. 计算反常积分 $I_n = \int_0^{+\infty} x^n \mathrm{e}^{-x}\mathrm{d}x$（$n$ 为自然数）．

第十二节　定积分的近似计算

在介绍定积分定义时，我们用定义计算过 $\int_0^1 x^2\mathrm{d}x$．从计算过程中可以看到，对于任一确定的正整数 n，积分和

$$\sum_{i=1}^n f(\xi_i)\Delta x_i = \frac{1}{6}\left(1+\frac{1}{n}\right)\left(2+\frac{1}{n}\right)$$

都是定积分 $\int_0^1 x^2\mathrm{d}x$ 的近似值．当 n 取不同值时，可得定积分 $\int_0^1 x^2\mathrm{d}x$ 精度不同的近似值．一般说来，n 取得越大，近似程度越好．下面就一般情形，讨论定积分的近似计算问题．

设函数 $f(x)$ 在区间 $[a,b]$ 上连续，则定积分 $\int_a^b f(x)\mathrm{d}x$ 存在．如同第五节中例3的

做法，我们将区间 $[a,b]$ 内插入分点 $a=x_0,x_1,x_2,\cdots,x_{n-1},x_n=b$ 将其 n 等分，每个小区间的长为 $\Delta x_i=\dfrac{b-a}{n}$，在每个小区间 $[x_i,x_{i-1}](i=1,2,\cdots,n)$ 上，如果取 $\xi_i=x_{i-1}$，则有

$$\int_a^b f(x)\mathrm{d}x=\lim_{n\to\infty}\frac{b-a}{n}\sum_{i=1}^n f(x_{i-1}),$$

从而对任一确定的正整数 $[a,b]$，有

$$\int_a^b f(x)\mathrm{d}x\approx\frac{b-a}{n}\sum_{i=1}^n f(x_{i-1}),$$

记 $f(x_i)=y_i(i=0,1,2,\cdots,n)$，则上式可记为

$$\int_a^b f(x)\mathrm{d}x\approx\frac{b-a}{n}\sum_{i=1}^n(y_0+y_1+\cdots+y_{n-1}). \tag{3-7}$$

如果取 $\xi_i=x_i$，则可得近似公式为

$$\int_a^b f(x)\mathrm{d}x\approx\frac{b-a}{n}\sum_{i=1}^n(y_1+y_2+\cdots+y_n). \tag{3-8}$$

以上求定积分近似值的方法称为**矩形法**，式(3-7)、式(3-8) 称为**矩形法公式**.

矩形法的几何意义是：用窄条矩形的面积作为窄条曲边梯形面积的近似值，整体上用阶梯形的面积作为曲边梯形面积的近似值，如图 3-28 所示.

常用的求定积分近似值的方法还有**梯形法**，简单介绍如下：

和矩形法一样，将区间 $[a,b]$ n 等分. 设 $f(x_i)=y_i$，曲线 $y=f(x)$ 上的点 (x_i,y_i) 记为 $M_i(i=0,1,2,\cdots,n)$.

将曲线 $y=f(x)$ 上的小弧段 $\overset{\frown}{M_{i-1}M_i}$ 用直线 $\overline{M_{i-1}M_i}$ 代替，也就是把窄条曲边梯形用窄条梯形代替（图 3-29），由此得到定积分的近似值为

$$\int_a^b f(x)\mathrm{d}x\approx\frac{b-a}{n}\left(\frac{y_0+y_1}{2}+\frac{y_1+y_2}{2}+\cdots+\frac{y_{n-1}+y_n}{2}\right)$$

$$=\frac{b-a}{n}\left(\frac{y_0+y_n}{2}+y_1+y_2+\cdots+y_{n-1}\right). \tag{3-9}$$

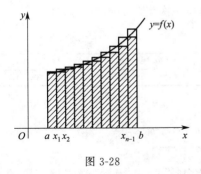

图 3-28

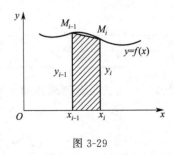

图 3-29

易见，梯形法公式所得近似值就是矩形法公式(3-7)、公式(3-8) 所得两个近似值的平均值.

定积分的近似计算方法很多，这里不再做介绍，随着计算机应用的普及，利用现成的数学软件计算定积分的近似值已变得非常方便.

例 1 按矩形法公式(3-7)、公式(3-8) 和梯形法公式(3-9) 计算定积分 $\int_0^1 \dfrac{4}{1+x^2}\mathrm{d}x$ 的近似值.（取 $n=10$，计算时取 5 位小数）

解 确定 x_i 及其对应的函数值 y_i，见下表：

i	x_i	y_i
0	0.0	4.00000
1	0.1	3.96040
2	0.2	3.84615
3	0.3	3.66972
4	0.4	3.44828
5	0.5	3.20000
6	0.6	2.94118
7	0.7	2.68456
8	0.8	2.43902
9	0.9	2.20994
10	1.0	2.00000

按矩形法公式(3-7) 求得

$$\int_0^1 \frac{4}{1+x^2}\mathrm{d}x \approx 3.23993;$$

按矩形法公式(3-8) 求得

$$\int_0^1 \frac{4}{1+x^2}\mathrm{d}x \approx 3.03993;$$

按梯形法公式(3-9) 求得

$$\int_0^1 \frac{4}{1+x^2}\mathrm{d}x \approx 3.13993.$$

本例所给积分的精确值为

$$\pi = 3.1415926\cdots.$$

习题 3-12

1. 有一河宽 200m，从一岸到正对岸每隔 20m 测量一次水深，测得数据（单位：m）如下表：

x/m（宽）	0	20	40	60	80	100	120	140	160	180	200
y/m（深）	2	5	9	11	19	17	21	15	11	6	3

试用梯形法公式求此河纵截面面积的近似值，如图 3-30.

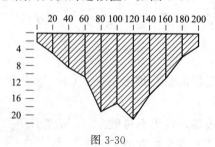

图 3-30

2. 某跑车 36s（0.01h）内速度从 0 加速到 228km/h 的数据如下表所示：

t/h	0.0	0.001	0.002	0.003	0.004	0.005	0.006	0.007	0.008	0.009	0.010
$v(t)/(km/h)$	0	64	100	132	154	174	187	201	212	220	228

请用矩形法估算该跑车在 36s 内速度达到 228km/h 时行进的路程．

本章小结　**【知识目标】**　能复述原函数、不定积分、定积分的定义；正确使用积分方法、积分公式求解不定积分及定积分；能说出不定积分、定积分的几何意义和性质；会用极限工具表示反常积分；能选取恰当的方法做反常积分的计算；能理解微元法；会借助定积分工具计算平面图形的面积、立体体积和平面曲线弧长；＊理工科学生同时要会分析变力做功、水压力、引力等较实际问题，并能求简单问题；＊经济、管理类学生同时会由总经济量函数的边际函数或变化率总经济函数．

【能力目标】　正确理解积分的概念和性质能力；掌握积分的计算能力；应用积分解决问题的能力；数形结合辅助解决问题的能力．

【素质目标】　通过不定积分、定积分计算类题目的学习，引导和训练学生的逆向思维方式；通过定积分的概念，加强学生对极限思想的认识与理解，使学生形成良好的数学素养；通过利用数与形结合解决问题方式的引导和训练，使学生感受数学之美．

目标测试

记忆层次：

1. 函数 $f(x)$ 在 $(-\infty,+\infty)$ 上连续，则 $\mathrm{d}\left[\int f(x)\mathrm{d}x\right]$ 等于（　　）．

A. $f(x)$　　　　B. $f(x)\mathrm{d}x$　　　　C. $f(x)+C$　　　D. $f'(x)\mathrm{d}x$

2. 设 $\int f(x)\mathrm{d}x=\mathrm{e}^{x^2}+c$，则 $f(x)=$（　　　）．

A. $2x\mathrm{e}^{x^2}$　　　　B. e^{x^2}　　　　C. $\mathrm{e}^{x^2}\mathrm{d}x$　　　　D. $2x\mathrm{e}^{x^2}\mathrm{d}x$

3. $\int_{-\frac{\pi}{2}}^{\frac{\pi}{2}}\frac{\sin x}{1+x^2}\cos x^4\mathrm{d}x=$（　　　）．

A. π　　　　　B. $-\pi$　　　　C. 0　　　　　D. 2π

4. 定积分 $\int_a^b f(x)\mathrm{d}x$ 是（　　　）．

A. $f(x)$ 的一个原函数　　　　B. $f(x)$ 的全体原函数
C. 确定的常数　　　　　　　　D. 任意常数

5. 函数 $f(x)$ 在闭区间 $[a,b]$ 上连续是 $f(x)$ 在 $[a,b]$ 上可积的（　　）．

A. 必要条件　　　　　　　　　B. 充分条件
C. 充要条件　　　　　　　　　D. 既非充分条件也非必要条件

理解层次：

6. 积分中值定理 $\int_a^b f(x)\mathrm{d}x = f(\xi)(b-a)$ 中 ξ 是 $[a,b]$ 上（　　）.

A. 任意一点　　　B. 中点　　　　C. 唯一的某点　　D. 必存在的某一点

7. 定积分所表示的下列极限是（　　）.

A. $\displaystyle\lim_{n\to\infty}\frac{b-a}{n}\sum_{i=1}^{n}f\left[\frac{i}{n}(b-a)\right]$

B. $\displaystyle\lim_{n\to\infty}\frac{b-a}{n}\sum_{i=1}^{n}f\left[\frac{i-1}{n}(b-a)\right]$

C. $\displaystyle\lim_{n\to\infty}\sum_{i=1}^{n}f(\xi_i)\Delta x_i\left[\frac{i}{n}(b-a)\right],\xi_i\in(x_{i-1},x_i)$

D. $\displaystyle\lim_{\lambda\to 0}\sum_{i=1}^{n}f(\xi_i)\Delta x_i,\lambda=\max\{\Delta x_1,\Delta x_2,\cdots,\Delta x_n\},\xi_i\in(x_{i-1},x_i)$

8. 若 $\displaystyle\int_0^{+\infty}\frac{a}{1+x^2}\mathrm{d}x=\pi$，则 $a=$（　　）.

A. 1　　　　　　B. 2　　　　　　C. $\dfrac{1}{2}$　　　　　　D. $-\dfrac{1}{2}$

应用层次：

9. 求下列不定积分.

(1) $\displaystyle\int\frac{1}{x\ln x}\mathrm{d}x$；

(2) $\displaystyle\int\frac{x^4}{1+x^2}\mathrm{d}x$；

(3) $\displaystyle\int\frac{2^x 3^x}{9^x+4^x}\mathrm{d}x$；

(4) $\displaystyle\int\frac{x+\sin x}{1+\cos x}\mathrm{d}x$；

(5) $\displaystyle\int\frac{x^2}{a^6-x^6}\mathrm{d}x\,(a>0)$；

(6) $\displaystyle\int\frac{\mathrm{d}x}{\sin^3 x\cos x}$；

(7) $\displaystyle\int\frac{\mathrm{d}x}{x\sqrt{x^2+1}}$；

(8) $\displaystyle\int\frac{1}{\sqrt{\mathrm{e}^x-1}}\mathrm{d}x$；

(9) $\displaystyle\int\frac{1}{\sqrt{x}+\sqrt{x+1}}\mathrm{d}x$；

(10) $\displaystyle\int\frac{\sqrt[3]{x}}{x(\sqrt{x}+\sqrt[3]{x})}\mathrm{d}x$.

10. 使用定积分方法求下列极限.

(1) $\displaystyle\lim_{n\to\infty}\left(\frac{1}{n^2}+\frac{2}{n^2}+\cdots+\frac{n-1}{n^2}\right)$；

(2) $\displaystyle\lim_{n\to\infty}\left(\frac{1}{n+1}+\frac{1}{n+2}+\cdots+\frac{1}{n+n}\right)$.

11. 计算下列定积分.

(1) $\displaystyle\int_0^{\frac{\pi}{2}}\max\{\sin x,\cos x\}\mathrm{d}x$；

(2) $\displaystyle\int_0^1 x\sqrt{\frac{1-x^2}{1+x^2}}\mathrm{d}x$；

(3) $\displaystyle\int_0^{\frac{1}{4}} \frac{\arcsin\sqrt{x}}{\sqrt{1-x}}\mathrm{d}x$；   (4) $\displaystyle\int_0^{\ln 2} \sqrt{1-\mathrm{e}^{-2x}}\,\mathrm{d}x$；

(5) $\displaystyle\int_1^2 \frac{\sqrt{4-x^2}}{x^2}\mathrm{d}x$.

12. 选择一个常数 c，使 $\displaystyle\int_a^b (x+c)\cos^{99}(x+c)\mathrm{d}x = 0$.

13. 设 $f'(\sin^2 x) = \cos^2 x$，求 $f(x)$.

14. 曲线 $y = \dfrac{1}{x}, y = x, y = 0, x = 2$.

(1) 求上述四条曲线所围成的图形的面积 S；

(2) 求面积 S 绕 x 轴旋转所成旋转体的体积 V_1；

(3) 求面积 S 绕直线 $x = 2$ 旋转所成的旋转体的体积 V_2.

15. 求柱面 $x^2 + y^2 = a^2$ 与 $x^2 + z^2 = a^2$ 所围立体的体积.

16. 求心形线 $\rho = a(1+\cos\theta)$ 在圆 $\rho = a\cos\theta$ 内的那部分长度.

17. 设有一半径为 R、中心角为 φ 的圆弧形细棒，其线密度为常数 μ. 在圆心处有一质量为 m 的质点 M. 试求这细棒对质点 M 的引力.

18. 由抛物线 $y = x^2$ 及 $y = 4x^2$ 绕 y 轴旋转一周所成的旋转抛物面的容器，高为 H，先在其中盛水，水高为 $\dfrac{H}{2}$，问要将水全部抽出，需外力做多少功？

数学文化拓展

莫比乌斯带

1858 年，法国巴黎科学协会举办了一次数学论文比赛，来自德国的参赛者——数学家莫比乌斯论述了他发现的一种曲面，三维欧几里得空间中的一种奇特的二维单面环状结构，被后人称为莫比乌斯带，即将纸条的一端扭转 $180°$ 后与另一端粘在一起，做成的纸带圈。

普通纸带具有两个面，一个正面，一个反面，即双侧曲面，两个面可以涂成不同的颜色，而莫比乌斯纸带只有一个面，即单侧曲面。如果从纸带上一点出发为其涂色，最后整条带子均是一个颜色，或者说，一只小虫子可以不必跨过它的边缘而爬遍整个曲面。因此，莫比乌斯带是一个连续的且只有一个面的曲面。

它的发现及它具有的奇异性对科学、艺术乃至自然、人类都带来很广泛的影响。生活中的艺术摆件、儿童游玩的体育器材、城市的网红打卡建筑、DNA 的双螺旋分子结构等都有莫比乌斯带的影子。

同学们，可以动手做一个莫比乌斯带，将它沿中线剪开，看看变成了什么？如果沿着三等分线剪开，会得到什么呢？沿四等分线，又会怎样？

第四章
微分方程

微积分研究的对象是函数关系，函数是客观事物的内部联系在数量方面的反映，利用函数关系又可以对客观事物的规律性进行研究．但在实际问题中，往往很难直接获得变量之间的函数关系，因此如何寻求函数关系，在实践中具有重要意义．在许多问题中，根据问题所提供的情况，有时可以列出含有要找的函数及其导数的关系式．这样的关系式就是微分方程．微分方程建立以后，对它进行研究，找出未知函数来，这就是解微分方程．

如果说"数学是一门理性思维的科学，是研究、了解和知晓现实世界的工具"，那么微分方程就是数学的这种威力和价值的一种体现．现实世界中的许多问题都可以抽象地表示成微分方程问题．例如种群的繁殖、电磁波的传播、物体的冷却、琴弦的振动等，这些微分方程也称为所研究问题的数学模型．

微分方程是一门独立的学科，有比较完整的理论体系，本章主要介绍微分方程的一些基本概念和几种常用的微分方程的解法．

第一节　微分方程的基本概念

首先我们通过几何学和物理学两个引例来说明微分方程的基本概念．

引例 1　一曲线通过点 $(1,2)$，且在该曲线上任一点 $M(x,y)$ 处的斜率为 $2x$，求这曲线的方程．

解　设所求曲线的方程为 $y=y(x)$．根据导数的几何意义，可知未知函数 $y=y(x)$ 应满足关系式：

$$\frac{\mathrm{d}y}{\mathrm{d}x}=2x.$$

未知函数 $y=y(x)$ 还应满足：

$$x=1 \text{ 时}，y=2.$$

把上式两端积分，得

$$y=\int 2x\,\mathrm{d}x，\text{ 即 } y=x^2+C.$$

其中 C 是任意常数．

把条件"$x=1$ 时，$y=2$"代入上式，得 $C=1$．

所求曲线方程为：$y=x^2+1$．

引例 2　列车在水平直线路上以 $20\mathrm{m/s}$（相当于 $72\mathrm{km/h}$）的速度行驶，当制动时列车获得加速度 $-0.4\mathrm{m/s^2}$．问开始制动后多长时间列车才能停住，以及列车在这段时间里行驶了多少路程？

解 设列车在开始制动后 t s 时行驶了 s m. 根据题意，反映制动阶段列车运动规律的函数 $s=s(t)$ 应满足关系式，即加速度为 s 的二阶导数：

$$\frac{\mathrm{d}^2 s}{\mathrm{d}t^2}=-0.4.$$

上式两端积分一次，得 v：

$$v=\frac{\mathrm{d}s}{\mathrm{d}t}=-0.4t+C_1.$$

再积分一次，得：

$$s=-0.2t^2+C_1t+C_2.$$

这里 C_1 和 C_2 都是任意常数.

未知函数 $s=s(t)$ 还应满足条件：

$$t=0 \text{ 时}，s=0，v=20.$$

把条件代入以上两式，解得：

$$C_1=20，C_2=0.$$

即：

$$v=-0.4t+20,$$
$$s=-0.2t^2+20t.$$

令 $v=0$ 得到列车从开始制动到完全停住所需的时间 $t=50$ s.

再把 $t=50$ s 代入，得到列车在制动阶段行驶的路程 $s=500$ m.

上述两个引例中的关系式都含有未知函数的导数，它们都是微分方程. 一般地，凡表示未知函数、未知函数的导数与自变量之间的关系的方程，叫做**微分方程**. 未知函数是一元函数的，叫做**常微分方程**；未知函数是多元函数的，叫做**偏微分方程**. 微分方程有时也简称方程. 本章只讨论常微分方程.

微分方程所出现的未知函数的最高阶导数的阶数，叫做**微分方程的阶**. 例如，引例 1 是一阶微分方程，引例 2 是二阶微分方程. 又如，

方程

$$x^2 y'''+3x^3 y''-5xy'=4x^2$$

是三阶微分方程；

方程

$$y^{(4)}-3y'''+7y''-12y'+5y=\cos 2x$$

是四阶微分方程.

一般地，n 阶微分方程的形式是

$$F=f(x,y,y',\cdots,y^{(n-1)},y^{(n)})=0.$$

其中 F 是 $n+2$ 个变量的函数. 这里必须指出，在 n 阶微分方程中，$y^{(n)}$ 是必须出现的，而 $x,y,y',\cdots,y^{(n-1)}$ 等变量则可以不出现. 例如 n 阶微分方程

$$y^{(n)}+1=0$$

中，除 $y^{(n)}$ 外，其余变量都没有出现.

如果能从方程中解出最高阶导数，并可表示成如下形式

$$y^{(n)}+a_1(x)y^{(n-1)}+\cdots+a_{n-1}(x)y'+a_n(x)y=g(x),$$

则称方程为 **n 阶线性微分方程**，其中 $a_1(x),a_2(x),\cdots,a_n(x)$ 和 $g(x)$ 都是自变量 x 的已

知函数. 如果不能表示成这样，则统称为**非线性微分方程**.

由引例我们看出，在研究某些实际问题时，首先要建立微分方程，然后找出满足微分方程的函数（解微分方程），就是说，找出这样的函数，把这函数代入微分方程能使该方程成为恒等式. 这个函数叫做该**微分方程的解**. 确切地说，设函数 $y=\varphi(x)$ 在区间 I 上有 n 阶连续导数，如果在区间 I 上

$$F=f(x,\varphi(x),\varphi'(x),\cdots,\varphi^{(n-1)}(x),\varphi^{(n)}(x))\equiv 0,$$

那么函数 $y=\varphi(x)$ 就叫做微分方程在区间 I 上的解.

如果微分方程的解中含有相互独立的任意常数，且任意常数的个数与微分方程的阶数相同，这样的解叫做**微分方程的通解**. 由于通解中含有相互独立任意常数，所以它还不能完全确定地反映某一客观事物的规律性. 要完全确定地反映客观事物的规律性，必须确定这些常数的值. 为此，要根据问题的实际情况，提出确定这些常数的条件. 例如引例 1 和引例 2 中的条件，便是这样的条件.

设微分方程中的未知函数为 $y=y(x)$，如果微分方程是一阶的，通常用来确定任意常数的条件是：

$$x=x_0 \text{ 时，} y=y_0;$$

或写成

$$y|_{x=x_0}=y_0.$$

其中 x_0，y_0 都是给定的值.

如果微分方程是二阶的，通常用来确定任意常数的条件是：

$$x=x_0 \text{ 时，} y=y_0, y'=y_0';$$

或写成

$$y|_{x=x_0}=y_0, y'|_{x=x_0}=y_0'.$$

其中 x_0，y_0 和 y_0' 都是给定的值. 上述这种条件叫做**初始条件**，也称**定解条件**.

确定了通解中的任意常数以后，就得到微分方程的**特解**.

求微分方程 $y'=f(x,y)$ 满足初始条件 $y|_{x=x_0}=y_0$ 的特解这样一个问题，叫做**一阶微分方程的初值问题**，记作

$$\begin{cases} y'=f(x,y) \\ y|_{x=x_0}=y_0 \end{cases}.$$

微分方程的解的图形是一条曲线，叫做微分方程的**积分曲线**. 初值问题的几何意义，就是求微分方程的通过点 (x_0,y_0) 的那条积分曲线.

二阶微分方程的初值问题，记作

$$\begin{cases} y''=f(x,y,y') \\ y|_{x=x_0}=y_0, y'|_{x=x_0}=y_0' \end{cases}.$$

几何意义是求微分方程的通过点 (x_0,y_0)，且在该点处的切线斜率为 y_0' 的那条积分曲线.

例 1 确定下列微分方程的阶数.

(1) $\dfrac{\mathrm{d}y}{\mathrm{d}x}=2x^3+y$；

(2) $x\left(\dfrac{\mathrm{d}y}{\mathrm{d}x}\right)^2-3\dfrac{\mathrm{d}^2y}{\mathrm{d}x^2}+5\sin x=0$；

(3) $\sin(y'')\tan x+2y'-y=\ln x$；

(4) $y''+\ln x-3y=0$.

解 （1）是一阶线性微分方程，因为方程中含有$\dfrac{\mathrm{d}y}{\mathrm{d}x}$和$y$都是一次的；

（2）是二阶非线性微分方程，因为方程中含有$\dfrac{\mathrm{d}y}{\mathrm{d}x}$的平方项；

（3）是二阶非线性微分方程，因为方程中含有非线性函数$\sin(y'')$；

（4）是二阶线性微分方程，因为y''和y都是一次的.

例2 验证函数$y=(x^2+C)\sin x$（C为任意常数）是方程

$$\frac{\mathrm{d}y}{\mathrm{d}x}-y\cot x-2x\sin x=0$$

的通解，并求满足初始条件$y\big|_{x=\frac{\pi}{2}}=0$的特解.

解 要验证一个函数是否是方程的通解，只要将函数代入方程，看是否恒等，再看函数式中所含的独立的任意常数的个数是否与方程的阶数相同. 将$y=(x^2+C)\sin x$求一阶导数，得

$$\frac{\mathrm{d}y}{\mathrm{d}x}=2x\sin x+(x^2+C)\cos x.$$

把y和$\dfrac{\mathrm{d}y}{\mathrm{d}x}$代入方程左边得：

$$\frac{\mathrm{d}y}{\mathrm{d}x}-y\cot x-2x\sin x=2x\sin x+(x^2+C)\cos x-(x^2+C)\sin x\cot x-2x\sin x\equiv 0.$$

因方程两边恒等，且y中含有一个任意常数，故$y=(x^2+C)\sin x$是题设方程的通解.

将初始条件$y\big|_{x=\frac{\pi}{2}}=0$代入通解$y=(x^2+C)\sin x$中，得$0=\dfrac{\pi^2}{4}+C$，即$C=-\dfrac{\pi^2}{4}$.

从而所求特解为：

$$y=\left(x^2-\frac{\pi^2}{4}\right)\sin x.$$

例3 验证：函数$x=C_1\cos kt+C_2\sin kt$是微分方程$\dfrac{\mathrm{d}^2x}{\mathrm{d}t^2}+k^2x=0$的通解.

解 求出所给函数的一阶导数：

$$\frac{\mathrm{d}x}{\mathrm{d}t}=-kC_1\sin kt+kC_2\cos kt.$$

二阶导数：

$$\frac{\mathrm{d}^2x}{\mathrm{d}t^2}=-k^2C_1\cos kt-k^2C_2\sin kt.$$

把$\dfrac{\mathrm{d}^2x}{\mathrm{d}t^2}$及$x$的表达式代入微分方程中恒等于0，且含有两个相互独立的任意常数，因此函数是微分方程的通解.

例4 求例3中当$k\neq 0$时满足初始条件

$$x\big|_{t=0}=A,\frac{\mathrm{d}x}{\mathrm{d}t}\bigg|_{t=0}=0$$

的特解.

解 将条件 $x|_{t=0}=A$ 代入 $x=C_1\cos kt+C_2\sin kt$ 得：

$$C_1=A.$$

将条件 $\dfrac{\mathrm{d}x}{\mathrm{d}t}\Big|_{t=0}=0$ 代入 $\dfrac{\mathrm{d}x}{\mathrm{d}t}=-kC_1\sin kt+kC_2\cos kt$ 得：

$$C_2=0.$$

把 C_1,C_2 的值代入 $x=C_1\cos kt+C_2\sin kt$，就得所求的特解为：

$$x=A\cos kt.$$

习题 4-1

1. 试说出下列各微分方程的阶数：

(1) $x(y')^2-2yy'+x^2=0$；

(2) $x^2y''-xy'+y=0$；

(3) $xy'''+3y''-x^3y=0$；

(4) $(7x-6y)\mathrm{d}x+(x+y)\mathrm{d}y=0$；

(5) $L\dfrac{\mathrm{d}^2Q}{\mathrm{d}t^2}+R\dfrac{\mathrm{d}Q}{\mathrm{d}t}+\dfrac{Q}{C}=0$；

(6) $\dfrac{\mathrm{d}\rho}{\mathrm{d}\theta}+3\rho^2=\sin^2\theta$；

(7) $y^{(4)}-4y'''+y''-3y'+6y=\tan 2x$；

(8) $\dfrac{\mathrm{d}^2S}{\mathrm{d}t^2}+\dfrac{\mathrm{d}S}{\mathrm{d}t}+S=0$.

2. 指出下列各题中的函数是否为所给微分方程的解：

(1) $xy'=2y,y=5x^2$；

(2) $y''+y=0,y=3\sin x-4\cos x$；

(3) $y''-2y'+y=0,y=x^2\mathrm{e}^x$；

(4) $y''-(\lambda_1+\lambda_2)y'+\lambda_1\lambda_2y=0,y=C_1\mathrm{e}^{\lambda_1 x}+C_2\mathrm{e}^{\lambda_2 x}$.

3. 证明 $y=\sin 2t$ 满足微分方程

$$\dfrac{\mathrm{d}^2y}{\mathrm{d}t^2}+4y=0.$$

4. 若已知 $Q=C\mathrm{e}^{Kt}$ 满足微分方程

$$\dfrac{\mathrm{d}Q}{\mathrm{d}t}=-0.03Q,$$

那么 C 和 K 的取值情况应如何？

5. 写出由下列条件确定的曲线所满足的微分方程：

(1) 曲线在点 (x,y) 处的切线的斜率等于该点横坐标的平方；

(2) 曲线上点 $P(x,y)$ 处的法线与 x 轴的交点为 Q，且线段 PQ 被 y 轴平分.

6. 用微分方程表示物理命题：某种气体的气压 P 对于温度 T 的变化率与气压成正比，与温度的平方成反比.

7. 求连续函数 $f(x)$，使它满足 $\displaystyle\int_0^1 f(t)\mathrm{d}t=f(x)+x\sin x$.

8. 求曲线族 $x^2+Cy^2=1$ 满足的微分方程，其中 C 为任意常数.

第二节　可分离变量的微分方程

微分方程的类型多种多样，解法也各不相同. 从本节开始我们将根据微分方程的不同类型，给出相应的解法.

现在我们讨论一阶微分方程

$$y' = F(x,y)$$

的一些解法.

如果其右端函数能分解成 $F(x,y) = f(x)g(y)$，即一个微分方程能写成

$$\frac{\mathrm{d}y}{\mathrm{d}x} = f(x)g(y)$$

的形式，那么原方程就称为**可分离变量的微分方程**. 其中函数 $g(y)$ 和 $f(x)$ 是连续的.

假定方程中的函数 $g(y) \neq 0$. 用 $g(y)$ 去除方程两端，用 $\mathrm{d}x$ 乘方程两端，使未知函数和自变量位于等号的两边，再积分得：

$$\int \frac{1}{g(y)}\mathrm{d}y = \int f(x)\mathrm{d}x.$$

设 $G(y)$ 及 $F(x)$ 为 $\frac{1}{g(y)}$ 和 $f(x)$ 的原函数，于是有

$$G(y) = F(x) + C$$

为方程的通解. 易知如果 $g(y_0) = 0$，那么 $y = y_0$ 也是方程的解. 上述求解可分离变量的微分方程的方法称为**分离变量法**.

例 1　求微分方程 $\frac{\mathrm{d}y}{\mathrm{d}x} = 2xy$ 的通解.

解　方程是可分离变量的，分离变量后得：

$$\int \frac{\mathrm{d}y}{y} = \int 2x\,\mathrm{d}x.$$

两端积分得：

$$\ln|y| = x^2 + C_1.$$

从而得：$y = \pm \mathrm{e}^{x^2 + C_1} = \pm \mathrm{e}^{C_1}\mathrm{e}^{x^2}$.

因 $\pm \mathrm{e}^{C_1}$ 仍是任意常数，把它记作 C，便得方程的通解：

$$y = C\mathrm{e}^{x^2}.$$

例 2　求微分方程 $\mathrm{d}x + xy\,\mathrm{d}y = y^2\,\mathrm{d}x + y\,\mathrm{d}y$ 的通解.

解　先合并 $\mathrm{d}x$ 及 $\mathrm{d}y$ 的各项，得：

$$y(x-1)\mathrm{d}y = (y^2-1)\mathrm{d}x.$$

设 $y^2 - 1 \neq 0, x - 1 \neq 0$，分离变量得：

$$\frac{y}{y^2-1}\mathrm{d}y = \frac{1}{x-1}\mathrm{d}x.$$

两端积分：

$$\int \frac{y}{y^2-1}\mathrm{d}y = \int \frac{1}{x-1}\mathrm{d}x.$$

得：

$$\frac{1}{2}\ln|y^2-1| = \ln|x-1| + \ln|C_1|.$$

即：

$$y^2 - 1 = \pm C_1^2 (x-1)^2.$$

记 $C = \pm C_1^2$，则得到方程的通解为：

$$y^2 - 1 = C(x-1)^2.$$

例 3　求 $\dfrac{\mathrm{d}y}{\mathrm{d}x} = \dfrac{y}{\sqrt{1-x^2}}$ 的通解.

解　分离变量得：

$$\frac{\mathrm{d}y}{y} = \frac{\mathrm{d}x}{\sqrt{1-x^2}}.$$

两边积分：

$$\int \frac{1}{y}\mathrm{d}y = \int \frac{1}{\sqrt{1-x^2}}\mathrm{d}x.$$

求积分得：$\ln|y| = \arcsin x + C_1$，

即　　$y = \pm \mathrm{e}^{C_1}\mathrm{e}^{\arcsin x} = C\mathrm{e}^{\arcsin x}\,(C = \pm \mathrm{e}^{C_1})$，显然 $y = 0$ 也包含其中.

例 4　放射性元素铀由于不断地有原子放射出微粒子而变成其他元素，铀的含量就不断减少，这种现象叫做衰变. 由原子物理学知道，铀的衰变速度与当时未衰变的原子的含量 M 成正比. 已知 $t = 0$ 时铀的含量为 M_0，求在衰变过程中铀的含量 $M(t)$ 随时间 t 变化的规律.

解　铀的衰变速度就是 $M(t)$ 对时间 t 的导数 $\dfrac{\mathrm{d}M}{\mathrm{d}t}$. 由于铀的衰变速度与其含量成正比，故得微分方程

$$\frac{\mathrm{d}M}{\mathrm{d}t} = -\lambda M,$$

其中 $\lambda > 0$ 是常数，叫做衰变系数，前置负号是由于当 t 增加时 M 单调减少，即 $\dfrac{\mathrm{d}M}{\mathrm{d}t} < 0$ 的缘故.

按题意，初始条件为：$M\big|_{t=0} = M_0$.

方程是可分离变量的，分离变量后得：

$$\frac{\mathrm{d}M}{M} = -\lambda\,\mathrm{d}t.$$

两端积分：

$$\int \frac{\mathrm{d}M}{M} = \int -\lambda\,\mathrm{d}t.$$

以 $\ln C$ 表示任意常数，考虑到 $M > 0$，得：

$$\ln M = -\lambda t + \ln C.$$

即

$$M = C\mathrm{e}^{-\lambda t}.$$

这就是方程的通解. 以初始条件代入上式，得：

$$M_0 = C\mathrm{e}^0 = C.$$

所以 $M = M_0 \mathrm{e}^{-\lambda t}$.

这就是所求铀的衰变规律. 由此可见, 铀的含量随时间的增加而按指数规律衰减.

例 5 设降落伞从跳伞塔下落后, 所受空气阻力与速度成正比, 并设降落伞离开跳伞塔时 ($t=0$) 速度为零, 求降落伞下落速度与时间的函数关系.

解 设降落伞下落速度为 $v(t)$. 降落伞在空中下落时, 同时受到重力 P 与阻力 R 的作用. 重力大小为 mg, 方向与 v 一致, 阻力大小为 kv (k 为比例系数), 方向与 v 相反, 从而降落伞所受外力为:

$$F=mg-kv.$$

根据牛顿第二运动定律

$$F=ma,$$

其中 a 为加速度, 得函数 $v(t)$ 应满足的方程为:

$$m\frac{\mathrm{d}v}{\mathrm{d}t}=mg-kv.$$

按题意, 初始条件为: $v|_{t=0}=0$.

方程是可分离变量的, 分离变量后得

$$\frac{\mathrm{d}v}{mg-kv}=\frac{\mathrm{d}t}{m},$$

两端积分

$$\int\frac{\mathrm{d}v}{mg-kv}=\int\frac{\mathrm{d}t}{m}.$$

考虑到 $mg-kv>0$, 得

$$-\frac{1}{k}\ln(mg-kv)=\frac{t}{m}+C_1,$$

即

$$mg-kv=\mathrm{e}^{-\frac{k}{m}t-kC_1}$$

或

$$v=\frac{mg}{k}+C\mathrm{e}^{-\frac{k}{m}t}\left(C=-\frac{\mathrm{e}^{-kC_1}}{k}\right).$$

这就是方程的通解.

将初始条件 $v|_{t=0}=0$ 代入, 得

$$C=-\frac{mg}{k}.$$

于是所求的特解为:

$$v=\frac{mg}{k}(1-\mathrm{e}^{-\frac{k}{m}t}).$$

例 6 有高为 1m 的半球形容器, 水从它的底部小孔流出, 小孔横截面面积为 $1\mathrm{cm}^2$, 开始时容器内盛满了水, 求水从小孔流出过程中容器里水面的高度 h (水面与孔口中心间的距离) 随时间 t 变化的规律.

解 由水力学知道, 水从孔口流出的流量 Q (即通过孔口横截面的水的体积 V 对时间 t 的变化率) 可用下列公式计算:

$$Q=\frac{\mathrm{d}V}{\mathrm{d}t}=0.62S\sqrt{2gh}.$$

其中 0.62 为流量系数，S 为孔口截面面积，g 为重力加速度. 现在孔口截面面积 $S=1\mathrm{cm}^2$，故

$$\mathrm{d}V=0.62\sqrt{2gh}\,\mathrm{d}t.$$

另一方面，设在微小时间间隔 $[t,t+\mathrm{d}t]$ 内，水面高度由 h 降至 $h+\mathrm{d}h(\mathrm{d}h<0)$，则又可得到：

$$\mathrm{d}V=-\pi r^2\mathrm{d}h.$$

其中 r 是时刻 t 的水面半径，右端置负号是由于 $\mathrm{d}h<0$ 而 $\mathrm{d}V>0$ 的缘故. 又因

$$r=\sqrt{100^2-(100-h)^2}=\sqrt{200h-h^2},$$

即

$$\mathrm{d}V=-\pi(200h-h^2)\mathrm{d}h,$$

故 $0.62\sqrt{2gh}\,\mathrm{d}t=-\pi(200h-h^2)\mathrm{d}h.$

这就是未知函数 $h=h(t)$ 应满足的微分方程.

此外，开始时容器内的水是满的，所以未知函数还应满足下列初始条件：

$$h\big|_{t=0}=100.$$

方程是可分离变量的，分离变量后得：

$$\mathrm{d}t=-\frac{\pi}{0.62\sqrt{2g}}(200h^{\frac{1}{2}}-h^{\frac{3}{2}})\mathrm{d}h.$$

两端积分，得

$$t=-\frac{\pi}{0.62\sqrt{2g}}\left(\frac{400}{3}h^{\frac{3}{2}}-\frac{2}{5}h^{\frac{5}{2}}\right)+C,$$

其中 C 是任意常数.

把初始条件代入，得

$$C=\frac{\pi}{0.62\sqrt{2g}}\times\frac{14}{15}\times10^5.$$

把所得的 C 值代入式，得

$$t=-\frac{\pi}{4.65\sqrt{2g}}(7\times10^5-10^3h^{\frac{3}{2}}+3h^{\frac{5}{2}}).$$

上式表达了水从小孔流出的过程中容器内水面的高度 h 与时间 t 之间的函数关系.

习题 4-2

1. 求下列微分方程的通解：

(1) $xy'-y\ln y=0$；

(2) $3x^2+5x-5y'=0$；

(3) $\sqrt{1-x^2}\,y'=\sqrt{1-y^2}$；

(4) $\sec^2x\tan y\,\mathrm{d}x+\sec^2y\tan x\,\mathrm{d}y=0$；

(5) $\cos x\sin y\,\mathrm{d}x+\sin x\cos y\,\mathrm{d}y=0$；

(6) $xy\,\mathrm{d}x+\sqrt{1-x^2}\,\mathrm{d}y=0$；

(7) $(\mathrm{e}^{x+y}-\mathrm{e}^x)\mathrm{d}x+(\mathrm{e}^{x+y}+\mathrm{e}^y)\mathrm{d}y=0$；

(8) $(y+1)^2\dfrac{\mathrm{d}y}{\mathrm{d}x}+x^3=0$；

(9) $\tan x\dfrac{\mathrm{d}y}{\mathrm{d}x}=1+y$；

(10) $\dfrac{\mathrm{d}y}{\mathrm{d}x}=10^{x+y}$.

2. 求下列微分方程满足所给初始条件的特解：

(1) $y' = e^{2x-y}$, $y|_{x=0} = 0$;

(2) $\cos x \sin y \, dy = \cos y \sin x \, dx$, $y|_{x=0} = \dfrac{\pi}{4}$;

(3) $\cos y \, dx + (1 + e^{-x}) \sin y \, dy = 0$, $y|_{x=0} = \dfrac{\pi}{4}$;

(4) $x \, dy + 2y \, dx = 0$, $y|_{x=2} = 1$.

3. 有一盛满了水的圆锥形漏斗，高为 10cm，顶角为 $60°$，漏斗下面有面积为 0.5cm^2 的孔，求水面高度变化的规律及流完所需的时间.

4. 质量为 1g 的质点受外力作用做直线运动，此外力和时间成正比，和质点运动的速度成反比. 在 $t = 10$s 时，速度等于 50m/s，外力为 $4 \text{g} \cdot \text{cm/s}^2$，问从运动开始经过了一分钟后的速度是多少？

5. 镭的衰变有如下的规律：镭的衰变速度与它的现存量 R 成正比. 由经验材料得知，镭经过 1600 年后，只剩原始量的一半，试求镭的量 R 与时间 t 的函数关系.

6. 一曲线通过点 (2,3)，它在两坐标轴间的任一切线线段均被切点所平分，求此曲线方程.

7. 小船从河边点 O 处出发驶向对岸（两岸为平行直线）. 设船速为 a，船行方向始终与河岸垂直，又设河宽为 h，河中任一点处的水流速度与该点到两岸距离的乘积成正比（比例系数为 k）. 求小船的航行路线.

第三节　一阶线性微分方程

一、一阶线性微分方程

方程

$$\frac{dy}{dx} + P(x)y = Q(x) \tag{4-1}$$

称为**一阶线性微分方程**，因为它对于未知函数 y 及其导数是一次方程. 如果 $Q(x) = 0$ 则方程称为**一阶齐次线性微分方程**；如果 $Q(x)$ 不恒等于零，则方程称为**一阶非齐次线性微分方程**.

设式(4-1) 为一阶非齐次线性方程. 为了求方程的解，我们先把 $Q(x)$ 换成零而写出

$$\frac{dy}{dx} + P(x)y = 0. \tag{4-2}$$

方程(4-2) 叫做对应于一阶非齐次线性方程(4-1) 的一阶齐次线性方程. 方程(4-2) 是可分离变量的，分离变量后得

$$\frac{dy}{dx} = -P(x)dx.$$

两端积分，得：

$$\ln|y| = -\int P(x)dx + C_1$$

或

$$y = Ce^{-\int P(x)dx} \quad (C = \pm e^{C_1}).$$

这是对应的一阶齐次线性方程(4-2)的通解.

为了求非齐次线性方程(4-1)的通解，我们引入所谓**常数变易法**，这方法是把方程(4-2)的通解中的 C 换成 x 的未知函数 $u(x)$，即作变换

$$y = ue^{-\int P(x)dx}. \tag{4-3}$$

当 y 满方程(4-1)时，确定 $u(x)$ 的形式，于是

$$\frac{dy}{dx} = u'e^{-\int P(x)dx} - uP(x)e^{-\int p(x)dx}.$$

代入方程(4-1)得

$$u'e^{-\int P(x)dx} - uP(x)e^{-\int P(x)dx} + P(x)ue^{-\int p(x)dx} = Q(x),$$

即

$$u'e^{-\int P(x)dx} = Q(x), u' = Q(x)e^{\int P(x)dx}.$$

两端积分，得：

$$u = \int Q(x)e^{\int P(x)dx} dx + C.$$

代入方程(4-3)便得非齐次线性方程(4-1)的通解：

$$y = e^{-\int P(x)dx}\left(\int Q(x)e^{\int P(x)dx} dx + C\right). \tag{4-4}$$

也可改写成两项之和

$$y = Ce^{-\int P(x)dx} + e^{-\int P(x)dx}\int Q(x)e^{\int P(x)dx} dx. \tag{4-5}$$

上式右端第一项是对应的齐次线性方程(4-2)的通解，第二项是非齐次线性方程(4-1)的一个特解［在式(4-1)的通解中取 $C=0$ 便得到这个特解］. 由此可知，一阶非齐次线性方程的通解等于对应的齐次方程的通解与非齐次方程的一个特解之和. 一般情况下我们只需确定方程为一阶线性微分方程，确定 $P(x)$ 和 $Q(x)$，利用式(4-4)或式(4-5)求解即可.

例 1 求方程 $\frac{dy}{dx} - \frac{2y}{x+1} = (x+1)^{\frac{5}{2}}$ 的通解.

解 这是一个非齐次线性方程. 先求对应的齐次方程的通解.

$$\frac{dy}{dx} - \frac{2y}{x+1} = 0$$

可分离变量

$$\frac{dy}{y} = \frac{2dx}{x+1},$$

两边积分

$$\ln|y| = 2\ln|x+1| + \ln C_1,$$

解得

$$y = C(x+1)^2.$$

用常数变易法，把 C 换成 u，即令 $y = u(x+1)^2$；

那么

$$\frac{\mathrm{d}y}{\mathrm{d}x} = u'(x+1)^2 + 2u(x+1),$$

代入所给的非齐次方程，得

$$u' = (x+1)^{\frac{1}{2}}.$$

两端积分，得

$$u = \frac{2}{3}(x+1)^{\frac{3}{2}} + C,$$

即得所求方程的通解为

$$y = (x+1)^2 \left[\frac{2}{3}(x+1)^{\frac{2}{3}} + C \right].$$

例 2　求方程 $y' + \dfrac{1}{x}y = \dfrac{\sin x}{x}$ 的通解.

解　方程为一阶非齐次线性方程，这里

$$P(x) = \frac{1}{x}, Q(x) = \frac{\sin x}{x},$$

直接利用式(4-4) 或式(4-5)，所求通解为：

$$y = \mathrm{e}^{-\int \frac{1}{x}\mathrm{d}x} \left(\int \frac{\sin x}{x} \times \mathrm{e}^{\int \frac{1}{x}\mathrm{d}x} \mathrm{d}x + C \right) = \mathrm{e}^{-\ln x} \left(\int \frac{\sin x}{x} \times \mathrm{e}^{\ln x} \mathrm{d}x + C \right)$$

$$= \frac{1}{x} \left(\int \sin x \, \mathrm{d}x + C \right) = \frac{1}{x} (-\cos x + C).$$

例 3　求方程 $y' + \dfrac{1}{x}y = \dfrac{\sin x}{x}$ 的通解.

解　$P(x) = \dfrac{1}{x}, Q(x) = \dfrac{\sin x}{x}$，于是所求通解为

$$y = \mathrm{e}^{-\int \frac{1}{x}\mathrm{d}x} \left(\int \frac{\sin x}{x} \times \mathrm{e}^{\int \frac{1}{x}\mathrm{d}x} \mathrm{d}x + C \right) = \mathrm{e}^{-\ln x} \left(\int \frac{\sin x}{x} \times \mathrm{e}^{\ln x} \mathrm{d}x + C \right) = \frac{1}{x} (-\cos x + C).$$

例 4　求方程 $y^3 \mathrm{d}x + (2xy^2 - 1)\mathrm{d}y = 0$ 的通解.

解　当将 y 看作 x 的函数时，方程变为

$$\frac{\mathrm{d}y}{\mathrm{d}x} = \frac{y^3}{1 - 2xy^2}.$$

这个方程不是一阶线性微分方程，不便求解. 如果将 x 看作 y 的函数，方程改写为

$$y^3 \frac{\mathrm{d}x}{\mathrm{d}y} + 2y^2 x = 1,$$

则为一阶线性微分方程，于是对应齐次方程为

$$y^3 \frac{\mathrm{d}x}{\mathrm{d}y} + 2y^2 x = 0.$$

分离变量并积分得 $\displaystyle\int \frac{\mathrm{d}x}{x} = -\int \frac{2\mathrm{d}y}{y}$，即 $x = C_1 \dfrac{1}{y^2}$，其中 C_1 为任意常数，利用常数变易法，

设题设方程的通解为 $x = u(y)\dfrac{1}{y^2}$，代入原方程，得 $u'(y) = \dfrac{1}{y}$，积分得 $u(y) = \ln|y| + C$.

故原方程的通解为 $x = \dfrac{1}{y^2}(\ln|y| + C)$，其中 C 为任意常数.

二、伯努利方程

方程

$$\frac{\mathrm{d}y}{\mathrm{d}x} + P(x)y = Q(x)y^n \ (n \neq 0, 1) \tag{4-6}$$

叫做**伯努利方程**，当 $n = 0$ 或 $n = 1$ 时，这是线性微分方程. 当 $n \neq 0, n \neq 1$ 时，这方程不是线性，但适当通过变量的代换，可把它化成线性的. 事实上，以 y^n 除方程的两端，得：

$$y^{-n}\frac{\mathrm{d}y}{\mathrm{d}x} + P(x)y^{1-n} = Q(x).$$

容易看出，上式左端第一项与 $\dfrac{\mathrm{d}}{\mathrm{d}x}y^{1-n}$ 差一个常数因子 $1-n$，因此我们引入新的未知函数 $z = y^{1-n}$，那么

$$\frac{\mathrm{d}z}{\mathrm{d}x} = (1-n)y^{-n}\frac{\mathrm{d}y}{\mathrm{d}x}.$$

用 $1-n$ 乘方程 $y^{-n}\dfrac{\mathrm{d}y}{\mathrm{d}x} + P(x)y^{1-n} = Q(x)$ 的两端，再通过上述代换便得线性方程：

$$\frac{\mathrm{d}z}{\mathrm{d}x} + (1-n)P(x)z = (1-n)Q(x).$$

求出这方程的通解后，以 y^{1-n} 替代 z 便得到方程(4-6) 的通解：

$$y^{1-n} = \mathrm{e}^{-\int (1-n)P(x)\mathrm{d}x}\left(\int Q(x)(1-n)\mathrm{e}^{\int (1-n)P(x)\mathrm{d}x}\mathrm{d}x + C\right).$$

例 5   求方程 $\dfrac{\mathrm{d}y}{\mathrm{d}x} + \dfrac{y}{x} = a(\ln x)y^2$ 的通解.

解   以 y^2 除方程的两端，得

$$y^{-2}\frac{\mathrm{d}y}{\mathrm{d}x} + \frac{1}{x}y^{-1} = a\ln x,$$

即

$$-\frac{\mathrm{d}(y^{-1})}{\mathrm{d}x} + \frac{1}{x}y^{-1} = a\ln x.$$

令 $z = y^{-1}$，则上述方程变为

$$\frac{\mathrm{d}z}{\mathrm{d}x} - \frac{1}{x}z = -a\ln x.$$

这是一个线性方程，它的通解为：

$$z = x\left[C - \frac{a}{2}(\ln x)^2\right].$$

以 y^{-1} 带 z，得所求方程的通解为：

$$yx\left[C - \frac{a}{2}(\ln x)^2\right] = 1.$$

利用变量代换把一个微分方程化为可分离变量的方程或一阶线性微分方程等已知可解的方程，是解微分方程最常用的方法.

例 6 求方程 $\dfrac{\mathrm{d}y}{\mathrm{d}x}+x(y-x)+x^3(y-x)^2=1$ 的通解.

解 令 $y-x=u$，则

$$\frac{\mathrm{d}y}{\mathrm{d}x}=\frac{\mathrm{d}u}{\mathrm{d}x}+1,$$

于是得到伯努利方程

$$\frac{\mathrm{d}u}{\mathrm{d}x}+xu=-x^3u^2.$$

令 $z=u^{1-2}=\dfrac{1}{u}$，上式即变为一阶线性方程

$$\frac{\mathrm{d}z}{\mathrm{d}x}-xz=x^3,$$

其通解为

$$z=\mathrm{e}^{\frac{x^2}{2}}\left(\int x^3\mathrm{e}^{-\frac{x^2}{2}}\mathrm{d}x+C\right)=C\mathrm{e}^{\frac{x^2}{2}}-x^2-2.$$

回代原变量，即得题设方程的通解

$$y=x+\frac{1}{z}=x+\frac{1}{C\mathrm{e}^{\frac{x^2}{2}}-x^2-2}.$$

此外，由于 $u=0$ 也是 $\dfrac{\mathrm{d}u}{\mathrm{d}x}+xu=-x^3u^2$ 的解，故 $y=x$ 也是题设方程的解.

习题 4-3

1. 求下列微分方程的通解.

(1) $\dfrac{\mathrm{d}y}{\mathrm{d}x}+y=\mathrm{e}^{-x}$;

(2) $xy'+y=x^2+3x+2$;

(3) $y'+y\cos x=\mathrm{e}^{-\sin x}$;

(4) $(y^2-6x)\dfrac{\mathrm{d}y}{\mathrm{d}x}+2y=0$;

(5) $(x^2-1)y'+2xy=4x^2$;

(6) $\dfrac{\mathrm{d}y}{\mathrm{d}x}-\dfrac{1}{x}y=2x^2$;

(7) $\dfrac{\mathrm{d}y}{\mathrm{d}x}+2xy=4x$;

(8) $y\ln y\mathrm{d}x+(x-\ln y)\mathrm{d}y=0$.

2. 求下列微分方程满足所给的初始条件的特解.

(1) $\dfrac{\mathrm{d}y}{\mathrm{d}x}+\dfrac{2-3x^2}{x^3}y=1,y\big|_{x=1}=0$;

(2) $\dfrac{\mathrm{d}y}{\mathrm{d}x}+\dfrac{y}{x}=\dfrac{\sin x}{x},y\big|_{x=\pi}=1$;

(3) $\dfrac{\mathrm{d}y}{\mathrm{d}x}-y\cot x=5\mathrm{e}^{\cos x},y\big|_{x=\frac{\pi}{2}}=-4$;

(4) $\dfrac{\mathrm{d}y}{\mathrm{d}x}+3y=8,y\big|_{x=0}=2$.

3. 曲线通过原点，且它在点 (x,y) 处的切线斜率等于 $2x+y$，求该曲线的方程.

4. 求下列伯努利方程的通解.

(1) $\dfrac{\mathrm{d}y}{\mathrm{d}x}+y=y^2(\cos x-\sin x)$;

(2) $\dfrac{\mathrm{d}y}{\mathrm{d}x}-3xy=xy^2$;

(3) $\dfrac{\mathrm{d}y}{\mathrm{d}x}+\dfrac{1}{3}y=\dfrac{1}{3}(1-2x)y^4$;

(4) $\dfrac{\mathrm{d}y}{\mathrm{d}x}-y=xy^5$.

5. 验证形如 $yf(xy)\mathrm{d}x+xg(xy)\mathrm{d}y=0$ 的微分方程，可经过变量代换 $v=xy$ 化为可分离变量方程，并求出其通解.

6. 用适当的变量代换求出下列方程通解.

(1) $\dfrac{\mathrm{d}y}{\mathrm{d}x}=\dfrac{xy^2+\sin x}{2y}$;

(2) $\dfrac{\mathrm{d}y}{\mathrm{d}x}=\dfrac{1}{x-y}+1$;

(3) $xy'+y=y(\ln x+\ln y)$;

(4) $(y+xy^2)\mathrm{d}x+(x-x^2y)\mathrm{d}y=0$.

第四节 齐次方程

一、齐次方程的求解

如果一阶微分方程

$$\frac{\mathrm{d}y}{\mathrm{d}x}=f(x,y) \tag{4-7}$$

中的函数 $f(x,y)$ 可写成 $\dfrac{y}{x}$ 的函数，即

$$f(x,y)=\varphi\left(\frac{y}{x}\right), \tag{4-8}$$

则称这方程为**齐次方程**.

例如 $(xy-y^2)\mathrm{d}x-(x^2-2xy)\mathrm{d}y=0$ 是齐次方程，因为

$$f(x,y)=\frac{xy-y^2}{x^2-2xy}=\frac{\dfrac{y}{x}-\left(\dfrac{y}{x}\right)^2}{1-2\left(\dfrac{y}{x}\right)}.$$

在齐次方程 $\dfrac{\mathrm{d}y}{\mathrm{d}x}=\varphi\left(\dfrac{y}{x}\right)$ 中，引进新的未知函数 $u=\dfrac{y}{x}$，就可化为可分离变量的方程. 因为 $y=ux,\dfrac{\mathrm{d}y}{\mathrm{d}x}=u+x\dfrac{\mathrm{d}u}{\mathrm{d}x}$，方程变为

$$u+x\frac{\mathrm{d}u}{\mathrm{d}x}=\varphi(u),$$

即

$$x\frac{\mathrm{d}u}{\mathrm{d}x}=\varphi(u)-u.$$

分离变量两端积分，得

$$\int\frac{\mathrm{d}u}{\varphi(u)-u}=\int\frac{\mathrm{d}x}{x}.$$

求出积分后，再以 $\dfrac{y}{x}$ 代替 u，便得所给齐次方程的通解.

注 如果存在 u_0，使得 $\varphi(u_0)-u_0=0$，则显然 $u=u_0$ 也是方程的解，从而 $y=u_0x$ 也是方程的解；如果 $\varphi(u)-u\equiv0$，则方程变成 $\dfrac{\mathrm{d}y}{\mathrm{d}x}=\dfrac{y}{x}$，这是一个可分离变量的方程.

例 1 解方程 $y^2 + x^2 \dfrac{\mathrm{d}y}{\mathrm{d}x} = xy \dfrac{\mathrm{d}y}{\mathrm{d}x}$.

解 原方程可以写成

$$\frac{\mathrm{d}y}{\mathrm{d}x} = \frac{y^2}{xy - x^2} = \frac{\left(\dfrac{y}{x}\right)^2}{\dfrac{y}{x} - 1},$$

其是齐次方程. 令 $u = \dfrac{y}{x}$，有

$$u + x \frac{\mathrm{d}u}{\mathrm{d}x} = \frac{u^2}{u - 1}.$$

分离变量，得

$$\left(1 - \frac{1}{u}\right)\mathrm{d}u = \frac{\mathrm{d}x}{x}.$$

两端积分，得

$$u - \ln|u| + C = \ln|x|,$$

以 $\dfrac{y}{x}$ 代上式中的 u，便得所给方程的通解为：

$$\ln|y| = \frac{y}{x} + C.$$

例 2 求解微分方程

$$\frac{\mathrm{d}y}{\mathrm{d}x} = \frac{y}{x} + \tan\frac{y}{x}$$

满足初始条件 $y|_{x=1} = \dfrac{\pi}{6}$ 的特解.

解 是齐次方程，令 $u = \dfrac{y}{x}$，有

$$\frac{\mathrm{d}y}{\mathrm{d}x} = u + x\frac{\mathrm{d}u}{\mathrm{d}x},$$

带入原方程，得

$$u + x\frac{\mathrm{d}u}{\mathrm{d}x} = u + \tan u,$$

分离变量，得

$$\cot u\,\mathrm{d}u = \frac{1}{x}\mathrm{d}x,$$

两边积分，得

$$\ln|\sin u| = \ln|x| + \ln|C|,$$

即

$$\sin u = Cx.$$

将 $u = \dfrac{y}{x}$ 回代，确定方程的通解为：

$$\sin\frac{y}{x} = Cx.$$

由条件 $y|_{x=1}=\dfrac{\pi}{6}$，得 $C=\dfrac{1}{2}$，从而得原方程的特解为：

$$\sin\frac{y}{x}=\frac{1}{2}x.$$

例 3　求解微分方程 $y^2+x^2\dfrac{\mathrm{d}y}{\mathrm{d}x}=xy\dfrac{\mathrm{d}y}{\mathrm{d}x}$.

解　原方程变形为

$$\frac{\mathrm{d}y}{\mathrm{d}x}=\frac{y^2}{xy-x^2}=\frac{\left(\dfrac{y}{x}\right)^2}{\dfrac{y}{x}-1}.$$

令 $u=\dfrac{y}{x}$，则 $y=ux$，$\dfrac{\mathrm{d}y}{\mathrm{d}x}=u+x\dfrac{\mathrm{d}u}{\mathrm{d}x}$.

故原方程变为

$$u+x\frac{\mathrm{d}u}{\mathrm{d}x}=\frac{u^2}{u-1},\quad \text{即}\ x\frac{\mathrm{d}u}{\mathrm{d}x}=\frac{u}{u-1}.$$

分离变量得

$$\left(1-\frac{1}{u}\right)\mathrm{d}u=\frac{\mathrm{d}x}{x}.$$

两边积分得 $u-\ln|u|+C=\ln|x|$ 或 $\ln|xu|=u+C$.

回代 $u=\dfrac{y}{x}$，便得所给方程的通解为

$$\ln|y|=\frac{y}{x}+C.$$

二、可用变量代换法求解的一阶微分方程举例

有些方程本身不是齐次的，但通过适当变换，可化为齐次方程，例如方程

$$\frac{\mathrm{d}y}{\mathrm{d}x}=f\left(\frac{ax+by+c}{a_1x+b_1y+c_1}\right).$$

当 $c=c_1=0$ 时是齐次的，否则不是齐次的．在非齐次的情形，可用下列变换把它化为齐次方程．令

$$\begin{cases}x=X+h\\y=Y+k\end{cases},$$

其中 h 及 k 是待定的常数．于是 $\mathrm{d}x=\mathrm{d}X$，$\mathrm{d}y=\mathrm{d}Y$，从而方程变为：

$$\frac{\mathrm{d}Y}{\mathrm{d}X}=f\left(\frac{aX+bY+ah+bk+c}{a_1X+b_1Y+a_1h+b_1k+c_1}\right).$$

如果方程组 $\begin{cases}ah+bk+c=0\\a_1h+b_1k+c_1=0\end{cases}$ 的系数行列式 $\begin{vmatrix}a & b\\a_1 & b_1\end{vmatrix}\neq0$，即 $\dfrac{a_1}{a}\neq\dfrac{b_1}{b}$，那么可以定出 h 及 k 使它们满足上述方程组．实际上 h 及 k 即为 $ax+by+c=0$ 与 $a_1y+b_1x+c_1=0$ 这两条直线的交点．这样，方程便化为齐次方程：

$$\frac{\mathrm{d}Y}{\mathrm{d}X}=f\left(\frac{aX+bY}{a_1X+b_1Y}\right).$$

求出此齐次方程的通解后，在通解中以 $x-h$ 替代 X，$y-k$ 替代 Y，便得方程的通解.

当 $\dfrac{a_1}{a}=\dfrac{b_1}{b}$ 时，h 及 k 无法求得，因此上述方法不能应用. 对具体问题应具体分析，根据所给方程的特点，有时可作变量代换将方程化为齐次方程或可分离变量的方程.

例 4 解方程 $(2x+y-4)\mathrm{d}x+(x+y-1)\mathrm{d}y=0$.

解 令 $x=X+h,y=Y+k$，代入原方程得
$$(2X+Y+2h+k-4)\mathrm{d}X+(X+Y+h+k-1)\mathrm{d}Y=0,$$

解方程组
$$\begin{cases} 2h+k-4=0 \\ h+k-1=0 \end{cases},$$

得 $h=3,k=-2$. 方程化为
$$(2X+Y)\mathrm{d}X+(X+Y)\mathrm{d}Y=0$$

或
$$\frac{\mathrm{d}Y}{\mathrm{d}X}=-\frac{2X+Y}{X+Y}=-\frac{2+\dfrac{Y}{X}}{1+\dfrac{Y}{X}},$$

这是齐次方程.

令 $\dfrac{Y}{X}=u$，则 $Y=uX,\dfrac{\mathrm{d}Y}{\mathrm{d}X}=u+x\dfrac{\mathrm{d}u}{\mathrm{d}X}$，于是方程变为
$$u+X\frac{\mathrm{d}u}{\mathrm{d}X}=-\frac{2+u}{1+u},$$

分离变量得
$$-\frac{u+1}{u^2+2u+2}\mathrm{d}u=\frac{\mathrm{d}X}{X},$$

两端积分得
$$\ln C_1-\frac{1}{2}\ln(u^2+2u+2)=\ln|X|,$$

于是
$$\frac{C_1}{\sqrt{u^2+2u+2}}=|X| \text{ 或 } C_2=X^2(u^2+2u+2)(C_2=C_1^2),$$

即
$$Y^2+2XY+2X^2=C_2.$$
以 $X=x-3,Y=y+2$ 代入上式并化简，得
$$2x^2+2xy+y^2-8x-2y=C(C=C_2-10).$$

例 5 求 $\dfrac{\mathrm{d}y}{\mathrm{d}x}=\dfrac{x-y+1}{x+y-3}$ 的通解.

解 直线 $x-y+1=0$ 和直线 $x+y-3=0$ 的交点是 $(1,2)$，因此作变换 $x=X+1$，$y=Y+2$.

代入题设方程，得
$$\frac{\mathrm{d}Y}{\mathrm{d}X}=\frac{X-Y}{X+Y}=\left(1-\frac{Y}{X}\right)\bigg/\left(1+\frac{Y}{X}\right).$$

令 $u=\dfrac{Y}{X}$，则 $Y=uX$，$\dfrac{\mathrm{d}Y}{\mathrm{d}X}=u+X\dfrac{\mathrm{d}u}{\mathrm{d}X}$，代入上式，得

$$u+X\frac{\mathrm{d}u}{\mathrm{d}X}=\frac{1-u}{1+u},$$

分离变量，得

$$\frac{1+u}{1-2u-u^2}\mathrm{d}u=\ln|X|+\ln C_1,$$

两边积分，得

$$-\frac{1}{2}\ln|1-2u-u^2|=\ln|X|+\ln C_1,$$

即 $u=\dfrac{Y}{X}$ 回代得

$$X^2-2XY-Y^2=C,$$

再将 $X=x-1,Y=y-2$ 回代，并整理所求题设方程的通解为

$$x^2-2xy-y^2+2x+6y=C.$$

例 6 利用变量代换法求方程 $\dfrac{\mathrm{d}y}{\mathrm{d}x}=(x+y)^2$ 的通解.

解 令 $x+y=u$，则 $\dfrac{\mathrm{d}y}{\mathrm{d}x}=\dfrac{\mathrm{d}u}{\mathrm{d}x}-1$，代入题设方程，得

$$\frac{\mathrm{d}u}{\mathrm{d}x}=1+u^2.$$

分离变量得

$$\frac{\mathrm{d}u}{1+u^2}=\mathrm{d}x,$$

两边积分得

$$\mathrm{arctan}u=x+C,$$

回代 $x+y=u$，得 $\mathrm{arctan}(x+y)=x+C$，
于是，所求题设方程的通解为：

$$y=\tan(x+C)-x.$$

习题 4-4

1. 求下列齐次方程的通解：

(1) $xy'-y-\sqrt{y^2-x^2}=0$；

(2) $x\dfrac{\mathrm{d}y}{\mathrm{d}x}=y\ln\dfrac{y}{x}$；

(3) $(x^2+y^2)\mathrm{d}x-xy\mathrm{d}y=0$；

(4) $(x^3+y^3)\mathrm{d}x-3xy^2\mathrm{d}y=0$；

(5) $(1+2\mathrm{e}^{\frac{x}{y}})\mathrm{d}x+2\mathrm{e}^{\frac{x}{y}}\left(1-\dfrac{x}{y}\right)\mathrm{d}y=0$；

(6) $y'=\mathrm{e}^{\frac{y}{x}}+\dfrac{y}{x}$；

(7) $y(x^2-xy+y^2)\mathrm{d}x+x(x^2+xy+y^2)\mathrm{d}y=0$.

2. 求下列齐次方程满足所给初始条件的特解：

(1) $(1+2\mathrm{e}^{\frac{x}{y}})\mathrm{d}x+2\mathrm{e}^{\frac{x}{y}}\left(1-\dfrac{x}{y}\right)\mathrm{d}y=0,y|_{x=0}=1$；

(2) $y' = \dfrac{x}{y} + \dfrac{y}{x}, y\big|_{x=1} = 2$；

(3) $(x^2 + 2xy - y^2)dx + (y^2 + 2xy - x^2)dy = 0, y\big|_{x=1} = 1$.

3. 设有连接点 $O(0,0)$ 和 $A(1,1)$ 的一段向上凸的曲线弧 OA，对于 OA 上任一点 $P(x,y)$，曲线弧 OP 与直线段 OP 所围图形的面积为 x^2，求曲线弧 OA 的方程.

4. 化下列方程为齐次方程，并求出通解：

(1) $\dfrac{dy}{dx} = \dfrac{2x - 5y + 3}{2x + 4y - 6}$；

(2) $\dfrac{dy}{dx} = \dfrac{3y - 7x - 7}{7y - 3x + 3}$；

(3) $(x - y - 1)dx + (4y + x - 1)dy = 0$；

(4) $(x + y)dx + (3x + 3y - 4)dy = 0$.

5. 曲线通过点 $(0,1)$ 且曲线上任一点处的切线垂直于此点与原点的连线，求曲线方程.

第五节　可降阶的高阶微分方程

从这一节开始我们将讨论二阶及二阶以上的微分方程，即所谓**高阶微分方程**. 对于有些高阶微分方程我们可以通过代换将它们化成较低阶的方程来解，例如对于二阶微分方程

$$y'' = f(x, y, y').$$

在有些情况下，我们可以通过适当的变量代换，把它们化成一阶微分方程来求解，具有这种性质的方程称为**可降阶微分方程**，相应的求解方法也就成为**降阶法**.

下面介绍三种容易用降阶方法求解的高阶微分方程.

一、$y^{(n)} = f(x)$ 型

微分方程

$$y^{(n)} = f(x)$$

的右端仅含有自变量 x，只要把 $y^{(n-1)}$ 看作新的未知函数，那么上式可以写成：

$$(y^{(n-1)})' = f(x).$$

它就可看作新的未知函数 $y^{(n-1)}$ 的一阶微分方程，对其两端进行积分，得：

$$y^{(n-1)} = \int f(x)dx + C_1.$$

按上述方法，上式两端再积分一次，方程再次降阶得到：

$$y^{(n-2)} = \int \left[\int f(x)dx \right] dx + C_1 x + C_2.$$

依此法继续进行下去，接连积分 n 次，便得到了方程含有 n 个任意常数的通解.

例 1　求微分方程 $y''' = e^{2x} - \sin\dfrac{x}{3}$ 的通解.

解　对所给方程连续积分三次，得：

$$y'' = \frac{1}{2}e^{2x} + 3\cos\frac{x}{3} + C_1',$$

$$y' = \frac{1}{4}e^{2x} + 9\sin\frac{x}{3} + C_1' x + C_2,$$

$$y = \frac{1}{8}e^{2x} - 27\cos\frac{x}{3} + C_1 x^2 + C_2 x + C_3.$$

例 2　试求 $y''=x$ 的经过点 M（0，1），且在此点与直线 $y=\dfrac{x}{2}+1$ 相切的积分曲线.

解　该几何问题可归结为如下的微分方程的初值问题：

$$\begin{cases} y''=x \\ y|_{x=0}=1 \\ y'|_{x=0}=\dfrac{1}{2} \end{cases}.$$

对方程 $y''=x$ 两边积分，得

$$y'=\frac{1}{2}x^2+C_1.$$

由条件 $y'|_{x=0}=\dfrac{1}{2}$ 得 $C_1=\dfrac{1}{2}$，从而

$$y'=\frac{1}{2}x^2+\frac{1}{2}.$$

对上式两边再积分一次，得

$$y=\frac{1}{6}x^3+\frac{1}{2}x+C_2,$$

由条件 $y|_{x=0}=1$ 得 $C_2=1$，故所求曲线为

$$y=\frac{1}{6}x^3+\frac{1}{2}x+1.$$

二、$y''=f(x,y')$ 型

方程

$$y''=f(x,y')$$

的右端不明显含未知函数 y，如果我们设 $y'=p(x)$，那么

$$y''=\frac{\mathrm{d}p}{\mathrm{d}x}=p'.$$

从而方程就可以写成：

$$p'=f(x,p).$$

这是一个关于变量 x,p 的一阶微分方程，如果我们求出它的通解为

$$p=\varphi(x,C_1),$$

又因 $p=\dfrac{\mathrm{d}y}{\mathrm{d}x}$，因此又得到一个一阶微分方程：

$$\frac{\mathrm{d}y}{\mathrm{d}x}=\varphi(x,C_1).$$

对它进行积分，便得到通解：

$$y=\int\varphi(x,C_1)\mathrm{d}x+C_2.$$

例 3　求微分方程 $y''=\dfrac{1}{x}y'+x\mathrm{e}^x$ 的通解.

解　所给方程是 $y''=f(x,y')$ 型，设 $y'=p$ 则 $y''=p'$，利用一阶微分方程求解公式得：

$$p = e^{\int \frac{1}{x}dx}\left(\int x e^x e^{-\int \frac{1}{x}dx}dx + C'_1\right) = x(e^x + C'_1).$$

两边积分，从而所给微分方程的通解为：

$$y = \int x(e^x + C'_1)dx = (x-1)e^x + C'_1 x^2 + C_2.$$

例 4 求微分方程

$$(1+x^2)y'' = 2xy'$$

满足初始条件 $y|_{x=0} = 1$，$y'|_{x=0} = 3$ 的特解.

解 所给方程是 $y'' = f(x, y')$ 型，设 $y' = p$，代入方程并分离变量后得：

$$\frac{dp}{p} = \frac{2x}{1+x^2}dx.$$

两端积分，得

$$\ln|p| = \ln(1+x^2) + C,$$

即

$$p = y' = C_1(1+x^2).$$

由条件 $y'|_{x=0} = 3$，得 $C_1 = 3$. 所以

$$y' = 3(1+x^2).$$

两端积分，得

$$y = x^3 + 3x + C_2,$$

又由条件 $y|_{x=0} = 1$，得 $C_2 = 1$. 于是所求特解为：

$$y = x^3 + 3x + 1.$$

三、 $y'' = f(y, y')$ 型

方程

$$y'' = f(y, y')$$

的特点是不明显地含自变量 x. 我们令 $y' = p(y)$，并利用复合函数的求导法则，把 y'' 化为 p 对 y 的导数，即

$$y'' = \frac{dp}{dx} = \frac{dp}{dy} \times \frac{dy}{dx} = p\frac{dp}{dy}.$$

这样方程就变为

$$p\frac{dp}{dy} = f(y, p),$$

这是一个关于 y, p 的一阶微分方程. 如果我们求出它的通解

$$y' = p = \varphi(y, C_1),$$

分离变量并两端积分，方程的通解为：

$$\int \frac{dy}{\varphi(y, C_1)} = x + C_2.$$

例 5 求方程 $yy'' - y'^2 = 0$ 的通解.

解 所给方程不显含自变量 x，设 $y' = p$ 于是 $y'' = p\frac{dp}{dy}$ 代入所给方程，得

$$yp\frac{dy}{dp}-p^2=0.$$

在 $y\neq0,p\neq0$ 时，约去 p 并分离变量，得

$$\frac{dp}{p}=\frac{dy}{y},$$

两端积分，得

$$\ln|p|=\ln|y|+\ln|C_1|,$$

即

$$y'=p=C_1y.$$

再分离变量并两端积分，便得方程的通解

$$\ln|y|=C_1x+\ln|C_2|,$$

即

$$y=C_2e^{C_1x}.$$

从以上求解过程中看到，应该 $C_1\neq0,C_2\neq0$，但由于常数也是方程的解，所以事实上 C_1,C_2 不必有非零的限制.

习题 4-5

1. 求下列各微分方程的通解.

(1) $y''=x+\sin x$；　　　　　　　(2) $y'''=xe^x$；

(3) $y''=1+y'^2$；　　　　　　　(4) $y''=y'+x$；

(5) $xy''+y'=0$；　　　　　　　(6) $y^3y''-1=0$.

2. 求下列微分方程满足所给初始条件的特解：

(1) $y''-ay'^2=0,y'|_{x=0}=0,y|_{x=0}=-1$；

(2) $y''=e^{2y},y'|_{x=0}=y|_{x=0}=0$.

3. 试求 $xy''=y'+x^2$ 经过点 $(1,0)$，且在此点的切线与直线 $y=3x-3$ 垂直的积分曲线.

4. 设有一质量为 m 的物体，在空中由静止开始下落，如果空气阻力为 $R=c^2v^2$（其中 c 为常数，v 为物体运动的速度），试求物体下落的距离 s 与时间 t 的函数关系.

第六节　二阶常系数齐次线性微分方程

在实际中应用得较多的一类高阶微分方程是**二阶常系数线性微分方程**，它的一般形式是

$$y''+py'+qy=f(x),\tag{4-9}$$

其中 p,q 为常数，$f(x)$ 为 x 的已知函数. 当方程右端 $f(x)\equiv0$ 时方程(4-9) 叫做**二阶齐次常系数线性微分方程**；当 $f(x)\neq0$ 时，方程(4-9) 叫做**二阶非齐次常系数线性微分方程**.

我们首先讨论**二阶常系数齐次线性微分方程**的解的结构.

二阶常系数齐次线性微分方程

$$y''+py'+qy=0,\tag{4-10}$$

其中 p,q 为实常数.

如果 $y_1(x),y_2(x)$ 是方程的两个解,那么利用导数运算的线性性质容易验证,对于任意的常数 C_1,C_2,

$$y=C_1y_1(x)+C_2y_2(x)$$

也是方程的解.

从其形式上看含有两个任意常数,但它不一定是方程的通解. 例如,设 $y_1(x)$ 是一个解,则 $y_2(x)=ay_1(x)$ 也是方程的解. 这时上式成为 $y=C_1y_1(x)+aC_2y_1(x)$,可以把它改成 $y=Cy_1(x)$,其中 $C=C_1+aC_2$,这显然不是通解. 那么,在什么样的情况下才是方程的通解呢? 显然在 $y_1(x),y_2(x)$ 是方程非零解的前提下,若 $\dfrac{y_2(x)}{y_1(x)}$ 为常数,则上式不是方程的通解,我们有如下定理:

定理 1 如果函数 $y_1(x),y_2(x)$ 是方程的两个特解,且 $\dfrac{y_2(x)}{y_1(x)}$ 不为常数,则 $y=C_1y_1(x)+C_2y_2(x)$ (其中 C_1,C_2 为任意常数) 是方程(4-10)的通解.

一般地,对于任意两个函数 $y_1(x),y_2(x)$,若它们的比为常数,则我们称它们是线性相关的,否则它们是线性无关的. 于是,由定理 1 我们可知:

若 $y_1(x),y_2(x)$ 是方程的两个线性无关的特解,则

$$y=C_1y_1(x)+C_2y_2(x),$$

其中 C_1,C_2 为任意常数,就是方程的通解.

例如方程 $y''-y=0$ 是二阶常系数齐次线性微分方程,且不难验证 $y_1=\mathrm{e}^x$ 与 $y_2=\mathrm{e}^{-x}$ 是所给方程的两个解,且 $\dfrac{y_2(x)}{y_1(x)}=\mathrm{e}^{-2x}\neq$ 常数,即它们是两个线性无关的解,因此方程 $y''-y=0$ 的通解为:

$$y=C_1\mathrm{e}^x+C_2\mathrm{e}^{-x}.$$

于是,要求方程的通解,归结为如何求它的两个线性无关的特解. 由于方程的左端是关于 y'',y',y 的线性关系式,且系数都为常数,而 r 为常数时,指数函数 e^{rx} 和它的各阶导数都只差一个常数因子,因此我们用 $y=\mathrm{e}^{rx}$ 来尝试,看能否取到适当的常数 r,使 $y=\mathrm{e}^{rx}$ 满足方程.

对 $y=\mathrm{e}^{rx}$ 求导,得 $y'=r\mathrm{e}^{rx}$,$y''=r^2\mathrm{e}^{rx}$ 把 y'',y',y 代入方程得

$$(r^2+pr+q)\mathrm{e}^{rx}=0.$$

由于 $\mathrm{e}^{rx}\neq0$,所以

$$r^2+pr+q=0.$$

由此可见,只要 r 是上述代数方程的根,函数 $y=\mathrm{e}^{rx}$ 就是微分方程的解,我们把这个代数方程叫做微分方程(4-10) 的**特征方程**.

特征方程是一个一元二次代数方程,其中的系数及常数项恰好依次是微分方程 y'',y',y 中的系数.

特征方程的两个根 r_1,r_2 可用公式

$$r_{1,2}=\frac{-p\pm\sqrt{p^2-4q}}{2}$$

求出,它们有三种不同的情形,分别对应着微分方程的通解的三种不同的情形. 分别叙述

如下：

（1）若 $p^2-4q>0$，则可求得特征方程的两个不相等实根 $r_1 \neq r_2$，这时 $y_1 = e^{r_1 x}$，$y_2 = e^{r_2 x}$ 是微分方程的两个解，且 $\dfrac{y_2(x)}{y_1(x)} = e^{(r_2-r_1)x}$ 不是常数. 因此，微分方程的通解为：

$$y = C_1 e^{r_1 x} + C_2 e^{r_2 x}.$$

（2）若 $p^2-4q=0$，这时 r_1, r_2 是两个相等的实根，且

$$r_1 = r_2 = -\frac{p}{2}.$$

这时，只得到微分方程的一个解：

$$y_1 = e^{r_1 x}.$$

为了得出微分方程的通解，还需要另一个解 y_2 且要求 $\dfrac{y_2(x)}{y_1(x)}$ 不是常数.

设 $\dfrac{y_2}{y_1} = u(x)$，其是 x 的待定函数，于是

$$y_2 = u(x) y_1 = e^{r_1 x} u(x).$$

下面来确定 u. 将 y_2 求导，得

$$y_2' = e^{r_1 x}(u' + r_1 u),$$
$$y_2'' = e^{r_1 x}(u'' + 2r_1 u' + r_1^2 u).$$

将 y_2, y_2', y_2'' 代入微分方程(4-10)，得：

$$e^{r_1 x}[(u'' + 2r_1 u' + r_1^2) + p(u' + r_1 u) + qu] = 0.$$

约去 $e^{r_1 x}$，并以 u, u', u'' 为准合并同类项，得

$$u'' + (2r_1 + p)u' + (r_1^2 + pr_1 + q)u = 0.$$

由于 r_1 是特征方程的二重根，因此 $r_1^2 + pr_1 + q = 0$，且 $2r_1 + p = 0$，于是 $u'' = 0$. 这说明所设特解 y_2 中的函数 $u(x)$ 不能为常数，且要满足 $u''(x) = 0$，显然可以取最简单的一个函数 $u(x) = x$. 由此可得出微分方程(4-10)的另外一个解：$y_2 = x e^{r_1 x}$. 从而得微分方程(4-10)的通解为

$$y = C_1 e^{r_1 x} + C_2 x e^{r_1 x} = (C_1 + C_2 x)e^{r_1 x}.$$

（3）若 $p^2-4q<0$，则特征方程有一对共轭复根

$$r_1 = \alpha + \beta i, \quad r_2 = \alpha - \beta i,$$

其中 $\alpha = -\dfrac{p}{2}$，$\beta = \dfrac{\sqrt{4q-p^2}}{2} \neq 0$.

这时可以验证微分方程有两个线性无关的解：

$$y_1 = e^{\alpha x} \cos\beta x, \quad y_2 = e^{\alpha x} \sin\beta x.$$

从而微分方程的通解为：

$$y = e^{\alpha x}(C_1 \cos\beta x + C_2 \sin\beta x).$$

综上所述，求二阶常系数齐次线性微分方程 $y'' + py' + qy = 0$ 的通解的步骤如下：

第一步　写出微分方程的特征方程

$$r^2 + pr + q = 0;$$

第二步　求特征方程的两个根 r_1，r_2；

第三步　根据特征方程两个根的不同情形，按照下列表格写出方程的通解.

特征方程的两个根 r_1，r_2	微分方程 $y'' + py' + qy = 0$ 的通解
两个根相等 $r_1 = r_2$	$y = (C_1 + C_2 x)e^{r_1 x}$
两个根不相等 $r_1 \neq r_2$	$y = C_1 e^{r_1 x} + C_2 e^{r_2 x}$
一对共轭复根 $r_{1,2} = \alpha \pm \beta i$	$y = e^{\alpha x}(C_1 \cos\beta x + C_2 \sin\beta x)$

这种根据二阶常系数齐次线性微分方程的特征方程的根直接确定其通解的方法称为**特征方程法**.

例 1　求微分方程 $y'' - 2y' - 8y = 0$ 的通解.

解　所给微分方程的特征方程为

$$r^2 - 2r - 8 = (r-4)(r+2) = 0.$$

其根 $r_1 = 4$，$r_2 = -2$ 是两个不相等的实根. 因此所求通解为：

$$y = C_1 e^{4x} + C_2 e^{-2x}.$$

例 2　求方程 $y'' + 4y' + 4y = 0$ 的通解.

解　所给微分方程的特征方程为

$$r^2 + 4r + 4 = 0,$$

解得 $r_1 = r_2 = -2$ 是两个相等的实根. 因此所求通解为：

$$y = (C_1 + C_2 x)e^{-2x}.$$

例 3　求方程

$$\frac{d^2 s}{dt^2} + 2\frac{ds}{dt} + s = 0$$

满足初始条件 $s|_{t=0} = 4$，$s'|_{t=0} = -2$ 的特解.

解　所给微分方程的特征方程为

$$r^2 + 2r + 1 = (r+1)^2 = 0.$$

其根 $r_1 = r_2 = -1$ 是两个相等的实根，因此所求微分方程的通解为：

$$s = (C_1 + C_2 t)e^{-t}.$$

将条件 $s|_{t=0} = 4$ 代入通解，得 $C_1 = 4$，从而 $s = (4 + C_2 t)e^{-t}$.

将上式对 t 求导，得

$$s' = (C_2 - 4 - C_2 t)e^{-t},$$

再把条件 $s'|_{t=0} = -2$ 代入上式，得 $C_2 = 2$，于是所求特解为：

$$s = (4 + 2t)e^{-t}.$$

例 4　求微分方程 $y'' + 6y' + 25y = 0$ 的通解.

解　所给方程的特征方程为

$$r^2 + 6r + 25 = 0,$$

其根 $r_{1,2} = \dfrac{-6 \pm \sqrt{36 - 100i}}{2} = -3 \pm 4i$，为一对共轭复根.

因此所求微分方程的通解为：

$$y = e^{-3x}(C_1 \cos 4x + C_2 \sin 4x).$$

习题 4-6

1. 求下列微分方程的通解.

(1) $16y'' - 24y' + 9y = 0$;　　　　(2) $y'' + y = 0$;

(3) $y'' + 8y' + 25y = 0$;　　　　(4) $y'' - 4y' + 5y = 0$;

(5) $y'' + 5y' + 6y = 0$;　　　　(6) $4y'' - 20y' + 25y = 0$.

2. 求下列微分方程满足所给初始条件的特解;

(1) $y'' - 4y' + 3y = 0$, $y|_{x=0} = 6$, $y'|_{x=0} = 10$;

(2) $y'' + 4y' + 29y = 0$, $y|_{x=0} = 0$, $y'|_{x=0} = 15$.

第七节　二阶常系数非齐次线性微分方程

本节我们讨论二阶常系数非齐次线性微分方程

$$y'' + py' + qy = f(x) \tag{4-11}$$

的解法. 参照一阶线性微分方程解的结构, 先介绍方程(4-11) 解的结构定理.

定理 1　设 y^* 是二阶常系数非线性微分方程的特解, 而 $Y(x)$ 是与之对应的齐次方程的通解, 那么

$$y = Y(x) + y^*(x)$$

是二阶常系数非线性微分方程的通解.

证　把 $y = Y(x) + y^*(x)$ 代入方程的左端, 得:

$$(Y'' + y^{*''}) + p(Y' + y^{*'}) + q(Y + y^*)$$
$$= (Y'' + pY' + qY) + (y^{*''} + py^{*''} + qy^*)$$
$$= 0 + f(x) = f(x).$$

由于对应的齐次线性方程的通解 $Y = C_1 y_1 + C_2 y_2$ 中含有两个任意常数, 所以 $y = Y(x) + y^*(x)$ 中也含有两个任意常数, 从而它就是二阶常系数非齐次线性微分方程的通解.

例如方程 $y'' + y = x^2$ 是二阶常系数非线性微分方程, 而可求得对应的齐次方程 $y'' + y = 0$ 的通解为 $Y = C_1 \cos x + C_2 \sin x$, 又容易验证 $y^* = x^2 - 2$ 是所给方程的一个特解. 因此

$$y = Y + y^* = C_1 \cos x + C_2 \sin x + x^2 - 2$$

是所给方程的通解.

定理 1 告诉我们, 求二阶常系数非齐次线性微分方程

$$y'' + py' + qy = f(x)$$

的通解可按如下步骤进行:

(1) 求出对应的齐次方程 $y'' + py' + qy = 0$ 的通解 Y;

(2) 求非齐次方程 $y'' + py' + qy = f(x)$ 的一个特解 y^*;

(3) 所求方程的通解为: $y = Y + y^*$.

而求齐次方程的通解已在之前解决. 所以关键是如何求非齐次方程的一个特解 y^*, 对此我们不做一般讨论, 仅不加证明地介绍对两种常见类型的 $f(x)$ 用**待定系数法**求特解的方法.

结论 1 若 $f(x) = P_m(x)e^{\lambda x}$，其中 $P_m(x)$ 是 x 的 m 次多项式，λ 为常数 [显然，若 $\lambda = 0$，则 $f(x) = P_m(x)$]，则二阶常系数非齐次线性微分方程具有形如

$$y^* = x^k Q_m(x)e^{\lambda x}$$

的特解，其中 $Q_m(x)$ 是与 $P_m(x)$ 同次的多项式，而 k 的取值如下确定：

(1) 若 λ 不是特征方程的根，取 $k = 0$；

(2) 若 λ 是特征方程的单根，取 $k = 1$；

(3) 若 λ 是特征方程的重根，取 $k = 2$.

例 1 求微分方程 $y'' - 2y' - 3y = 2x + 1$ 的通解.

解 所给方程是二阶常系数非齐次线性微分方程，且函数 $f(x)$ 是 $P_m(x)e^{\lambda x}$ 型 [其中 $P_m(x) = 2x + 1, \lambda = 0$].

该方程所对应的齐次方程为 $y'' - 2y' - 3y = 0$，它的特征方程为：$r^2 - 2r - 3 = 0$.
其两个实根为 $r_1 = 3, r_2 = -1$，于是所给方程对应的齐次方程的通解为

$$Y = C_1 e^{3x} + C_2 e^{-x}.$$

由于 $\lambda = 0$ 不是特征方程的根，所以应设原方程的一个特解为

$$y^* = Q_m(x) = b_0 x + b_1.$$

相应地 $y^{*\prime} = b_0$，$y^{*\prime\prime} = 0$，把它们代入原方程，得

$$-2b_0 - 3(b_0 x + b_1) = 2x + 1,$$

即

$$-3b_0 x - (2b_0 + 3b_1) = 2x + 1.$$

比较上式两端 x 同次幂的系数，得 $\begin{cases} -3b_0 = 2 \\ -2b_0 - 3b_1 = 1 \end{cases}$. 从而求出 $b_0 = -\dfrac{2}{3}, b_1 = \dfrac{1}{9}$，于是求得的原方程的一个特解为

$$y^* = -\frac{2}{3}x + \frac{1}{9},$$

因此原方程的通解为

$$y = C_1 e^{3x} + C_2 e^{-x} - \frac{2}{3}x + \frac{1}{9}.$$

例 2 求微分方程 $y'' - 5y' + 6y = xe^{2x}$ 的通解.

解 所给方程也是二阶常系数非齐次线性微分方程，且函数 $f(x)$ 是 $P_m(x)e^{\lambda x}$ 型 [其中 $P_m(x) = x, \lambda = 2$].

所给方程对应的齐次方程为 $y'' - 5y' + 6y = 0$，它的特征方程为 $r^2 - 5r + 6 = 0$.
有两个实根 $r_1 = 2, r_2 = 3$，于是所给方程对应的齐次方程的通解为

$$Y = C_1 e^{2x} + C_2 e^{3x}.$$

由于 $\lambda = 2$ 是特征方程的单根，所以应设原方程的一个特解为

$$y^* = x(b_0 x + b_1)e^{2x},$$

把它代入所给方程，消去 e^{2x}，化简后可得

$$-2b_0 x + 2b_0 - b_1 = x,$$

比较等式两端 x 同次幂的系数，得 $\begin{cases} -2b_0 = 1 \\ 2b_0 - b_1 = 0 \end{cases}$. 解得 $b_0 = -\dfrac{1}{2}, b_1 = -1$，因此求得一个特

解为

$$y^* = x\left(-\frac{1}{2}x - 1\right)e^{2x},$$

从而所求通解为

$$y = C_1 e^{2x} + C_2 e^{3x} - \frac{1}{2}(x^2 + 2x)e^{2x}.$$

例 3 求微分方程 $y'' - 2y' + y = e^x$ 满足初始条件 $y\big|_{x=0} = 1, y'\big|_{x=0} = 0$ 的特解.

解 所给方程是二阶常系数非齐次线性微分方程, 且函数 $f(x)$ 是 $P_m(x)e^{\lambda x}$ 型[其中 $P_m(x) = 1, \lambda = 1$].

与所给方程对应的齐次方程为 $y'' - 2y' + y = 0$, 其特征方程为 $r^2 - 2r + 1 = 0$; 它有两个相等的实根 $r_1 = r_2 = 1$, 于是所给方程对应的齐次方程的通解为:

$$Y = (C_1 + C_2 x)e^x.$$

由于 $\lambda = 1$ 是特征方程的二重根, 所以应设原方程的一个特解为

$$y^* = ax^2 e^x.$$

相应地有 $y^{*\prime} = (ax^2 + 2ax)e^x, y^{*\prime\prime} = (ax^2 + 4ax + 2a)e^x,$

将它们代入原方程, 得 $2ae^x = e^x$, 故 $a = \frac{1}{2}$,

于是

$$y^* = \frac{1}{2}x^2 e^x,$$

从而原方程的通解为

$$y = \left(C_1 + C_2 x + \frac{1}{2}x^2\right)e^x,$$

计算出通解的导数为

$$y' = \left(C_1 + C_2 + x + C_2 x + \frac{1}{2}x^2\right)e^x.$$

由 $y\big|_{x=0} = 1$, 得 $C_1 = 1$, 由 $y'\big|_{x=0} = 0$, 得 $C_1 + C_2 = 0$, 即 $C_2 = -1$.
于是满足所给初值问题的特解为

$$y = \left(1 - x + \frac{1}{2}x^2\right)e^x.$$

结论 2 若 $f(x) = e^{\lambda x}[P_l(x)\cos\omega x + P_n(x)\sin\omega x]$, 其中 $P_l(x), P_n(x)$ 分别是 x 的 l 次、n 次多项式, ω 为常数, 则微分方程的特解可设为

$$y^* = x^k e^{\lambda x}[R_m^{(1)}(x)\cos\omega x + R_m^{(2)}(x)\sin\omega x],$$

其中 $R_m^{(1)}(x)$、$R_m^{(2)}(x)$ 是 x 的 m 次多项式, $m = \max(l, n)$, 而 k 的取值如下确定:

(1) 若 $\lambda + i\omega$(或 $\lambda - i\omega$)不是特征方程的根, 取 $k = 0$;

(2) 若 $\lambda + i\omega$(或 $\lambda - i\omega$)是特征方程的单根, 取 $k = 1$.

例 4 求微分方程 $y'' + y = x\cos 2x$ 的一个特解.

解 所给方程是二阶常系数非齐次线性方程, 且 $f(x)$ 属于 $e^{\lambda x}[P_l(x)\cos\omega x + P_n(x)\sin\omega x]$型[其中 $\lambda = 0, \omega = 2, P_l(x) = x, P_n(x) = 0$, 显然 $P_l(x)$ 和 $P_n(x)$ 分别是一次与零次多项式].

与所给方程对应的齐次方程为 $y''+y=0$，它的特征方程为 $r^2+1=0$.

由于 $\lambda+i\omega=2i$ 不是特征方程的根，所以应设特解为

$$y^*=(ax+b)\cos2x+(cx+d)\sin2x,$$

把它代入所给方程，得 $\begin{cases} -3a=1 \\ -3b+4c=0 \\ -3c=0 \\ -3d-4a=0 \end{cases}$.

由此解得 $a=\dfrac{1}{3}, b=0, c=0, d=\dfrac{4}{9}$，于是求得一个特解为

$$y^*=-\frac{1}{3}x\cos2x+\frac{4}{9}\sin2x.$$

例 5 求微分方程 $\dfrac{\mathrm{d}^2x}{\mathrm{d}t^2}+k^2x=h\sin kt$ 的通解（k,h 为常数且 0）.

解 所给方程是二阶常系数非齐次线性微分方程，且 $f(t)$ 属于 $\mathrm{e}^{\lambda t}[P_l(t)\cos\omega t+P_n(t)\sin\omega t]$ 型 [其中 $\lambda=0, \omega=k, P_l(t)=0, P_n(t)=h$，显然 $P_l(x)$ 和 $P_n(x)$ 均为零次多项式].

对应的齐次方程为 $\dfrac{\mathrm{d}^2x}{\mathrm{d}t^2}+k^2x=0$，其特征方程 $r^2+k^2=0$ 的根为 $r=\pm ik$，故齐次方程的通解为

$$X=C_1\cos kt+C_2\sin kt.$$

令 $C_1=A\sin\varphi, C_2=A\cos\varphi$，则有

$$X=A\sin(kt+\varphi)，其中 A,\varphi 为任意常数.$$

由于 $\lambda\pm i\omega=\pm ik$ 是特征方程的根，故设特解为

$$x^*=t(a_1\cos kt+b_1\sin kt),$$

代入原非齐次方程得 $a_1=\dfrac{h}{2k}, b_1=0$，于是 $x^*=-\dfrac{h}{2k}t\cos kt$.

从而原非齐次方程的通解为

$$x=X+x^*=A\sin(kt+\varphi)-\frac{h}{2k}t\cos kt.$$

本节的最后我们指出，二阶常系数非齐次线性微分方程的特解有时可用下述定理来帮助求出.

定理 2 设二阶常系数非齐次线性微分方程的右端 $f(x)$ 是几个函数之和，如

$$y''+py'+qy=f_1(x)+f_2(x).$$

而 y_1^* 与 y_2^* 分别是方程 $y''+py'+qy=f_1(x)$ 与 $y''+py'+qy=f_2(x)$ 的特解，则 $y_1^*+y_2^*$ 就是原方程的特解.

定理 2 通常称为二阶常系数非齐次线性微分方程的**解的叠加原理**，结论的正确性可由微分方程的解的定义直接验证，请读者自行完成.

例 6 求方程 $y''+4y'+3y=(x-2)+\mathrm{e}^{2x}$ 的一个特解.

解 可求得 $y''+4y'+3y=x-2$ 的一个特解为

$$y_1^*=\frac{1}{3}x-\frac{10}{9},$$

而 $y''+4y'+3y=e^{2x}$ 的一个特解为

$$y_2^* = \frac{1}{15}e^{2x},$$

于是，由定理 2 可知，原方程的一个特解为

$$y^* = (\frac{1}{3}x - \frac{10}{9}) + \frac{1}{15}e^{2x}.$$

习题 4-7

1. 求下列各微分方程的通解.

(1) $y''+a^2y=e^x$;

(2) $y''+y'+2y=x^2-3$;

(3) $y''+y=e^x+\cos x$;

(4) $y''-2y'+5y=e^x\sin 2x$;

(5) $y''+3y'+2y=3xe^{-x}$;

(6) $2y''+5y'=5x^2-2x-1$.

2. 求下列各微分方程满足已给初始条件的特解.

(1) $y''-4y'=5, y|_{x=0}=1, y'|_{x=0}=0$;

(2) $y''-y=4xe^x, y|_{x=0}=0, y'|_{x=0}=1$.

3. 大炮以仰角 α 、初速 v_0 发射炮弹，若不计空气阻力，求弹道曲线.

第八节 微分方程的应用举例

在之前学习中，我们已经看到，现实世界为了研究变量之间的联系及其内在规律，常需要建立某一函数及其导数所满足的关系式，并由此确定所研究函数形式，从数学上讲，这就是建立微分方程并求解微分方程，微分方程在经济、力学、物理等实际问题中具有广泛的应用，下面举一些微分方程在实际问题中应用的例子. 读者可以从中感受到应用数学建模的理论和方法解决实际问题的魅力.

一、市场价格与需求量关系模型

例 1 某商品的需求量 Q 对价格 p 的弹性为 $-p\ln 3$，若该商品的最大需求量为 1200（即 $p=0$ 时，$Q=1200$，p 的单位为元，Q 的单位为千克）.

(1) 试求需求量 Q 与价格 p 的函数关系；

(2) 求价格为 1 元时，市场对该商品的需求量；

(3) 当 $p\to\infty$ 时，需求量的变化趋势如何？

解 （1）由条件可知

$$\frac{p}{Q} \times \frac{dQ}{dp} = -p\ln 3,$$

即

$$\frac{dQ}{dp} = -Q\ln 3.$$

分离变量并求解微分方程，得

$$Q = Ce^{-p\ln 3}（C \text{ 为任意常数}）.$$

由 $Q|_{p=0}=1200$ 得，$C=1200$，即

$$Q = 1200 \times 3^{-p}.$$

（2）当 $p=1$ 元时，$Q = 1200 \times 3^{-1} = 400\text{kg}.$

（3）显然 $p \to \infty$ 时，$Q \to 0$，即随着价格的无限增大，需求量将趋于零，其数学上的意义为，$Q=0$ 是所给的方程的平衡解，且该平衡解是稳定的.

二、预测种群繁殖模型

例 2 某林区实行封山育林，现有木材 10 万立方米，如果在每一时刻木材的变化率与当时木材数量呈正比，假设 20 年后该林区的木材为 20 万立方米. 若规定，该林区的木材量达到 40 万立方米时才可砍伐. 问至少需多少年该处可以砍伐？

解 若时间 t 以年为单位，假设任意时刻 t 木材的数量为 $p(t)$ 万立方米. 由题意可得

$$\frac{\mathrm{d}p}{\mathrm{d}t} = kp (k \text{ 为比例常数}),$$

且 $p|_{t=0} = 10, p|_{t=20} = 20$.

该方程的通解为

$$p = Ce^{kt},$$

将 $p|_{t=0} = 10$ 代入，得 $C = 10$，故 $p = 10e^{kt}$；

再将 $p|_{t=20} = 20$ 代入，得 $k = \dfrac{\ln 2}{20}$，故

$$p = 10e^{\frac{\ln 2}{20}t} = 10 \times 2^{\frac{t}{20}}.$$

要使 $p = 40$，则 $t = 40$. 故至少 40 年才能砍伐.

下面我们借助树的增长来引入一种在许多领域有广泛应用的数学模型——**逻辑斯谛方程**.

一棵小树刚栽下去的时候长得比较慢，渐渐地，小树长高了而且长得越来越快，几年不见，绿荫底下已经可乘凉了，但长到某一高度后，它的生长速度趋于稳定，然后再慢慢降下来. 这一现象很具有普遍性，现在我们来建立这种现象的数学模型.

如果假设树的生长速度与它目前的高度成正比，则显然不符合两头尤其是后期的生长情形，因为树不可能越长越快；但如果假设树的生长速度正比于最大高度与目前高度的差，则又明显不符合中间一段的生长过程. 折中一下，我们假定它的生长速度既与目前的高度，又与最大高度与目前高度之差成正比.

设树生长的最大高度为 H，在 t 年时的高度为 $h(t)$，则有

$$\frac{\mathrm{d}h(t)}{\mathrm{d}t} = kh(t)[H - h(t)].$$

其中 $k > 0$ 的是比例常数. 这个方程称为逻辑斯谛方程，它是可分离变量的一阶常微分方程.

例如 837 年，荷兰生物学家 Verhulst 提出一个人口模型

$$\frac{\mathrm{d}y}{\mathrm{d}t} = y(k - by), y(t_0) = y_0.$$

其中的 k, b 称为生命系数.

这个模型称为**人口阻滞增长模型**. 我们不细讨论这个模型，只提应用它预测世界人口数的两个有趣的结果.

有生态学家估计 k 的自然值是 0.029. 利用 20 世纪 60 年代世界人口年平均增长率为 2% 以及 1965 年人口总数 33.4 亿这两个数据，计算得 $b=2$，从而估计得：

(1) 世界人口总数将趋于极限 107.6 亿.

(2) 到 2000 年时世界人口总数为 59.6 亿.

后一个数字很接近 2000 年时的实际人口数，世界人口在 1999 年刚进入 60 亿.

三、成本分析模型

例 3　某商场的销售成本 y 和存储费用 S 均是时间 t 的函数，随时间 t 的增长，销售成本的变化率等于存储费用的倒数与常数 5 的和，而存储费用的变化率为存储费用的 $-\dfrac{1}{3}$ 倍. 若当 $t=0$ 时，销售成本 $y=0$，存储费用 $S=10$，试求销售成本与时间 t 的函数关系及存储费用与时间 t 的函数关系.

解　由已知

$$\frac{\mathrm{d}y}{\mathrm{d}t}=\frac{1}{S}+5, \tag{4-12}$$

$$\frac{\mathrm{d}S}{\mathrm{d}t}=-\frac{1}{3}S. \tag{4-13}$$

解微分方程 (4-13) 得：$S=C\mathrm{e}^{-\frac{t}{3}}$.

由 $S\big|_{t=0}=10$ 得 $C=10$，故存储费用与存储时间 t 的函数关系为

$$S=10\mathrm{e}^{-\frac{t}{3}}.$$

将上式代入微分方程 (4-12)，得

$$\frac{\mathrm{d}y}{\mathrm{d}t}=\frac{1}{10}\mathrm{e}^{\frac{t}{3}}+5.$$

从而积分得

$$y=\frac{3}{10}\mathrm{e}^{\frac{t}{3}}+5t+C_1.$$

由 $y\big|_{t=0}=0$，得 $C_1=-\dfrac{3}{10}$，从而销售成本与销售时间 t 的函数关系为：

$$y=\frac{3}{10}\mathrm{e}^{\frac{t}{3}}+5t-\frac{3}{10}.$$

习题 4-8

1. 设有一质量为 m 的质点做直线运动，从速度等于零的时刻起，有一个与运动方向一致，大小与时间成正比（比例系数为 k_1）的力作用于它，此外还受一与速度成正比的（比例系数为 k_2）阻力作用，求质点运动的速度与时间的关系函数.

2. 设一物体的温度为 100℃，将其放置在空气温度为 20℃ 的环境中冷却. 试求物体温度随时间 t 的变化规律.

3. 某车间体积为 12000m³，开始时空气中含有 0.1% 的 CO_2，为了降低车间内空气中的 CO_2 含量，用一台风量为 2000m³/s 的鼓风机通入含 0.03% 的 CO_2 新鲜空气，同时以同样的风量将混合均匀的空气排出，问鼓风机开动 6min 后，车间内 CO_2 含量降低到多少？

本章小结

【知识目标】 记住并能识别可分离变量微分方程、一阶线性微分方程、齐次方程、可降阶的微分方程；理解微分方程的意义；能正确应用各类微分方程的求解方法解方程.

【能力目标】 熟练求解几种常见形式的微分方程的能力；利用微分方程理论建立数学模型的能力.

【素质目标】 通过基本概念、理论的学习，明晰微分方程的理论系统；通过微分方程的求解过程训练，深刻体会微分理论的实际应用；通过利用积分解微分方程的思想及方法，增强逆向思维.

目标测试

记忆层次：

1. 微分方程 $y'^2+y'(y'')^3+xy^4=0$ 阶数是（　　）.

2. 下列方程中是一阶线性方程的是（　　）.

  A. $(y-3)\ln x\,\mathrm{d}x-x\,\mathrm{d}y=0$ B. $\dfrac{\mathrm{d}y}{\mathrm{d}x}=\dfrac{y^2}{1-2xy}$

  C. $xy'=y^2+x^2\sin x$ D. $y''+y'-2y=0$

3. $3xy''+2x^2y'^2+x^3y=x^4+1$ 是_____阶微分方程.

4. 以 $y=C_1x\mathrm{e}^x+C_2\mathrm{e}^x$ 为通解的二阶常数线性齐次分方程为_____.

5. 微分方程 $y''-4y'+5y=0$ 的特征根是_____.

6. 求微分方程 $y''+2y'=2x^2-1$ 的一个特解时，应设特解的形式为_____.

7. 已知 $y_1=\mathrm{e}^{x^2}$ 及 $y_2=x\mathrm{e}^{x^2}$ 都是微分方程 $y''-4xy'+(4x^2-2)y=0$ 的解，则此方程的通解为_____.

8. 已知 $y=1$、$y-x$、$y=x^2$ 是某二阶非齐次线性微分方程的三个解，则该方程的通解为_____.

理解层次：

9. 微分方程 $4y''+4y'+y=0$ 满足初始条件 $y|_{x=0}=2,y'|_{x=0}=0$ 的特解是_____.

10. 微分方程 $x\dfrac{\mathrm{d}y}{\mathrm{d}x}=y+x^2\sin x$ 的通解是_____.

11. 微分方程 $y''+3y=0$ 的通解是_____.

12. 微分方程 $y''+4y'+5y=0$ 的通解是_____.

13. 下列函数中，可以是微分方程 $y''+y=0$ 的解的函数是（　　）.

  A. $y=\cos x$ B. $y=x$ C. $y=\sin x$ D. $y=\mathrm{e}^x$

14. 方程 $y''-4y'+3y=0$ 满足初始条件 $y|_{x=0}=6,y'|_{x=0}=10$ 特解是（　　）.

  A. $y=3\mathrm{e}^x+\mathrm{e}^{3x}$ B. $y=2\mathrm{e}^x+3\mathrm{e}^{3x}$

  C. $y=4\mathrm{e}^x+2\mathrm{e}^{3x}$ D. $y=C_1\mathrm{e}^x+C_2\mathrm{e}^{3x}$

15. 在下列微分方程中，其通解为 $y=C_1\cos x+C_2\sin x$ 的是（　　）.

  A. $y''-y'=0$ B. $y''+y'=0$

C. $y'' + y = 0$ 　　　　　　　　　　　　　　D. $y'' - y = 0$

应用层次：

16. 求微分方程 $y'' + 3y' + 2y = x^2$ 的一个特解时，应设特解的形式为（ 　 ）.

A. ax^2 　　　　　　　　　　　　　　　B. $ax^2 + bx + c$

C. $x(ax^2 + bx + c)$ 　　　　　　　　　D. $x^2(ax^2 + bx + c)$

17. 求微分方程 $y'' - 3y' + 2y = \sin x$ 的一个特解时，应设特解的形式为（ 　 ）.

A. $b\sin x$ 　　　　　　　　　　　　　　B. $a\cos x$

C. $a\cos x + b\sin x$ 　　　　　　　　　D. $x(a\cos x + b\sin x)$

18. 求下列微分方程的通解.

(1) $\dfrac{\mathrm{d}y}{\mathrm{d}x} = \dfrac{xy}{1+x^2}$；　　　　　　　(2) $y' + y = \cos x$；

(3) $\sec^2 x \tan y \,\mathrm{d}x + \sec^2 y \tan x \,\mathrm{d}y = 0$；　(4) $y'' + y = \sin x$；

(5) $y'' - y' - 2y = 0$；　　　　　　　(6) $y'' + 5y' + 4y = 3 - 2x$；

(7) $y'' + 2y' + 5y = \sin 2x$；　　　　(8) $y' + xy - x^3 y^3 = 0$.

19. 求下列微分方程满足所给初始条件的特解

(1) $\cos y \sin x \,\mathrm{d}x - \cos x \sin y \,\mathrm{d}y = 0$，$y|_{x=0} = \dfrac{\pi}{4}$；

(2) $y'' - 5y' + 6y = 0$，$y|_{x=0} = 1$，$y'|_{x=0} = 2$；

(3) $4y'' + 16y' + 15y = 4\mathrm{e}^{-\frac{3}{2}x}$，$y|_{x=0} = 3$，$y'|_{x=0} = -\dfrac{11}{2}$；

(4) $2y'' + 5y' = 29\cos x$，$y|_{x=0} = 0$，$y'|_{x=0} = 1$.

20. 求一曲线方程，这曲线通过原点，并且它在点 (x, y) 处的切线斜率等于 $2x + y$.

分析层次：

21. 设可导函数 $\varphi(x)$ 满足

$$\varphi(x)\cos x + 2\int_0^x \varphi(t)\sin t \,\mathrm{d}t = x + 1,$$

求 $\varphi(x)$.

22. 已知 $f'(\sin^2 x) = \cos 2x + \tan^2 x$，当 $0 < x < 1$ 时，求 $f(x)$.

第五章
向量代数与空间解析几何

我们知道，代数的优越性在于推理方法的程序化．鉴于这种优越性，人们产生了用代数方法研究几何问题的思想，这就是解析几何的基本思想．

在平面解析几何中，通过坐标法把平面上的点与一对有序的数对应起来，把平面上的图形和方程对应起来，从而可以用代数方法来研究几何问题．空间解析几何也是按照类似的方法建立起来的．

本章先引进向量的概念及运算，然后介绍空间解析几何，正如平面解析几何的知识对于学习一元函数微积分学是不可缺少的一样．空间解析几何的知识对于以后学习多元函数微积分学也将起到重要作用．所以本章可看作学习多元函数微积分学的预备知识．

第一节　向量及其线性运算

一、向量概念

在日常生活中，常遇到两种量，一种是只需用大小就能表示的量，如温度、质量、体积、功等，这种量称之为数量（标量）；另一种是既需要大小表示，同时还要指明方向的量，如力、位移、速度、电场强度等，这种量称之为向量（矢量）．

在数学上，常用一条有方向的线段，即有向线段来表示向量．在选定长度单位后，这个有向线段的长度表示向量的大小，有向线段的方向表示向量的方向．如图 5-1 所示，以 A 为起点，B 为终点的有向线段所表示的向量记作 $\overrightarrow{AB}$．为简便起见，亦可用一个粗体字母表示向量，如 a，b，F 或 $\vec{a}$，$\vec{b}$，$\vec{F}$ 等．

向量的大小称为向量的**模**，记为 $|\overrightarrow{AB}|$，$|\vec{a}|$，$|\vec{b}|$．模等于 1 的向量称为**单位向量**，记作 $\vec{e}$．模等于零的向量称为**零向量**，记作 $\mathbf{0}$ 或 $\vec{0}$．零向量的方向可看作是任意的．

图 5-1

在实际问题中，有些向量与其起点有关（如一个力与该力的作用点的位置有关，质点运动的速度与该质点的位置有关），有些向量与其起点无关．我们把与起点无关的向量称为**自由向量**．以后如无特别说明，我们所讨论的向量都是自由向量．由于自由向量只考虑其大小和方向，因此，我们可以把一个向量自由平移，从而使它的起点位置为任意点．这样，今后如有必要，就可以把几个向量移到同一个起点．

如果向量 a 与 b 的大小相等且方向相同，则称向量 a 与 b **相等**，记为 $a=b$．于是，一个向量与它经过平移以后所得的向量是相等的．

与向量 **a** 的模相等而方向相反的向量，称为 **a** 的**负向量**，记为−**a**.

设两非零向量 **a**,**b**. 任取空间一点 O，作 $\overrightarrow{OA}=\boldsymbol{a}, \overrightarrow{OB}=\boldsymbol{b}$. 规定不超过 π 的∠$AOB$（设 $\theta=\angle AOB, 0\leqslant\theta\leqslant\pi$）称为向量 **a** 与 **b** 的**夹角**（图 5-2），记作 $(\widehat{\boldsymbol{a},\boldsymbol{b}})=\theta$ 或 $(\widehat{\boldsymbol{b},\boldsymbol{a}})=\theta$. 特别地，当 **a** 与 **b** 同向时，$(\widehat{\boldsymbol{a},\boldsymbol{b}})=0$；当 **a** 与 **b** 反向时，$(\widehat{\boldsymbol{a},\boldsymbol{b}})=\pi$.

如果两个非零向量 **a** 与 **b** 的方向相同或相反，则称这两个向量**平行**. 当两个平行向量的起点放在同一点时，它们的终点和公共起点应在同一条直线上. 因此，两向量平行，又称为两向量**共线**.

类似地，设有 $k(k\geqslant3)$个向量，当把它们的起点放在同一点时，如 k 个终点和公共起点在一个平面上，则称这 k 个向量**共面**.

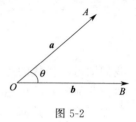

图 5-2

二、向量的线性运算

向量的加法、减法以及向量与数的乘法运算统称为向量的线性运算.

1. 向量的加法与减法

根据力学中关于力的合成法则，可以用平行四边形法则或三角形法则求两个力的合力. 对速度、位移等的合成均可按这两种方法进行. 因此，我们规定如下：

设有两个向量 **a**,**b**，任取一点 A，作 $\overrightarrow{AB}=\boldsymbol{a}$，再以 B 为起点，作 $\overrightarrow{BC}=\boldsymbol{b}$. 连接 AC（图 5-3），则向量 $\overrightarrow{AC}=\boldsymbol{c}$ 称为向量 **a** 与 **b** 的和，记作 **a**+**b**，即 **c**=**a**+**b**.

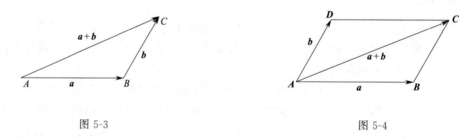

图 5-3   图 5-4

求 **a**+**b** 也可用下述的平行四边形法则：当向量 **a** 与 **b** 不平行时，作 $\overrightarrow{AB}=\boldsymbol{a}, \overrightarrow{AD}=\boldsymbol{b}$，以 AB，AD 为边作一平行四边形 $ABCD$，连接对角线 AC（图 5-4），则向量 $\overrightarrow{AC}$ 即等于向量 **a** 与 **b** 的和 **a**+**b**.

向量的加法满足下列运算规律：

（1）**交换律**：**a**+**b**=**b**+**a**；

（2）**结合律**：$(\boldsymbol{a}+\boldsymbol{b})+\boldsymbol{c}=\boldsymbol{a}+(\boldsymbol{b}+\boldsymbol{c})$.

由向量相加的三角形法则，由图 5-5 可知，$\boldsymbol{a}+\boldsymbol{b}=\overrightarrow{AB}+\overrightarrow{BC}=\overrightarrow{AC}$，$\boldsymbol{b}+\boldsymbol{a}=\overrightarrow{AD}+\overrightarrow{DC}=\overrightarrow{AC}$，所以向量加法的交换律成立. 又如图 5-5 所示，先作 **a**+**b**，再加上 **c**，即得和$(\boldsymbol{a}+\boldsymbol{b})+\boldsymbol{c}$，而先作 **b**+**c**，再加上 **a**，即 $\boldsymbol{a}+(\boldsymbol{b}+\boldsymbol{c})$，则得到同一结果. 所以向量加法的结合律成立.

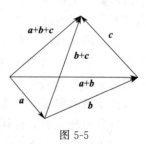

图 5-5

由于向量加法满足交换律与结合律，故 n 个向量 $a_1,a_2,\cdots,a_n$（$n\geqslant 3$）相加可写成 $a_1+a_2+\cdots+a_n$，并可按向量相加的三角形法则相加如下：以前一个向量的终点作为下一个向量的起点，相继作向量 $a_1,a_2,\cdots,a_n$，再以第一个向量的起点为起点，最后一向量的终点为终点作一向量，这个向量即为所求的和．如图 5-6，有 $S=a_1+a_2+a_3+a_4+a_5$．

向量的减法是向量加法的逆运算，我们规定两个向量 b 与 a 的差 $b-a=b+(-a)$．由此知，向量 b 与 a 的差就是向量 b 与 $-a$ 的和，如图 5-7．

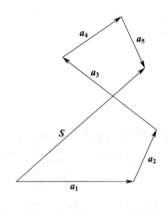

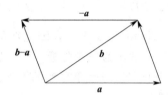

图 5-6　　　　　　　　　　　　　　　　　　图 5-7

特别地，当 $a=b$ 时，有 $a-a=a+(-a)=0$．

显然，任意向量 $\overrightarrow{AB}$ 及点 O，有 $\overrightarrow{AB}=\overrightarrow{AO}+\overrightarrow{OB}=\overrightarrow{OB}-\overrightarrow{OA}$．

因此，若把向量 a 与 b 移到同一起点 O，则从 a 的终点 A 向 b 的终点 B 所引向量就是 b 与 a 的差 $b-a$，如图 5-8．

由于三角形两边之和不大于第三边，则有
$$|a+b|\leqslant|a|+|b| \text{ 及 } |a-b|\leqslant|a|+|b|,$$
其中等号当且仅当 a 与 b 共线时成立．

例 1　证明对角线互相平行的四边形是平行四边形．

证　设四边形 $ABCD$ 的对角线交于 M，由于 $\overrightarrow{AM}=\overrightarrow{MC}$，$\overrightarrow{BM}=\overrightarrow{MD}$，故 $\overrightarrow{AM}+\overrightarrow{MD}=\overrightarrow{BM}+\overrightarrow{MC}$，即 $\overrightarrow{AD}=\overrightarrow{BC}$，这说明线段 AD 与 BC 平行且长度相同．因此，四边形 $ABCD$ 是平行四边形．

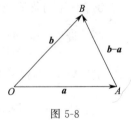

图 5-8

2. 向量与数的乘法

实数 λ 与向量 a 乘积记作 λa，λa 是按下面规定所确定的一个向量：

（1）$|\lambda a|=|\lambda||a|$，即向量 λa 的模是向量 a 的模的 $|\lambda|$ 倍．

（2）当时 $\lambda>0$ 时，向量 λa 与向量 a 方向相同；当 $\lambda<0$ 时，向量 λa 与向量 a 方向相反；当 $\lambda=0$ 时，向量 $\lambda a=0$．

特别的，当 $\lambda=\pm 1$ 时，有 $1\times a=a$，$(-1)\times a=-a$．

数与向量的乘法简称为向量的**数乘**，它满足下面的运算规律：

设 λ、μ 为实数，对向量 a 与 b 有：

（1）**结合律**：$\lambda(\mu a)=(\lambda\mu)a$；

（2）**分配律**：$(\lambda+\mu)a=\lambda a+\mu a;\lambda(a+b)=\lambda a+\lambda b.$
由向量的数乘规定来证明以上两定律，这里从略．

例2 在平行四边形 $ABCD$ 中，设 $\overrightarrow{AB}=a$，$\overrightarrow{AD}=b.$
试用 a 与 b 表示向量 $\overrightarrow{MA}$，$\overrightarrow{MB}$，$\overrightarrow{MC}$ 和 $\overrightarrow{MD}$，这里 M 为平行四边形对角线的交点，如图 5-9.

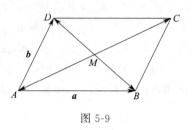

图 5-9

解 由于平行四边形的对角线相互平分，则 $a+b=\overrightarrow{AC}$ $=2\overrightarrow{AM}$，即 $-(a+b)=2\overrightarrow{MA}$．故 $\overrightarrow{MA}=-\dfrac{1}{2}(a+b)$，$\overrightarrow{MC}=$ $-\overrightarrow{MA}=\dfrac{1}{2}(a+b)$；

同理，$\overrightarrow{MD}=\dfrac{1}{2}\overrightarrow{BD}=\dfrac{1}{2}(-a+b)$，$\overrightarrow{MB}=-\overrightarrow{MD}=\dfrac{1}{2}(a+b)$．

由于向量 λa 与 a 平行，因此常用向量与数的乘积来说明两个向量的平行关系，即有：

定理1 设 a 为非零向量，则向量 $b//a$ 的充要条件是：存在唯一的实数 λ，使 $b=\lambda a$．

证 条件的充分性是显然的，下面证明条件的必要性．

设 $b//a$，取 $|\lambda|=\dfrac{|b|}{|a|}$，当 b 与 a 同向时 λ 取正值，当 b 与 a 反向时 λ 取负值，即有

$b=\lambda a$，这是由于此时 b 与 λa 同向，且 $|\lambda a|=|\lambda||a|=\dfrac{|b|}{|a|}|a|=|b|$．

再证实数 λ 的唯一性，设 $b=\lambda a$，又设 $b=\mu a$，两式相减，便得 $(\lambda-\mu)a=\mathbf{0}$，即 $|\lambda-\mu|$ $|a|=0$，因 $|a|\neq0$，故 $|\lambda-\mu|=0$，即 $\lambda=\mu$，证毕．

结论：与非零向量 a 同方向的单位向量为 $e_a=\dfrac{1}{|a|}a$．

例3 用向量法证明：连接三角形两边中点的线段平行于第三边且等于第三边的一半．

证 设 $\triangle ABC$ 两边 AB，AC 的中点分别为 M，N（图 5-10）．则 $\overrightarrow{AM}=\dfrac{1}{2}\overrightarrow{AB}$，$\overrightarrow{AN}=\dfrac{1}{2}$ $\overrightarrow{AC}$，于是 $\overrightarrow{MN}=\overrightarrow{AN}-\overrightarrow{AM}=\dfrac{1}{2}(\overrightarrow{AC}-\overrightarrow{AB})=\dfrac{1}{2}\overrightarrow{BC}$．

这表明 $\overrightarrow{MN}$ 平行于 $\overrightarrow{BC}$，且 $\overrightarrow{MN}$ 的长度等于 $\overrightarrow{BC}$ 长度的一半．

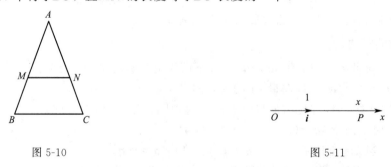

图 5-10　　　　　　　　　　　　　　　　　图 5-11

定理1是建立数轴的理论依据，确定一数轴，需一定点、一定方向及单位长度，而一个单位向量既确定了方向，又确定了单位长度，因此，给定一个点及一单位向量就能确定一条数轴．

设点 O 及单位向量 $\boldsymbol{i}$ 确定数轴 Ox（图 5-11），则对于轴上任一点 P，对应一向量 $\overrightarrow{OP}$。由于 $\overrightarrow{OP}/\!/\boldsymbol{i}$，故必存在唯一实数 x，使得 $\overrightarrow{OP}=x\boldsymbol{i}$，其中 x 称为数轴上有向线段 $\overrightarrow{OP}$ 的值，此时，$\overrightarrow{OP}$ 与实数 x 一一对应了，从而

$$\text{点 } P \leftrightarrow \text{向量} \overrightarrow{OP}=x\boldsymbol{i} \leftrightarrow \text{实数 } x,$$

即数轴上的点 P 与实数 x 一一对应。定义实数 x 为数轴上点 P 的坐标。由此知，轴上点 P 的坐标为 x 的充要条件是 $\overrightarrow{OP}=x\boldsymbol{i}$。

例 4 如图 5-12，在 x 轴上取定一点 O 作为坐标原点，设 A，B 是 x 轴上坐标依次为 x_1，x_2 的两个点，$\boldsymbol{i}$ 是与 x 轴同方向的单位向量，证明 $\overrightarrow{AB}=(x_2-x_1)\boldsymbol{i}$。

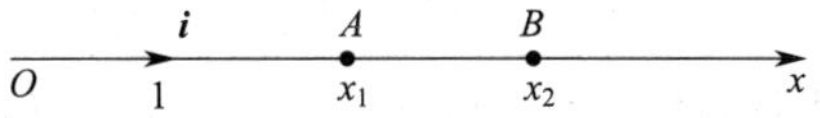

图 5-12

证 因为 $\overrightarrow{OA}=x_1$，所以 $\overrightarrow{OA}=x_1\boldsymbol{i}$，同理 $\overrightarrow{OB}=x_2\boldsymbol{i}$，于是

$$\overrightarrow{AB}=\overrightarrow{OB}-\overrightarrow{OA}=x_2\boldsymbol{i}-x_1\boldsymbol{i}=(x_2-x_1)\boldsymbol{i}.$$

习题 5-1

1. 证明平行四边形的对角线互相平分。

2. 要使 $|\boldsymbol{a}+\boldsymbol{b}|=|\boldsymbol{a}-\boldsymbol{b}|$ 成立，向量 $\boldsymbol{a}$，$\boldsymbol{b}$ 应满足（　　　　）；要使 $|\boldsymbol{a}+\boldsymbol{b}|=|\boldsymbol{a}|+|\boldsymbol{b}|$ 成立，向量 $\boldsymbol{a}$，$\boldsymbol{b}$ 应满足（　　　　）。

3. 设 $\triangle ABC$ 的三条中线为 AD，BE，CF。证明：$\overrightarrow{AD}+\overrightarrow{BE}+\overrightarrow{CF}=\boldsymbol{0}$。

4. 设两个非零向量 $\boldsymbol{b}$ 与 $\boldsymbol{a}$ 共起点，求与它们夹角的平分线平行的向量。

5. 在四边形 $ABCD$ 中（图 5-13），$\overrightarrow{AB}=\boldsymbol{a}+2\boldsymbol{b}$，$\overrightarrow{BC}=-4\boldsymbol{a}-\boldsymbol{b}$，$\overrightarrow{CD}=-5\boldsymbol{a}-3\boldsymbol{b}$。证明 $ABCD$ 为梯形。

6. 把 $\triangle ABC$ 的 BC 边五等分（图 5-14），设分点依次为 D_1，D_2，D_3，D_4，再把各分点与点 A 连接，试以 $\overrightarrow{AB}=\boldsymbol{c}$，$\overrightarrow{BC}=\boldsymbol{a}$ 表示向量 $\overrightarrow{D_1A}$，$\overrightarrow{D_2A}$，$\overrightarrow{D_3A}$ 和 $\overrightarrow{D_4A}$。

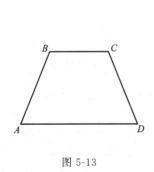

图 5-13

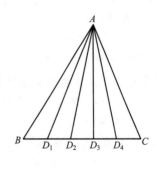

图 5-14

第二节　点的坐标与向量的坐标

在许多关于向量的问题仅靠几何方法是很难解决的，只有将向量与数量联系起来，把向

量的运算归结为相应的数的代数运算，向量理论才能得到广泛的应用，为此我们在空间中引进空间直角坐标系，建立空间中点与实数的关系，并由此建立向量与有序实数组的关系．

一、空间直角坐标系与点的坐标

在空间取一个顶点 O，过点 O 作三个两两垂直的单位向量 $\boldsymbol{i},\boldsymbol{j},\boldsymbol{k}$，就确定了三条都以 O 为原点的两两垂直的数轴，依次记为 x 轴（横轴）、y 轴（纵轴）、z 轴（竖轴），统称为**坐标轴**，此三条坐标轴的正向符合右手法则，即右手握住 z 轴，当右手的四个手指从 x 轴的正向转过 $\frac{\pi}{2}$ 角度后指向 y 轴正向时，竖起的大拇指的指向就是 z 轴的正向．这样三条坐标轴就组成了**空间直角坐标系**，$Oxyz$ 坐标系或 $[O,\boldsymbol{i},\boldsymbol{j},\boldsymbol{k}]$ 坐标系（图 5-15），O 称为**坐标原点**．

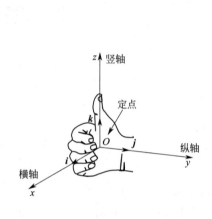

图 5-15

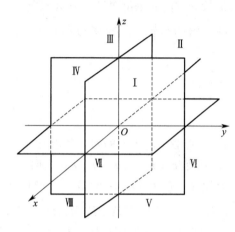

图 5-16

每两条坐标轴确定的平面称为坐标平面，简称为**坐标面**．例如，x 轴与 y 轴所确定的坐标面称为 xOy 面，类似的有 yOz 面，zOx 面．这三个坐标面将空间分成八个部分，每一部分称为一个**卦限**，其中 $x>0$，$y>0$，$z>0$ 部分为第 I 卦限，第 II、III、IV 卦限在 xOy 面的上方，按逆时针方向确定，第 V、VI、VII、VIII 卦限在 xOy 面的下方，由第 I 卦限正下方的第 V 卦限，按逆时针方向确定，如图 5-16．

定义在空间直角坐标系后，即可利用一组有序实数来确定空间点的位置．设 M 为空间的一点，过点 M 分别作垂直于三个坐标轴的平面，与三个坐标轴分别相交于 P、Q、R 三点，且这三点在 x 轴、y 轴、z 轴上的坐标依次为 x、y、z，则点 M 唯一地确定了一个有序数组 (x,y,z)；反之，设给定一个有序数组 (x,y,z)，且它们分别在 x 轴、y 轴、z 轴上依次对应于 P、Q 和 R 点，若过 P、Q 和 R 点分别作平面垂直于所在坐标轴，则这三个平面确定了唯一的交点．这样，空间的点就与有序数组 (x,y,z) 之间建立了一一对应关系，如图 5-17．有序数组 (x,y,z) 就称为**点 M 的坐标**，记为 $M(x,y,z)$，x、y、z 依次分别称为横坐标、纵坐标和竖坐标．

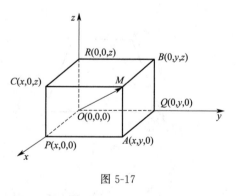

图 5-17

坐标面和坐标轴上的点，其坐标各有一定的特征．如 xOy 面上的点，有 $z=0$；xOz 面上的点，有 $y=0$；yOz 面上的点，有 $x=0$．又如 x 轴上的点，有 $y=z=0$；y 轴上的点，有 $x=z=0$；z 轴上的点，有 $x=y=0$．而坐标原点 O 的坐标为（0，0，0）．

二、空间两点间的距离公式

空间两点 $M_1(x_1,y_1,z_1),M_2(x_2,y_2,z_2)$，求它们之间的距离 $d=|M_1M_2|$．过点 M_1,M_2 各做三个平面分别垂直与三条坐标轴，形成如图 5-18 所示的长方体，则

$$d^2=|M_1M_2|^2=|M_1Q|^2+|QM_2|^2=|M_1P|^2+|PQ|^2+|QM_2|^2$$

$$=|M'_1P'|^2+|P'M'_2|^2+|QM_2|^2=(x_2-x_1)^2+(y_2-y_1)^2+(z_2-z_1)^2,$$

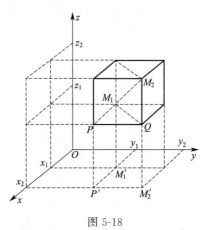

图 5-18

所以 $d=\sqrt{(x_2-x_1)^2+(y_2-y_1)^2+(z_2-z_1)^2}$．

特别地，点 $M(x,y,z)$ 与坐标原点 $O(0,0,0)$ 的距离为

$$d=|OM|=\sqrt{x^2+y^2+z^2}.$$

例 1 在 y 轴上求与点 $A(3,-1,1)$ 和点 $B(0,1,2)$ 等距离的点．

解 因所求点 M 在 y 轴上，可设其坐标为 $(0,y,0)$．依题意有 $|MA|=|MB|$，即

$$\sqrt{(0-3)^2+(y+1)^2+(0-1)^2}=\sqrt{(0-0)^2+(y-1)^2+(0-2)^2}.$$

解得 $y=-\dfrac{3}{2}$，故所求点为 $M\left(0,-\dfrac{3}{2},0\right)$．

三、向量的坐标及向量线性运算的坐标表示

为实现向量运算的代数化，我们将向量按三个坐标轴方向进行分解，并且用坐标来表示向量．

任给向量 r，将 r 平行移动，使其起点与坐标原点重合，终点记为 M，则有 $\overrightarrow{OM}=r$．以 OM 为对角线，三条坐标轴为棱作长方体 $RCMB-OPAQ$，如图 5-17．

由向量的加法法则，有 $r=\overrightarrow{OM}=\overrightarrow{OP}+\overrightarrow{PA}+\overrightarrow{AM}=\overrightarrow{OP}+\overrightarrow{OQ}+\overrightarrow{OR}$．

设 $\overrightarrow{OP}=x\boldsymbol{i}$、$\overrightarrow{OQ}=y\boldsymbol{j}$、$\overrightarrow{OR}=z\boldsymbol{k}$，则 $r=\overrightarrow{OM}=x\boldsymbol{i}+y\boldsymbol{j}+z\boldsymbol{k}$．

上式称为向量 r 的坐标分解式，$x\boldsymbol{i}$、$y\boldsymbol{j}$、$z\boldsymbol{k}$ 称为向量 r 沿 x 轴、y 轴、z 轴方向的分向量．

显然，给定向量 r，就确定了点 M 及 $\overrightarrow{OP}$、$\overrightarrow{OQ}$、$\overrightarrow{OR}$ 三个分向量，进而确定了 x、y、z 三个有序数；反之，给定三个有序数 x、y、z，也就确定了向量 r 与点 M，于是点 M、向量 r 与三个有序数 x、y、z 之间存在一一对应关系，即

$$M\leftrightarrow r=\overrightarrow{OM}=x\boldsymbol{i}+y\boldsymbol{j}+z\boldsymbol{k}\leftrightarrow(x,y,z).$$

称有序数 x、y、z 为**向量 r 的坐标**，记为 $r=(x,y,z)$．向量 $r=\overrightarrow{OM}$，称为点 M 关于原点 O 的**向径**．

由上知，一个点与该点的向径有相同的坐标，这里的记号 (x,y,z) 既表示点 M，又表示向量 $\overrightarrow{OM}$，因此，在看到记号 (x,y,z) 时，要注意从上下文去认清它是表示向量 $\overrightarrow{OM}$，还是表示点 M.

由图 5-17 知，向量 $\boldsymbol{r}=(x,y,z)$ 的模为

$$|\boldsymbol{r}|=|\overrightarrow{OM}|=\sqrt{|\overrightarrow{OP}|^2+|\overrightarrow{OQ}|^2+|\overrightarrow{OR}|^2}=\sqrt{x^2+y^2+z^2}.$$

如在空间直角坐标系 $Oxyz$ 中任给定两点 $M_1(x_1,y_1,z_1)$、$M_2(x_2,y_2,z_2)$，则有：

$$\overrightarrow{M_1M_2}=\overrightarrow{OM_2}-\overrightarrow{OM_1}=(x_2\boldsymbol{i}+y_2\boldsymbol{j}+z_2\boldsymbol{k})-(x_1\boldsymbol{i}+y_1\boldsymbol{j}+z_1\boldsymbol{k})$$
$$=(x_2-x_1)\boldsymbol{i}+(y_2-y_1)\boldsymbol{j}+(z_2-z_1)\boldsymbol{k}=(x_2-x_1,y_2-y_1,z_2-z_1),$$
$$\overrightarrow{M_1M_2}=\sqrt{(x_2-x_1)^2+(y_2-y_1)^2+(z_2-z_1)^2}.$$

现在来推导向量线性运算的坐标表示式：

设 $\boldsymbol{a}=(a_x,a_y,a_z)$、$\boldsymbol{b}=(b_x,b_y,b_z)$，即 $\boldsymbol{a}=a_x\boldsymbol{i}+a_y\boldsymbol{j}+a_z\boldsymbol{k}$、$\boldsymbol{b}=b_x\boldsymbol{i}+b_y\boldsymbol{j}+b_z\boldsymbol{k}$.

由向量的加法与数乘的运算律，有

$$\boldsymbol{a}+\boldsymbol{b}=(a_x+b_x)\boldsymbol{i}+(a_y+b_y)\boldsymbol{j}+(a_z+b_z)\boldsymbol{k},$$
$$\boldsymbol{a}-\boldsymbol{b}=(a_x-b_x)\boldsymbol{i}+(a_y-b_y)\boldsymbol{j}+(a_z-b_z)\boldsymbol{k},$$
$$\lambda\boldsymbol{a}=(\lambda a_x)\boldsymbol{i}+(\lambda a_y)\boldsymbol{j}+(\lambda a_z)\boldsymbol{k}(\lambda\text{ 为实数}).$$

从而有

$$\boldsymbol{a}+\boldsymbol{b}=(a_x+b_x,a_y+b_y,a_z+b_z),$$
$$\boldsymbol{a}-\boldsymbol{b}=(a_x-b_x,a_y-b_y,a_z-b_z),$$
$$\lambda\boldsymbol{a}=(\lambda a_x,\lambda a_y,\lambda a_z).$$

由此可见，对向量进行加减及数乘运算，只需对向量的各个坐标分别进行相应的数量运算即可.

由上一节定理 1 知，当向量 $\boldsymbol{a}\neq\boldsymbol{0}$ 时，向量 $\boldsymbol{b}$ 平行于 $\boldsymbol{a}$ 等价于 $\boldsymbol{b}=\lambda\boldsymbol{a}$（$\lambda$ 为实数），按坐标表示即为 $(b_x,b_y,b_z)=\lambda(a_x,a_y,a_z)$.

由此说明向量 $\boldsymbol{b}$ 与 $\boldsymbol{a}$ 对应坐标成比例，$\dfrac{b_x}{a_x}=\dfrac{b_y}{a_y}=\dfrac{b_z}{a_z}$.

例 2 已知以向量 $\overrightarrow{AB}$，$\overrightarrow{AD}$ 为邻边的平行四边形 $ABCD$ 的两条对角线向量 $\overrightarrow{AC}=(5,4,6)$、$\overrightarrow{DB}=(3,2,2)$，试求向量 $\overrightarrow{AB}$、$\overrightarrow{AD}$.

解 依据题意 $\overrightarrow{AB}+\overrightarrow{AD}=\overrightarrow{AC}$，$\overrightarrow{AB}-\overrightarrow{AD}=\overrightarrow{DB}$，

因此可得 $\overrightarrow{AB}=\dfrac{1}{2}(\overrightarrow{AC}+\overrightarrow{DB})$，$\overrightarrow{AD}=\dfrac{1}{2}(\overrightarrow{AC}-\overrightarrow{DB})$，

从而得 $\overrightarrow{AB}=\dfrac{1}{2}[(5,4,6)+(3,2,2)]=(4,3,4)$，$\overrightarrow{AD}=\dfrac{1}{2}[(5,4,6)-(3,2,2)]=(1,1,2)$.

例 3 已知以 $A(x_1,y_1,z_1)$ 和 $B(x_2,y_2,z_2)$ 以及实数 $\lambda\neq-1$，在直线 AB 上求点 M，使 $\overrightarrow{AM}=\lambda\overrightarrow{MB}$.

解 如图 5-19 所示.

由于 $\overrightarrow{AM}=\overrightarrow{OM}-\overrightarrow{OA}$，$\overrightarrow{MB}=\overrightarrow{OB}-\overrightarrow{OM}$，

因此 $\overrightarrow{OM}-\overrightarrow{OA}=\lambda(\overrightarrow{OB}-\overrightarrow{OM})$，从而 $\overrightarrow{OM}=\dfrac{1}{1+\lambda}(\overrightarrow{OA}+\lambda\overrightarrow{OB})$ 以 $\overrightarrow{OA}$、$\overrightarrow{OB}$ 的点坐标（即点

A、点 B 的坐标）代入，即得 $\overrightarrow{OM}=(\dfrac{x_1+\lambda x_2}{1+\lambda},\dfrac{y_1+\lambda y_2}{1+\lambda},$

$\dfrac{z_1+\lambda z_2}{1+\lambda})$这就是点 M 的坐标.

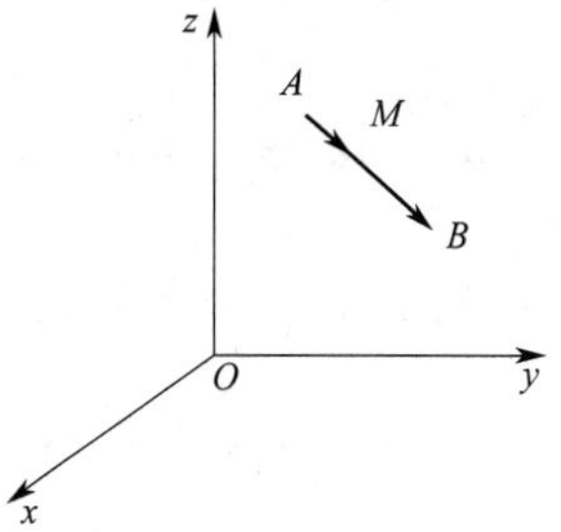

本例中的点 M 称为有向线段 $\overrightarrow{AB}$ 的定比分点，特别地，当 λ $=1$ 时，得线段 $\overrightarrow{AB}$ 的中点 $M=(\dfrac{x_1+x_2}{2},\dfrac{y_1+y_2}{2},\dfrac{z_1+z_2}{2})$.

例 4 设空间两点 $A(3,-1,2),B(1,1,0)$，求和 $\overrightarrow{AB}$ 平行的单位向量 e.

图 5-19

解 $\overrightarrow{AB}=(1-3,1-(-1),0-2)=(-2,2,-2)$,

$|\overrightarrow{AB}|=\sqrt{(-2)^2+2^2+(-2)^2}=2\sqrt{3}$.

于是和 $\overrightarrow{AB}$ 平行的单位向量为 $e=\pm\dfrac{1}{|\overrightarrow{AB}|}\overrightarrow{AB}=\pm(-\dfrac{1}{\sqrt{3}},\dfrac{1}{\sqrt{3}},-\dfrac{1}{\sqrt{3}})$.

四、方向角、方向余弦

为了表示非零向量 r 的方向，我们把 r 与 x 轴、y 轴、z 轴正向的夹角分别记为 α,β,γ，称为向量 r 的**方向角**. 方向角的余弦 $\cos\alpha$，$\cos\beta$，$\cos\gamma$ 叫做 r 的**方向余弦**.

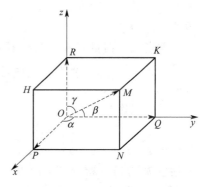

图 5-20

设向量 $r=\overrightarrow{OM}=(x,y,z)$，由图 5-20 知，

$\cos\alpha=\dfrac{x}{|r|}=\dfrac{x}{\sqrt{x^2+y^2+z^2}}$，$\cos\beta=\dfrac{y}{|r|}$，$\cos\gamma=\dfrac{z}{|r|}$.

易见 $\cos^2\alpha+\cos^2\beta+\cos^2\gamma=1$，而与 r 同方向的单位向量为 $r^0=\dfrac{r}{|r|}=\dfrac{1}{|r|}(x,y,z)=(\cos\alpha,\cos\beta,\cos\gamma)$.

例 5 设已知两点 $M_1(4,\sqrt{2},1)$ 和 $M_2(3,0,2)$. 计算向量 $\overrightarrow{M_1M_2}$ 的模，方向余弦和方向角.

解 $|\overrightarrow{M_1M_2}|=\sqrt{(3-4)^2+(0-\sqrt{2})^2+(2-1)^2}=2$,

$\overrightarrow{M_1M_2}=(-1,-\sqrt{2},1)=2(-\dfrac{1}{2},-\dfrac{\sqrt{2}}{2},\dfrac{1}{2})$.

所以 $\cos\alpha=-\dfrac{1}{2}$，$\cos\beta=-\dfrac{\sqrt{2}}{2}$，$\cos\gamma=\dfrac{1}{2}$，则

$\alpha=\dfrac{2}{3}\pi,\beta=\dfrac{3}{4}\pi,\gamma=\dfrac{\pi}{3}$.

例 6 设向量 a 的两个方向余弦为 $\cos\alpha=\dfrac{1}{3}$、$\cos\beta=\dfrac{2}{3}$，又 $|a|=6$. 求向量 a 的坐标.

解 因为 $\cos\alpha=\dfrac{1}{3}$、$\cos\beta=\dfrac{2}{3}$,

所以 $\cos\gamma=\pm\sqrt{1-\cos^2\alpha-\cos^2\beta}=\pm\sqrt{1-(\frac{1}{3})^2-(\frac{2}{3})^2}=\pm\frac{2}{3}$.

$$a_x=|\boldsymbol{a}|\cos\alpha=6\times\frac{1}{3}=2,$$

$$a_y=|\boldsymbol{a}|\cos\beta=6\times\frac{2}{3}=4,$$

$$a_z=|\boldsymbol{a}|\cos\gamma=6\times(\pm\frac{2}{3})=\pm4.$$

即 $\boldsymbol{a}=(2,4,4)$ 或 $\boldsymbol{a}=(2,4,-4)$.

五、向量在轴上的投影

设点 O 及单位向量 $\boldsymbol{e}$ 确定了 u 轴,如图 5-21.

任给定向量 $\boldsymbol{r}$,作 $\overrightarrow{OM}=\boldsymbol{r}$,再过点 M 作与 u 轴垂直的平面,交 u 轴于点 M',则称点 M' 为点 M 在 u 轴上的投影,而向量 $\overrightarrow{OM'}$ 称为向量 $\boldsymbol{r}$ 在 u 轴上的分向量.设 $\overrightarrow{OM'}=\lambda\boldsymbol{e}$,则数 λ 称为向量 $\boldsymbol{r}$ 在 u 轴上的**投影**,记为 $prj_u\boldsymbol{r}$ 或 $\boldsymbol{r}_u$.

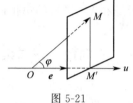

图 5-21

由此定义,向量 $\boldsymbol{a}$ 在直角坐标系 $Oxyz$ 中的坐标 a_x、a_y、a_z,分别是向量在 x 轴、y 轴、z 轴上的投影,即 $a_x=prj_x\boldsymbol{a}$,$a_y=prj_y\boldsymbol{a}$,$a_z=prj_z\boldsymbol{a}$.

向量的投影具有与坐标相同的性质,如下:

性质 1 $prj_u\boldsymbol{a}=|\boldsymbol{a}|\cos\varphi(\varphi$ **为向量 $\boldsymbol{a}$ 与 u 轴的夹角**).

性质 2 $prj_u(\boldsymbol{a}+\boldsymbol{b})=prj_u\boldsymbol{a}+prj_u\boldsymbol{b}$.

性质 3 $prj_u(\lambda\boldsymbol{a})=\lambda prj_u\boldsymbol{a}(\lambda$ 为实数$)$.

例 7 向量的终点在点 $B(2,-1,7)$,它在 x 轴、y 轴、z 轴上的投影依次为 4、-4 和 7. 求这向量的起点 A 的坐标.

解 设起点 A 的坐标为 (x,y,z),则 $\overrightarrow{AB}=(2-x,-1-y,7-z)$.
由题意,得 $2-x=4$,$-1-y=-4$,$7-z=7$,
所以 $x=-2$,$y=-3$,$z=0$.
故起点 A 为 $(-2,3,0)$.

例 8 设立方体的一条对角线为 OM,一条棱为 OA,且 $|OA|=a$. 求 $\overrightarrow{OA}$ 在 $\overrightarrow{OM}$ 方向上的投影 $prj_{\overrightarrow{OM}}\overrightarrow{OA}$.

解 如图 5-22 所示.

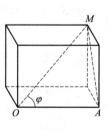

图 5-22

记 $\angle MOA=\varphi$,有 $\cos\varphi=\dfrac{|OA|}{|OM|}=\dfrac{1}{\sqrt{3}}$,于是 $prj_{\overrightarrow{OM}}\overrightarrow{OA}=|\overrightarrow{OA}|$

$\cos\varphi=\dfrac{a}{\sqrt{3}}$.

习题 5-2

1. 求点 $P(1,2,3)$ 关于各坐标面、各坐标轴、坐标原点的对称点的坐标.

2. 在空间直角坐标系中，指出 $A(4,3,1)$、$B(5,1,-2)$、$C(5,-2,-1)$、$D(-1,-2,7)$ 各点在哪个卦限？

3. 指出下列各点在空间直角坐标系中的位置.

$A(4,3,0),B(0,7,6),C(5,0,0),D(0,-1,0)$

4. 从点 $A(2,-1,7)$ 沿向量 $\boldsymbol{a}=(8,9,-12)$ 方向取长为 34 的线段 AB，求点 B 的坐标.

5. 已知 $A(1,2,-1)$、$B(0,3,2)$ 及 $C(0,0,4)$，求 $\triangle ABC$ 的重心坐标.

6. 在 yOz 面上，求与三点 $A(3,1,2)$、$B(4,-2,-2)$ 和 $C(0,5,1)$ 等距离的点.

7. 已知向量 $\boldsymbol{a}$ 在坐标轴上的投影为 $a_x=1,a_y=-1,a_z=1$，向量 $\boldsymbol{a}$ 的终点为 $M_2(1,-1,1)$，求向量 $\boldsymbol{a}$ 的起点 M_1 及 $\boldsymbol{a}$ 的方向角.

8. 设一单位向量与 x 轴正向，y 轴正向夹角为 α，而它与 z 轴的夹角是 2α，求该向量.

9. 求与向量 $\boldsymbol{a}=(16,-15,12)$ 平行，方向相反，且长度为 75 的向量 $\boldsymbol{b}$.

10. 已知 $|\boldsymbol{r}|=4$，$\boldsymbol{r}$ 与轴 u 的夹角是 $60°$，求 $prj_u\boldsymbol{r}$.

第三节　向量的数量积和向量积

一、向量的数量积

设一物体在力 $\boldsymbol{F}$ 的作用下沿直线从点 M_0 到点 M_1. 如用 $\boldsymbol{S}$ 表示位移 $\overrightarrow{M_0M}$，则力 $\boldsymbol{F}$ 所做的功为 $W=|\boldsymbol{F}||\boldsymbol{S}|\cos\theta$，其中 θ 为 $\boldsymbol{F}$ 与 $\boldsymbol{S}$ 的夹角（图 5-23）.

由此可见，功的大小是由 $\boldsymbol{F}$ 与 $\boldsymbol{S}$ 这两个向量所唯一确定的. 在物理学和力学的其他问题中，也常常会遇到此类情况. 在数学中，我们把这种运算抽象成两个向量的数量概念.

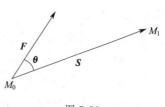

图 5-23

定义 1　设 $\boldsymbol{a}$，$\boldsymbol{b}$ 为任意两个向量，$\theta=(\widehat{\boldsymbol{a},\boldsymbol{b}})$，则称数 $|\boldsymbol{a}||\boldsymbol{b}|\cos\theta$ 为向量 $\boldsymbol{a}$ 与 $\boldsymbol{b}$ 的**数量积**（或内积、点积），记为 $\boldsymbol{a}\cdot\boldsymbol{b}$，即 $\boldsymbol{a}\cdot\boldsymbol{b}=|\boldsymbol{a}||\boldsymbol{b}|\cos\theta$.

由定义知，上述问题中力所做的功 W 是力 $\boldsymbol{F}$ 与位移 $\boldsymbol{S}$ 的数量积，即

$$W=|\boldsymbol{F}||\boldsymbol{S}|\cos\theta=\boldsymbol{F}\cdot\boldsymbol{S}.$$

由数量积的定义可以推得

（1）当 $\boldsymbol{a}\neq\boldsymbol{0}$ 时 $\boldsymbol{a}\cdot\boldsymbol{b}=|\boldsymbol{a}|prj_{\boldsymbol{a}}\boldsymbol{b}$；当 $\boldsymbol{b}\neq\boldsymbol{0}$ 时 $\boldsymbol{a}\cdot\boldsymbol{b}=|\boldsymbol{b}|prj_{\boldsymbol{b}}\boldsymbol{a}$. 这是因为，当 $\boldsymbol{a}\neq\boldsymbol{0}$ 时 $prj_{\boldsymbol{a}}\boldsymbol{b}=|\boldsymbol{b}|\cos\theta$，$\boldsymbol{a}\cdot\boldsymbol{b}=|\boldsymbol{a}|prj_{\boldsymbol{a}}\boldsymbol{b}$；当 $\boldsymbol{b}\neq\boldsymbol{0}$ 时 $prj_{\boldsymbol{b}}\boldsymbol{a}=|\boldsymbol{a}|\cos\theta$，$\boldsymbol{a}\cdot\boldsymbol{b}=|\boldsymbol{b}|prj_{\boldsymbol{b}}\boldsymbol{a}$.

（2）$\boldsymbol{a}\cdot\boldsymbol{a}=|\boldsymbol{a}|^2$. 这是因为此时 $\theta=0$，所以 $\boldsymbol{a}\cdot\boldsymbol{a}=|\boldsymbol{a}|^2\cos\theta=|\boldsymbol{a}|^2$.

（3）对于两个非零向量 $\boldsymbol{a}$ 和 $\boldsymbol{b}$，则 $\boldsymbol{a}\perp\boldsymbol{b}$ 的充要条件是 $\boldsymbol{a}\cdot\boldsymbol{b}=0$. 这是因为，如果 $\boldsymbol{a}\perp\boldsymbol{b}$，则 $\theta=\dfrac{\pi}{2}$，$\cos\theta=0$，于是 $\boldsymbol{a}\cdot\boldsymbol{b}=|\boldsymbol{a}||\boldsymbol{b}|\cos\theta=0$.

反之，如果 $\boldsymbol{a} \cdot \boldsymbol{b} = 0$，由于 $|\boldsymbol{a}| \neq 0$，$|\boldsymbol{b}| \neq 0$，所以 $\cos\theta = 0$，从而 $\theta = \dfrac{\pi}{2}$，即 $\boldsymbol{a} \perp \boldsymbol{b}$.

由于可以认为零向量与任意向量都垂直，因此，上述结论可叙述为：向量 $\boldsymbol{a} \perp \boldsymbol{b}$ 的充要条件是 $\boldsymbol{a} \cdot \boldsymbol{b} = 0$.

向量的数量积符合下列运算规律：

(1) **交换律** $\boldsymbol{a} \cdot \boldsymbol{b} = \boldsymbol{b} \cdot \boldsymbol{a}$；

(2) **分配律** $(\boldsymbol{a} + \boldsymbol{b}) \cdot \boldsymbol{c} = \boldsymbol{a} \cdot \boldsymbol{c} + \boldsymbol{b} \cdot \boldsymbol{c}$；

(3) **结合律** $(\lambda \boldsymbol{a}) \cdot \boldsymbol{b} = \lambda(\boldsymbol{a} \cdot \boldsymbol{b})$（$\lambda$ 为实数）.

证明： (1) $\boldsymbol{a} \cdot \boldsymbol{b} = |\boldsymbol{a}||\boldsymbol{b}| \cos(\widehat{\boldsymbol{a}, \boldsymbol{b}})$，$\boldsymbol{b} \cdot \boldsymbol{a} = |\boldsymbol{b}||\boldsymbol{a}| \cos(\widehat{\boldsymbol{b}, \boldsymbol{a}})$，而 $\cos(\widehat{\boldsymbol{a}, \boldsymbol{b}}) = \cos(\widehat{\boldsymbol{b}, \boldsymbol{a}})$，所以 $\boldsymbol{a} \cdot \boldsymbol{b} = \boldsymbol{b} \cdot \boldsymbol{a}$.

(2) 当 $\boldsymbol{c} = \boldsymbol{0}$ 时上式显然成立，当 $\boldsymbol{c} \neq \boldsymbol{0}$ 时有 $(\boldsymbol{a} + \boldsymbol{b}) \cdot \boldsymbol{c} = |\boldsymbol{c}| prj_{\boldsymbol{c}}(\boldsymbol{a} + \boldsymbol{b})$. 因为 $prj_{\boldsymbol{c}}(\boldsymbol{a} + \boldsymbol{b}) = prj_{\boldsymbol{c}}\boldsymbol{a} + prj_{\boldsymbol{c}}\boldsymbol{b}$，所以 $(\boldsymbol{a} + \boldsymbol{b}) \cdot \boldsymbol{c} = |\boldsymbol{c}|(prj_{\boldsymbol{c}}\boldsymbol{a} + prj_{\boldsymbol{c}}\boldsymbol{b}) = |\boldsymbol{c}| prj_{\boldsymbol{c}}\boldsymbol{a} + |\boldsymbol{c}| prj_{\boldsymbol{c}}\boldsymbol{b} = \boldsymbol{a} \cdot \boldsymbol{c} + \boldsymbol{b} \cdot \boldsymbol{c}$.

(3) 当 $\boldsymbol{b} = \boldsymbol{0}$ 时，上式显然成立. 当 $\boldsymbol{b} \neq \boldsymbol{0}$ 时，$(\lambda \boldsymbol{a}) \cdot \boldsymbol{b} = |\boldsymbol{b}| prj_{\boldsymbol{b}}(\lambda \boldsymbol{a}) = |\boldsymbol{b}| \lambda prj_{\boldsymbol{b}}\boldsymbol{a} = \lambda |\boldsymbol{b}| prj_{\boldsymbol{b}}\boldsymbol{a} = \lambda(\boldsymbol{a} \cdot \boldsymbol{b})$.

由上述结合律，利用交换律，容易推得

$$\boldsymbol{a} \cdot (\lambda \boldsymbol{b}) = \lambda(\boldsymbol{a} \cdot \boldsymbol{b}) \text{ 及} (\lambda \boldsymbol{a}) \cdot (u \boldsymbol{b}) = \lambda u(\boldsymbol{a} \cdot \boldsymbol{b})(\lambda \text{ 及 } u \text{ 均为实数}).$$

这是因为 $\boldsymbol{a} \cdot (\lambda \boldsymbol{b}) = (\lambda \boldsymbol{b}) \cdot \boldsymbol{a} = \lambda(\boldsymbol{b} \cdot \boldsymbol{a}) = \lambda(\boldsymbol{a} \cdot \boldsymbol{b})$，所以 $(\lambda \boldsymbol{a}) \cdot (\mu \boldsymbol{b}) = \lambda[\boldsymbol{a} \cdot (\mu \boldsymbol{b})] = \lambda[\mu(\boldsymbol{a} \cdot \boldsymbol{b})] = \lambda\mu(\boldsymbol{a} \cdot \boldsymbol{b})$.

例 1 证明在 $\triangle ABC$ 中，$AB^2 = AC^2 + BC^2 - 2|AC||BC|\cos\theta$，其中 AC 与 BC 间的夹角为 θ.

证 在 $\triangle ABC$ 中引入向量 $\overrightarrow{AB} = \boldsymbol{c}$，$\overrightarrow{CA} = \boldsymbol{b}$，$\overrightarrow{CB} = \boldsymbol{a}$（图 5-24），且 $(\widehat{\boldsymbol{a}, \boldsymbol{b}}) = \theta$，于是 $\boldsymbol{c} = \overrightarrow{AB} = \overrightarrow{CB} - \overrightarrow{CA} = \boldsymbol{a} - \boldsymbol{b}$.

而 $AB = |\overrightarrow{AB}| = |\boldsymbol{c}|$，$AC = |\overrightarrow{CA}| = |\boldsymbol{b}|$，$BC = |\overrightarrow{CB}| = |\boldsymbol{a}|$.

故 $AB^2 = |\boldsymbol{c}|^2 = \boldsymbol{c} \cdot \boldsymbol{c} = (\boldsymbol{a} - \boldsymbol{b}) \cdot (\boldsymbol{a} - \boldsymbol{b}) = \boldsymbol{a}^2 - \boldsymbol{a} \cdot \boldsymbol{b} - \boldsymbol{b} \cdot \boldsymbol{a} + \boldsymbol{b}^2 = \boldsymbol{a}^2 + \boldsymbol{b}^2 - 2\boldsymbol{a} \cdot \boldsymbol{b}$
$= |\boldsymbol{a}|^2 + |\boldsymbol{b}|^2 - 2|\boldsymbol{a}||\boldsymbol{b}|\cos\theta = AC^2 + BC^2 - 2|AC||BC|\cos\theta$.

下面我们来推导数量积的坐标表达式：

设 $\boldsymbol{a} = a_x \boldsymbol{i} + a_y \boldsymbol{j} + a_z \boldsymbol{k}$、$\boldsymbol{b} = b_x \boldsymbol{i} + b_y \boldsymbol{j} + b_z \boldsymbol{k}$，

则 $\boldsymbol{a} \cdot \boldsymbol{b} = (a_x \boldsymbol{i} + a_y \boldsymbol{j} + a_z \boldsymbol{k}) \cdot (b_x \boldsymbol{i} + b_y \boldsymbol{j} + b_z \boldsymbol{k})$

$= a_x b_x \boldsymbol{i} \cdot \boldsymbol{i} + a_x b_y \boldsymbol{i} \cdot \boldsymbol{j} + a_x b_z \boldsymbol{i} \cdot \boldsymbol{k} + a_y b_x \boldsymbol{j} \cdot \boldsymbol{i} + a_y b_y \boldsymbol{j} \cdot \boldsymbol{j} + a_y b_z \boldsymbol{j} \cdot \boldsymbol{k} + a_z b_x \boldsymbol{k} \cdot \boldsymbol{i} + a_z b_y \boldsymbol{k} \cdot \boldsymbol{j} + a_z b_z \boldsymbol{k} \cdot \boldsymbol{k}$

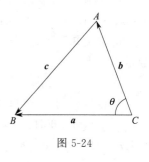

图 5-24

由于 $\boldsymbol{i}, \boldsymbol{j}, \boldsymbol{k}$ 互相垂直，且模均为 1，所以

$\boldsymbol{i} \cdot \boldsymbol{j} = \boldsymbol{j} \cdot \boldsymbol{k} = \boldsymbol{k} \cdot \boldsymbol{i} = 0$，$\boldsymbol{j} \cdot \boldsymbol{i} = \boldsymbol{k} \cdot \boldsymbol{j} = \boldsymbol{i} \cdot \boldsymbol{k} = 0$，$\boldsymbol{i} \cdot \boldsymbol{i} = \boldsymbol{j} \cdot \boldsymbol{j} = \boldsymbol{k} \cdot \boldsymbol{k} = 1$.

则向量积的坐标表达式 $\boldsymbol{a} \cdot \boldsymbol{b} = a_x b_x + a_y b_y + a_z b_z$.

由向量的数量积坐标表达式可得

(1) 两个非零向量 $\boldsymbol{a} = (a_x, a_y, a_z)$、$\boldsymbol{b} = (b_x, b_y, b_z)$，则

$$\cos\theta = \cos(\widehat{\boldsymbol{a},\boldsymbol{b}}) = \frac{\boldsymbol{a} \cdot \boldsymbol{b}}{|\boldsymbol{a}||\boldsymbol{b}|} = \frac{a_x b_x + a_y b_y + a_z b_z}{\sqrt{a_x^2 + a_y^2 + a_z^2}\sqrt{b_x^2 + b_y^2 + b_z^2}}$$

或 $\cos\theta = \cos(\widehat{\boldsymbol{a},\boldsymbol{b}}) = \boldsymbol{a}^0 \cdot \boldsymbol{b}^0 = \cos\alpha_1\cos\alpha_2 + \cos\beta_1\cos\beta_2 + \cos\gamma_1\cos\gamma_2$，

其中 $\boldsymbol{a}^0 = (\cos\alpha_1, \cos\beta_1, \cos\gamma_1)$，$\boldsymbol{b}^0 = (\cos\alpha_2, \cos\beta_2, \cos\gamma_2)$ 分别是向量 $\boldsymbol{a}$ 和 $\boldsymbol{b}$ 的同方向的单位向量.

（2）$\boldsymbol{a}\perp\boldsymbol{b}$ 的充要条件是 $a_x b_x + a_y b_y + a_z b_z = 0$.

例 2 设力 $\boldsymbol{F} = 2\boldsymbol{i} - 3\boldsymbol{j} + 4\boldsymbol{k}$ 作用在一质点上，质点由 $A(1,2,-1)$ 沿直线移动到 $B(3,1,2)$，求力 $\boldsymbol{F}$ 所做的功以及力 $\boldsymbol{F}$ 与位移 $\overrightarrow{AB}$ 的夹角.（力的单位为 N，位移的单位为 m）

解 $\boldsymbol{F} = 2\boldsymbol{i} - 3\boldsymbol{j} + 4\boldsymbol{k}$，$\overrightarrow{AB} = (3-1)\boldsymbol{i} + (1-2)\boldsymbol{j} + (2+1)\boldsymbol{k} = 2\boldsymbol{i} - \boldsymbol{j} + 3\boldsymbol{k}$.

所以力 $\boldsymbol{F}$ 所做的功 $W = \boldsymbol{F} \cdot \overrightarrow{AB} = 2\cdot2 + (-3)\cdot(-1) + 4\cdot3 = 19(\text{J})$.

又因为 $\cos(\widehat{\boldsymbol{F},\overrightarrow{AB}}) = \dfrac{\boldsymbol{F} \cdot \overrightarrow{AB}}{|\boldsymbol{F}| \cdot |\overrightarrow{AB}|} = \dfrac{19}{\sqrt{2^2+(-3)^2+4^2}\sqrt{2^2+(-1)^2+3^2}} \approx 0.9429$，

所以力 $\boldsymbol{F}$ 与位移 $\overrightarrow{AB}$ 的夹角约为 $19°27'$.

例 3 设 $\boldsymbol{a}+3\boldsymbol{b}$ 与 $7\boldsymbol{a}-5\boldsymbol{b}$ 垂直，$\boldsymbol{a}-4\boldsymbol{b}$ 与 $7\boldsymbol{a}-2\boldsymbol{b}$ 垂直，求 $\boldsymbol{a}$ 与 $\boldsymbol{b}$ 之间的夹角 θ.

解 因为 $(\boldsymbol{a}+3\boldsymbol{b})\perp(7\boldsymbol{a}-5\boldsymbol{b})$，所以 $(\boldsymbol{a}+3\boldsymbol{b})\cdot(7\boldsymbol{a}-5\boldsymbol{b}) = 0$，

即 $7|\boldsymbol{a}|^2 - 15|\boldsymbol{b}|^2 + 16\boldsymbol{a}\cdot\boldsymbol{b} = 0$.

又因为 $(\boldsymbol{a}-4\boldsymbol{b})\perp(7\boldsymbol{a}-2\boldsymbol{b})$，$(\boldsymbol{a}-4\boldsymbol{b})\cdot(7\boldsymbol{a}-2\boldsymbol{b}) = 0$，

即 $7|\boldsymbol{a}|^2 + 8|\boldsymbol{b}|^2 - 30\boldsymbol{a}\cdot\boldsymbol{b} = 0$. 联立方程得

$|\boldsymbol{a}|^2 = |\boldsymbol{b}|^2 = 2\boldsymbol{a}\cdot\boldsymbol{b}$，所以 $\cos\theta = \dfrac{\boldsymbol{a}\cdot\boldsymbol{b}}{|\boldsymbol{a}||\boldsymbol{b}|} = \dfrac{1}{2}$，即 $\theta = \dfrac{\pi}{3}$.

二、向量的向量积

如同两向量的数量积一样，两向量的向量积的概念也是从物理学中的某些概念中抽象出来的，例如在研究物体的转动问题时，不但要考虑此物体所受的力，还要分析这些力所产生的力矩.

设 O 为一杠杆 L 的支点，有一个力 $\boldsymbol{F}$ 作用于此杠杆上 P 点处，$\boldsymbol{F}$ 与 $\overrightarrow{OP}$ 的夹角为 θ（图 5-25），由力学规定，力 $\boldsymbol{F}$ 对支点 O 的力矩是一向量 $\boldsymbol{M}$，它的模是 $|\boldsymbol{M}| = |OQ||\boldsymbol{F}| = |\overrightarrow{OP}||\boldsymbol{F}|\sin\theta$，而 $\boldsymbol{M}$ 的方向垂直于 $\overrightarrow{OP}$ 与 $\boldsymbol{F}$ 所决定的平面，$\boldsymbol{M}$ 的指向是按右手规则从 $\overrightarrow{OP}$ 以不超过 π 的角转向 $\boldsymbol{F}$ 握拳时，大拇指的指向就是 $\boldsymbol{M}$ 的指向（图 5-26），由此我们在数学中根据这种运算抽象出两向量的向量积的概念.

定义 2 若由向量 $\boldsymbol{a}$ 与 $\boldsymbol{b}$ 所决定的一个向量 $\boldsymbol{c}$ 满足下列条件：

（1）$\boldsymbol{c}$ 的方向既垂直于 $\boldsymbol{a}$ 又垂直于 $\boldsymbol{b}$，$\boldsymbol{c}$ 的指向按右手规则从 $\boldsymbol{a}$ 转向 $\boldsymbol{b}$ 来确定（图 5-27）；

（2）$\boldsymbol{c}$ 的模 $|\boldsymbol{c}| = |\boldsymbol{a}||\boldsymbol{b}|\sin\theta$（其中 θ 为 $\boldsymbol{a}$ 与 $\boldsymbol{b}$ 的夹角）. 则称向量 $\boldsymbol{c}$ 为向量 $\boldsymbol{a}$ 与 $\boldsymbol{b}$ 的**向量积**（或称外积、叉积），记为 $\boldsymbol{c} = \boldsymbol{a}\times\boldsymbol{b}$.

由向量积定义知，上述的力矩 $\boldsymbol{M}$ 等于 $\overrightarrow{OP}$ 与 $\boldsymbol{F}$ 的向量积，即 $\boldsymbol{M} = \overrightarrow{OP}\times\boldsymbol{F}$.

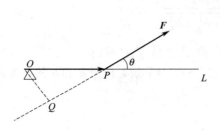

图 5-25

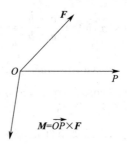

图 5-26

由向量积定义可以推得：

(1) $\mathbf{0} \times \mathbf{a} = \mathbf{a} \times \mathbf{0} = \mathbf{0}$；

(2) $\mathbf{a} \times \mathbf{a} = \mathbf{0}$；

(3) $\mathbf{a} // \mathbf{b} \Leftrightarrow \mathbf{a} \times \mathbf{b} = \mathbf{0}$.

当 $\mathbf{a}$、$\mathbf{b}$ 中至少有一个为非零向量时，该结论显然正确. 当 $\mathbf{a}$、$\mathbf{b}$ 均为非零向量时，

$$\mathbf{a} \times \mathbf{b} = \mathbf{0} \Leftrightarrow |\mathbf{a} \times \mathbf{b}| = 0 \Leftrightarrow |\mathbf{a}||\mathbf{b}|\sin\theta = 0 \Leftrightarrow \sin\theta = 0 \Leftrightarrow \theta = 0 \text{ 或 } \theta = \pi$$
$$\Leftrightarrow \mathbf{a} // \mathbf{b}.$$

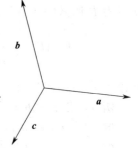

图 5-27

向量积符合下列运算律：

(1) **反交换律** $\mathbf{a} \times \mathbf{b} = -\mathbf{b} \times \mathbf{a}$；

(2) **分配律** $(\mathbf{a} + \mathbf{b}) \times \mathbf{c} = \mathbf{a} \times \mathbf{c} + \mathbf{b} \times \mathbf{c}$；

(3) **结合律** $(\lambda \mathbf{a}) \times \mathbf{b} = \mathbf{a} \times (\lambda \mathbf{b}) = \lambda(\mathbf{a} \times \mathbf{b})$（$\lambda$ 为实数）.

设 $\mathbf{a} = a_x \mathbf{i} + a_y \mathbf{j} + a_z \mathbf{k}$，$\mathbf{b} = b_x \mathbf{i} + b_y \mathbf{j} + b_z \mathbf{k}$，则

$$\mathbf{a} \times \mathbf{b} = (a_x \mathbf{i} + a_y \mathbf{j} + a_z \mathbf{k}) \times (b_x \mathbf{i} + b_y \mathbf{j} + b_z \mathbf{k})$$

$$= a_x b_x (\mathbf{i} \times \mathbf{i}) + a_x b_y (\mathbf{i} \times \mathbf{j}) + a_x b_z (\mathbf{i} \times \mathbf{k}) + a_y b_x (\mathbf{j} \times \mathbf{i}) + a_y b_y (\mathbf{j} \times \mathbf{j}) + a_y b_z (\mathbf{j} \times \mathbf{k}) + a_z b_x (\mathbf{k} \times \mathbf{i}) + a_z b_y (\mathbf{k} \times \mathbf{j}) + a_z b_z (\mathbf{k} \times \mathbf{k})$$

由于 $\mathbf{i} \times \mathbf{i} = \mathbf{j} \times \mathbf{j} = \mathbf{k} \times \mathbf{k} = \mathbf{0}, \mathbf{i} \times \mathbf{j} = \mathbf{k}, \mathbf{j} \times \mathbf{k} = \mathbf{i}, \mathbf{k} \times \mathbf{i} = \mathbf{j}, \mathbf{j} \times \mathbf{i} = -\mathbf{k}, \mathbf{k} \times \mathbf{j} = -\mathbf{i}, \mathbf{i} \times \mathbf{k} = -\mathbf{j}$，

由整理可得 $\mathbf{a} \times \mathbf{b} = (a_y b_z - a_z b_y)\mathbf{i} + (a_z b_x - a_x b_z)\mathbf{j} + (a_x b_y - a_y b_x)\mathbf{k}$.

或用二阶行列式记号，得 $\mathbf{a} \times \mathbf{b} = \begin{vmatrix} a_y & a_z \\ b_y & b_z \end{vmatrix} \mathbf{i} + \begin{vmatrix} a_z & a_x \\ b_z & b_x \end{vmatrix} \mathbf{j} + \begin{vmatrix} a_x & a_y \\ b_x & b_y \end{vmatrix} \mathbf{k}$，

也可利用三阶行列式，写成 $\mathbf{a} \times \mathbf{b} = \begin{vmatrix} \mathbf{i} & \mathbf{j} & \mathbf{k} \\ a_x & a_y & a_z \\ b_x & b_y & b_z \end{vmatrix}$.

由此进一步得到，$\mathbf{a} // \mathbf{b}$ 的充要条件为 $\dfrac{a_x}{b_x} = \dfrac{a_y}{b_y} = \dfrac{a_z}{b_z}$，其中 b_x，b_y，b_z 不能同时为零.

例 4 设 $|\mathbf{a}| = 3$，$|\mathbf{b}| = 4$ 且 $\mathbf{a} \perp \mathbf{b}$，试计算 $|(\mathbf{a} + \mathbf{b}) \times (\mathbf{a} - \mathbf{b})|$.

解 $(\mathbf{a} + \mathbf{b}) \times (\mathbf{a} - \mathbf{b}) = \mathbf{a} \times \mathbf{a} + \mathbf{b} \times \mathbf{a} - \mathbf{a} \times \mathbf{b} - \mathbf{b} \times \mathbf{b} = \mathbf{b} \times \mathbf{a} - \mathbf{a} \times \mathbf{b} = 2\mathbf{b} \times \mathbf{a}$

因为 $\mathbf{a} \perp \mathbf{b}$，所以 $(\widehat{\mathbf{a}, \mathbf{b}}) = \dfrac{\pi}{2}$.

故 $|(\mathbf{a} + \mathbf{b}) \times (\mathbf{a} - \mathbf{b})| = 2|\mathbf{b} \times \mathbf{a}| = 2|\mathbf{b}||\mathbf{a}|\sin\dfrac{\pi}{2} = 2 \times 4 \times 3 \times 1 = 24$.

例 5 求同时垂直于向量 $a=(4,5,3)$ 和 $b=(2,2,1)$ 的单位向量 e_c.

解 由向量积定义知,若 $a\times b=c$,则 c 同时垂直于 a 与 b.

而 $c=a\times b=\begin{vmatrix} i & j & k \\ 4 & 5 & 3 \\ 2 & 2 & 1 \end{vmatrix}=-i+2j-2k$,

$$e_c=\pm\frac{c}{|c|}=\pm\frac{1}{3}(-i+2j-2k).$$

例 6 求以 $A(1,-1,2),B(3,3,1),C(3,1,3)$ 为顶点的三角形的面积 S.

解 $S=\frac{1}{2}|\overrightarrow{AB}||\overrightarrow{AC}|\sin(\overrightarrow{AB},\overrightarrow{AC})=\frac{1}{2}|\overrightarrow{AB}\times\overrightarrow{AC}|$

因为 $\overrightarrow{AB}=(2,4,-1),\overrightarrow{AC}=(2,2,1)$,

所以 $\overrightarrow{AB}\times\overrightarrow{AC}=\begin{vmatrix} i & j & k \\ 2 & 4 & -1 \\ 2 & 2 & 1 \end{vmatrix}=6i-4j-4k$,

$$S=\frac{1}{2}|\overrightarrow{AB}\times\overrightarrow{AC}|=\frac{1}{2}\sqrt{6^2+(-4)^2+(-4)^2}=\sqrt{17}.$$

三、向量的混合积

定义 3 设 a,b,c 为任意三个向量,则称数量 $(a\times b)\cdot c$ 为向量 a,b,c 的**混合积**. 记为 $[abc]=(a\times b)\cdot c$.

下面推导向量的混合积的坐标表达式:

行列式:由 n^2 个元素 $a_{ij}(i,j=1,2,\cdots,n)$ 组成的记号

$$\begin{vmatrix} a_{11} & a_{12} & \cdots & a_{1n} \\ a_{21} & a_{22} & \cdots & a_{2n} \\ \vdots & \vdots & & \vdots \\ a_{n1} & a_{n2} & \cdots & a_{nn} \end{vmatrix}$$

称为 **n 阶行列式**,其中横排列称为**行**,竖排列称为**列**,它表示所有取自不同行、不同列的 n 个元素的乘积 $a_{1j_1}a_{2j_2}\cdots a_{nj_n}$ 的代数和.

1. 二阶行列式:$\begin{vmatrix} a_{11} & a_{12} \\ a_{21} & a_{22} \end{vmatrix}=a_{11}a_{22}-a_{12}a_{21}$.

2. 三阶行列式:

$$\begin{vmatrix} a_{11} & a_{12} & a_{13} \\ a_{21} & a_{22} & a_{23} \\ a_{31} & a_{32} & a_{33} \end{vmatrix}=a_{11}a_{22}a_{33}+a_{12}a_{23}a_{31}+a_{13}a_{21}a_{32}-a_{13}a_{22}a_{31}-a_{11}a_{23}a_{32}-a_{12}a_{21}a_{33};$$

或

$$\begin{vmatrix} a_{11} & a_{12} & a_{13} \\ a_{21} & a_{22} & a_{23} \\ a_{31} & a_{32} & a_{33} \end{vmatrix}=a_{11}\begin{vmatrix} a_{22} & a_{23} \\ a_{32} & a_{33} \end{vmatrix}-a_{12}\begin{vmatrix} a_{21} & a_{23} \\ a_{31} & a_{33} \end{vmatrix}+a_{13}\begin{vmatrix} a_{21} & a_{22} \\ a_{31} & a_{32} \end{vmatrix}.$$

设 $a=(a_x,a_y,a_z),b=(b_x,b_y,b_z),c=(c_x,c_y,c_z)$,

因为 $a\times b=\begin{vmatrix} i & j & k \\ a_x & a_y & a_z \\ b_x & b_y & b_z \end{vmatrix}=\begin{vmatrix} a_y & a_z \\ b_y & b_z \end{vmatrix}i+\begin{vmatrix} a_z & a_x \\ b_z & b_x \end{vmatrix}j+\begin{vmatrix} a_x & a_y \\ b_x & b_y \end{vmatrix}k$,

所以 $(a\times b)\cdot c=\begin{vmatrix} a_y & a_z \\ b_y & b_z \end{vmatrix}c_x+\begin{vmatrix} a_z & a_x \\ b_z & b_x \end{vmatrix}c_y+\begin{vmatrix} a_x & a_y \\ b_x & b_y \end{vmatrix}c_z.$

利用三阶行列式, 可得到混合积的便于记忆的坐标表达式:

$$(a\times b)\cdot c=\begin{vmatrix} a_x & a_y & a_z \\ b_x & b_y & b_z \\ c_x & c_y & c_z \end{vmatrix}.$$

由于行列式经过两次行变换不改变行列式的值. 故混合积有以下的置换规律: $[abc]=[bca]=[cab]$.

混合积有如下的**几何意义**: 如果把向量 a,b,c 看做一个平行六面体的相邻三棱, 则 $|a\times b|$ 是该平行六面体的底面积, 而 $a\times b$ 垂直于 a,b 所在底面. 若以 φ 表示向量 $a\times b$ 与 c 的夹角. 则当 $0\leqslant\varphi\leqslant\dfrac{\pi}{2}$ 时, $|c|\cos\varphi$ 就是该平行六面体的高 h(图 5-28), 于是

$$(a\times b)\cdot c=|a\times b||c|\cos\varphi=|a\times b|h=V.$$

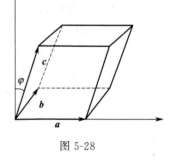

图 5-28

V 表示平行六面体的体积. 显然, 当 $\dfrac{\pi}{2}\leqslant\varphi\leqslant\pi$ 时, $(a\times b)\cdot c=-V.$ 由此可见, 混合积 $[abc]$ 的绝对值是以 a,b,c 相邻三棱的平行六面体的体积.

$[abc]=0$ 时, 平行六面体的体积为零, 即该六面体的三条棱落在一个平面上, 也就是说, 向量 a,b,c 共面, 反之显然也成立. 由此可得以下结论:

三个向量 a,b,c 共面的充要条件是它们的混合积 $[abc]=0$, 即 $\begin{vmatrix} a_x & a_y & a_z \\ b_x & b_y & b_z \\ c_x & c_y & c_z \end{vmatrix}=0.$

例 7 设向量 $a=(1,2,1),b=(0,3,1),c=(2,0,3),d=(-1,-3,1)$, 那么

(1) 问 a,b,c 是否共面?

(2) 求 x,y,z, 使得 $d=xa+yb+zc$.

解 (1) 因为 $(a\times b)\cdot c=\begin{vmatrix} 1 & 2 & 1 \\ 0 & 3 & 1 \\ 2 & 0 & 3 \end{vmatrix}=7\neq0$, 则 a,b,c 不共面.

(2) 因为 $d=xa+yb+zc$, 所以 $\begin{cases} x+2z=-1 \\ 2x+3y=-3 \\ x+y+3z=1 \end{cases}$, 解得 $x=-3,y=1,z=1.$

例 8 已知空间中不在同一平面上的四点 $A(1,0,-1),B(3,1,2),C(0,-1,1),D(1,2,4)$，求四面体 $ABCD$ 的体积 V.

解 由向量的混合积的几何意义及立体几何知识可知，四面体 $ABCD$ 的体积等于以 $\overrightarrow{AB}$，$\overrightarrow{AC}$，$\overrightarrow{AD}$ 为棱的平行六面体体积的六分之一，而

$$\overrightarrow{AB}=(2,1,3),\overrightarrow{AC}=(-1,-1,2),\overrightarrow{AD}=(0,2,5),$$

故 $V=\dfrac{1}{6}|(\overrightarrow{AB}\times\overrightarrow{AC})\cdot\overrightarrow{AD}|=\dfrac{1}{6}\begin{vmatrix} 2 & 1 & 3 \\ -1 & -1 & 2 \\ 0 & 2 & 5 \end{vmatrix}=\dfrac{19}{6}.$

习题 5-3

1. 已知 $a=(2,1,-1),b=(1,-1,2)$，求 $a\cdot b,a\times b,\cos(a\hat{,}b),prj_a b,prj_b a$.

2. 设 $a=(2,-3,1),b=(1,-1,3),c=(1,-2,0)$，求 $(a\times b)\cdot c,(a\times b)\times c,a\times(b\times c),(a\cdot b)c-(a\cdot c)b$.

3. 设 $|a|=3,|b|=5,(a\hat{,}b)=60°$，试求 $(a-2b)\cdot(3a+2b)$.

4. 如果向量 x 垂直于向量 $a=(2,3,-1)$ 与 $b=(1,-2,3)$，且与向量 $c=(2,-1,1)$ 的数量积等于 -6，求向量 x.

5. 设向量 a 与 b 不共线，问 λ 为何值时，向量 $p=\lambda a+5b$ 与 $q=3a-b$ 共线？

6. 已知向量 a 与 b 的夹角为 $\dfrac{\pi}{6}$，且 $|a|=\sqrt{3},|b|=1$，计算向量 $p=a+b$ 与 $q=a-b$ 的夹角.

7. 设 A，B，C 三点的向径依次为 r_1，r_2，r_3，试用 r_1，r_2，r_3 表示 $\triangle ABC$ 的面积. 并证明：A，B，C 三点共线的充要条件是 $r_1\times r_2+r_2\times r_3+r_3\times r_1=0$.

8. 设 $|a|=1,|b|=2,(a\hat{,}b)=60°$，求以向量 $a+2b$ 和 $2a+b$ 为边的平行四边形的面积.

9. 已知 $|a|=6,|b|=3,|c|=3$，且 $(a\hat{,}b)=\dfrac{\pi}{6}$，$c\perp a$，$c\perp b$. 求 $[abc]$.

10. 已知 $a+b+c=0$，证明 $a\times b=b\times c=c\times a$.

11. 已知 $(a\times b)\cdot c=2$，求 $[(a+b)\times(b+c)]\cdot(c+a)$.

12. 已知 $a\times b+b\times c+c\times a=0$，证明 a,b,c 共面.

第四节　平面及其方程

本章从第四节起讨论空间的几何图形及其方程，这些几何图形包括平面、曲面、直线及曲线.

一、平面的方程

1. 平面的点法式方程

如果一非零向量垂直于一平面，这向量就叫做该平面的法线向量，简称法向量，记作 **n**，容易知道，平面上的任一向量均与该平面的法向量垂直．

因为过空间一点可作且只可作一个平面垂直于已知直线，所以若已知平面 Π 上一点和它的一个法向量 $n = (A，B，C)$ 时，平面 Π 的位置就完全确定了．

设 $M_0(x_0，y_0，z_0)$ 为平面 Π 上一已知点，$n=(A,B,C)$ 为 Π 的一个法向量，对 Π 上任一点 $M(x，y，z)$（图 5-29），知 $\overrightarrow{M_0M}$ 与 n 垂直，即 $\overrightarrow{M_0M} \cdot n = 0$．

所以有

$$A(x-x_0)+B(y-y_0)+C(z-z_0)=0 \tag{5-1}$$

这就是平面 Π 上任一点 M 的坐标所满足的方程，反之，不在该平面上的点的坐标都不满足方程（5-1），因为这样的点 M_0 所构成的向量 $\overrightarrow{M_0M}$ 与法向量 n 不垂直，因此，方程（5-1）称为平面 Π 的**点法式方程**，而平面 Π 就是方程（5-1）的图形．

例 1 求过点 $M_0(1,3,4)$ 且垂直于向量 $a=2i-3j+k$ 的平面方程．

解 取平面法向量 $n=a=(2,-3,1)$．由平面的点法式方程，所求平面方程为 $2(x-1)-3(y-3)+(z-4)=0$，即 $2x-3y+z+3=0$．

例 2 平面 Π 过点 $A(1,0,-1)$、$B(1,-1,0)$，且与向量 $a=(2,1,2)$ 平行，求平面 Π 的方程．

解： 先求平面法向量 n，由于 n 既垂直于 $\overrightarrow{AB}=(0,-1,1)$，又垂直于 $a=(2,1,2)$，

故可取 $n=\overrightarrow{AB} \times a$，且 $\overrightarrow{AB} \times a = \begin{vmatrix} i & j & k \\ 0 & -1 & 1 \\ 2 & 1 & 2 \end{vmatrix}=3i+2j+2k$，即 $n=(-3,2,2)$．

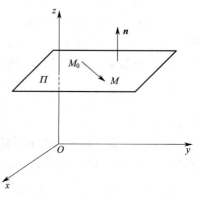

图 5-29

于是，平面 Π 的方程为 $-3(x-1)+2y+2(z+1)=0$，即 $-3x+2y+2z+5=0$．

2. 平面的三点式方程

众所周知，不共线的三个点可以唯一确定一个平面，如果已知平面 Π 上不共线的三个点 $M_1(x_1,y_1,z_1),M_2(x_2,y_2,z_2),M_3(x_3,y_3,z_3)$，那么在平面 Π 上任取一点 $M(x,y,z)$，则向量 $\overrightarrow{M_1M}$，$\overrightarrow{M_1M_2}$，$\overrightarrow{M_1M_3}$ 共面，即有

$$\begin{vmatrix} x-x_1 & y-y_1 & z-z_1 \\ x_2-x_1 & y_2-y_1 & z_2-z_1 \\ x_3-x_1 & y_3-y_1 & z_3-z_1 \end{vmatrix}=0. \tag{5-2}$$

方程（5-2）称为平面的**三点式方程**，此时 $n=\overrightarrow{M_1M_2} \times \overrightarrow{M_1M_3}$ 是该平面的一个法向量．

例 3 求过点 $M_1(2,-1,4),M_2(-1,3,-2),M_3(0,2,3)$ 的平面方程．

解法 1　设 $M(x,y,z)$ 为平面上任一点，由三点式方程得所求平面方程为

$$\begin{vmatrix} x-2 & y+1 & z-4 \\ -3 & 4 & -6 \\ -2 & 3 & -1 \end{vmatrix}=0，即 14x+9y-z-15=0.$$

解法 2　因为 $\overrightarrow{M_1M_2}=(-3,4,-6)，\overrightarrow{M_1M_3}=(-2,3,-1)$，故平面法向量

$$\boldsymbol{n}=\overrightarrow{M_1M_2}\times\overrightarrow{M_1M_3}=\begin{vmatrix} \boldsymbol{i} & \boldsymbol{j} & \boldsymbol{k} \\ -3 & 4 & -6 \\ -2 & 3 & -1 \end{vmatrix}=14\boldsymbol{i}+9\boldsymbol{j}-\boldsymbol{k}.$$

由平面的点法式方程得所求平面方程为 $14(x-2)+9(y+1)-(z-4)=0$，即 $14x+9y-z-15=0$.

3. 平面的截距式方程

如果平面 Π 在 x,y,z 轴上分别有截距 $OA=a，OB=b，OC=c$（其中 $a\neq0，b\neq0，c\neq0$）（图 5-30），则平面 Π 过点 $A(a,0,0)，B(0,b,0)$ 及 $C(0,0,c)$，于是平面 Π 的方程是

$$\begin{vmatrix} x-a & y & z \\ -a & b & 0 \\ -a & 0 & c \end{vmatrix}=0. 即 bcx+acy+abz-abc=0，又因 abc\neq0，即$$

$$\frac{x}{a}+\frac{y}{b}+\frac{z}{c}=1. \tag{5-3}$$

方程（5-3）称为平面的**截距式方程**.

例 4　一平面与 x 轴，y 轴，z 轴分别交于点 $A(-2,0,0)$，$B(0,4,0),C(0,0,3)$. 求此平面的方程.

解　由于平面在三个坐标轴上的截距依次为 $a=-2$，$b=4，c=3$，故此平面的方程为 $\dfrac{x}{-2}+\dfrac{y}{4}+\dfrac{z}{3}=1$.

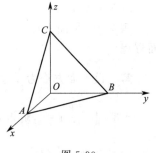

图 5-30

4. 平面的一般方程

由于平面的点法式方程是 x,y,z 的一次方程，而任一平面都可以用它上面的一点及它的法向量来确定，所以任一平面都可用三元一次方程来表示.

反之，设有三元一次方程

$$Ax+By+Cz+D=0 \tag{5-4}$$

在取满足该方程的一组数 $x_0，y_0，z_0$，即 $Ax_0+By_0+Cz_0+D=0.$ 将上述两式相减得

$$A(x-x_0)+B(y-y_0)+C(z-z_0)=0 \tag{5-5}$$

此式表示过点 $M_0(x_0,y_0,z_0)$ 且以 $\boldsymbol{n}=(A,B,C)$ 为法向量的平面方程. 因方程（5-4）与方程（5-5）同解，所以任一三元一次方程（5-4）的图形总是一个平面，方程（5-4）称为**平面的一般方程**，其中 x,y,z 的系数就是该平面的一个法向量 n 的坐标，即 $\boldsymbol{n}=(A,B,C)$.

例如，方程 $5x+7y+9z-2=0$ 表示一个平面，$\boldsymbol{n}=(5,7,9)$ 是这个平面的一个法向量.

下面讨论几种特殊的三元一次方程所示的平面的特点：

（1）当 $D=0$ 时，$Ax+By+Cz=0$ 表示过原点的平面.

（2）当 $A=0$ 时，方程 $By+Cz+D=0$（缺 x 项）．$n=(0,B,C)$，由于 n 垂直于 x 轴，所以方程表示一个平行于 x 轴的平面．同理，$Ax+Cz+D=0$（缺 y 项）和 $Ax+By+D=0$（缺 z 项）分别表示平行于 y 轴和 z 轴的平面．

（3）当 $A=B=0$ 时，方程 $Cz+D=0$（缺 x，y 项）或 $z=-\dfrac{D}{C}$，$n=(0,0,C)$ 垂直于 xOy 面，所以方程表示一个平行于 xOy 面的平面．

同理，$Ax+D=0$（缺 y，z 项）和 $By+D=0$（缺 x，z 项），分别表示平行于 yOz 面和 zOx 面的平面．

（4）当 $A=D=0$ 时，方程 $By+Cz=0$ 表示一个过 x 轴的平面．同理，方程 $Ax+Cz=0$，$Ax+By=0$ 分别表示一个过 y 轴和 z 轴的平面．

例 5 求过 y 轴和点 $M_0(4,-3,-1)$ 的平面方程．

解 平面过 y 轴，故可设平面方程为 $Ax+Cz=0$，将点 $(4,-3,-1)$ 代入有 $4A-C=0$，$C=4A$．代入方程 $Ax+Cz=0$，并消去 A，可得所求平面的方程 $x+4z=0$.

例 6 设平面过原点及点 $(6,-3,2)$，且与平面 $4x-y+2z=8$ 互相垂直，求此平面方程．

解 设所求平面方程为 $Ax+By+Cz+D=0$，

因为平面过原点，故 $D=0$，又平面过点 $(6,-3,2)$，故 $6A-3B+2C=0$.

因为两平面互相垂直，

即 $4A-B+2C=0$，联立方程得 $A=B=-\dfrac{2}{3}C$，

故所求平面方程为 $2x+2y-3z=0$.

例 7 一平面平行于 y 轴及向量 $a=(-2,1,3)$，且在 z 轴上的截距为 $c=-5$，求此平面方程．

解 设平面方程为 $\dfrac{x}{a}+\dfrac{z}{-5}=1$，则法向量 $n=\left(\dfrac{1}{a},0,-\dfrac{1}{5}\right)$，因为 $n\cdot a=0$，即 $-2\times\dfrac{1}{a}+1\times0+3\times\left(-\dfrac{1}{5}\right)=0$，解得 $a=-\dfrac{10}{3}$.

则所求平面方程为 $\dfrac{x}{-\dfrac{10}{3}}+\dfrac{z}{-5}=1$，即 $3x+2z+10=0$.

二、两平面的夹角以及点到平面的距离

1. 两平面的夹角

两平面法向量的夹角（通常指锐角）称为**两平面的夹角**．

若两平面的方程为 $\Pi_1:A_1x+B_1y+C_1z+D_1=0,n_1=(A_1,B_1,C_1)$．$\Pi_2:A_2y+B_2y+C_2z+D_2=0,n_2=(A_2,B_2,C_2)$．

则平面 Π_1 和 Π_2 的夹角 θ 应是 $(\widehat{n_1,n_2})$ 和 $\pi-(\widehat{n_1,n_2})$ 两者中的锐角，因此

$$\cos\theta=\cos(\widehat{n_1,n_2})=\dfrac{|A_1A_2+B_1B_2+C_1C_2|}{\sqrt{A_1^2+B_1^2+C_1^2}\sqrt{A_2^2+B_2^2+C_2^2}}.$$

由向量垂直和平行的充要条件，可推出：

(1) $\Pi_1 \perp \Pi_2 \Leftrightarrow A_1A_2 + B_1B_2 + C_1C_2 = 0$；

(2) $\Pi_1 // \Pi_2 \Leftrightarrow \dfrac{A_1}{A_2} = \dfrac{B_1}{B_2} = \dfrac{C_1}{C_2}$；

(3) Π_1 与 Π_2 重合 $\Leftrightarrow \dfrac{A_1}{A_2} = \dfrac{B_1}{B_2} = \dfrac{C_1}{C_2} = \dfrac{D_1}{D_2}$.

例 8 求两平面 $-x + 2y - z + 1 = 0$ 与 $y + 3z - 1 = 0$ 的夹角 θ.

解 因为 $\cos\theta = \dfrac{|-1 \times 0 + 2 \times 1 + (-1) \times 3|}{\sqrt{1+4+1} \cdot \sqrt{0+1+9}} = \dfrac{1}{\sqrt{60}}$，

所以两平面的夹角 $\theta = \arccos \dfrac{1}{\sqrt{60}}$.

例 9 已知平面 Π 过点 $P_0(4, -3, -2)$ 且垂直于平面 Π_1 和 Π_2，其中 Π_1 平面方程为 $x + 2y - z = 0$，Π_2 平面方程为 $2x - 3y + 4z - 5 = 0$，求平面 Π 的方程.

解 设所求平面 Π 的方程为 $Ax + By + Cz + D = 0$. 因为过点 P_0，所以 $4A - 3B - 2C + D = 0$；因为 Π 与 Π_1 垂直，所以 $A + 2B - C = 0$；因为 Π 与 Π_2 垂直，所以 $2A - 3B + 4C = 0$；联立三方程，解得 $A = -\dfrac{5}{7}C$，$B = \dfrac{6}{7}C$，$D = \dfrac{52}{7}C$. 代入 Π 中消 C 得所求平面方程为 $5x - 6y - 7z - 52 = 0$.

注 本例也可直接取平面法向量 $\boldsymbol{n} = \boldsymbol{n}_1 \times \boldsymbol{n}_2$.

2. 点到平面的距离

已知平面 $\Pi: Ax + By + Cz + D = 0$ 外一点 $P_0(x_0, y_0, z_0)$，任取 Π 上一点 $P_1(x_1, y_1, z_1)$，并做向量 $\overrightarrow{P_1P_0}$，设 $\overrightarrow{P_1P_0}$ 与平面 Π 法向量 $\boldsymbol{n} = (A, B, C)$ 的夹角为 θ，则由图 5-31 所示，P_0 到平面 Π 的距离为：

$$d = |\overrightarrow{P_1P_0}||\cos\theta|$$

$$= |\overrightarrow{P_1P_0}| \frac{|\overrightarrow{P_1P_0} \cdot \boldsymbol{n}|}{|\overrightarrow{P_1P_0}| \cdot |\boldsymbol{n}|} = \frac{|\overrightarrow{P_1P_0} \cdot \boldsymbol{n}|}{|\boldsymbol{n}|}$$

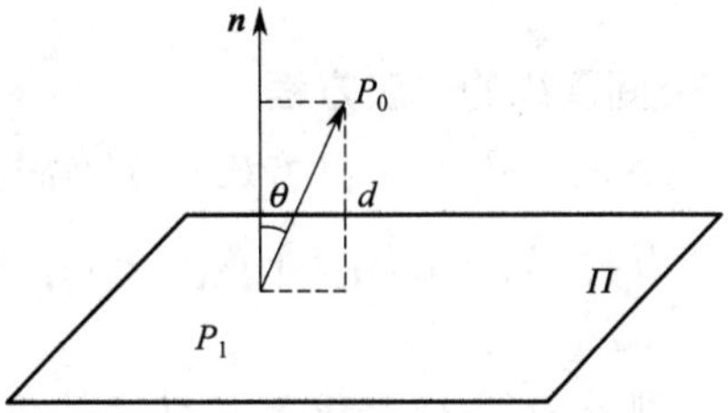

由于 $\overrightarrow{P_1P_0} \cdot \boldsymbol{n} = A(x_0 - x_1) + B(y_0 - y_1) + C(z_0 - z_1) = Ax_0 + By_0 + Cz_0 - (Ax_1 + By_1 + Cz_1)$.

而点 $P_1(x_1, y_1, z_1)$ 在平面 Π 上，

故 $Ax_1 + By_1 + Cz_1 + D = 0$，即 $-(Ax_1 + By_1 + Cz_1) = D$. 从而

图 5-31

$$\overrightarrow{P_1P_0} \cdot \boldsymbol{n} = Ax_0 + By_0 + Cz_0 + D.$$

于是，点 $P_0(x_0, y_0, z_0)$ 到平面 $\Pi: Ax + By + Cz + D = 0$ 的距离为

$$d = \frac{|Ax_0 + By_0 + Cz_0 + D|}{\sqrt{A^2 + B^2 + C^2}}.$$

例 10 求两平行平面 $\Pi_1: 10x + 2y - 2z - 5 = 0$ 和 $\Pi_2: 5x + y - z - 1 = 0$ 之间的距离 d.

解 在平面 Π_2 上任取一点 $(0, 1, 0)$，则

$$d=\frac{|10\times0+2\times1+(-2)\times0-5|}{\sqrt{10^2+2^2+(-2)^2}}=\frac{3}{\sqrt{108}}=\frac{\sqrt{3}}{6}.$$

习题 5-4

1. 求过点 $(1,-2,3)$ 且与平面 $3x-2y+5z+4=0$ 平行的平面方程.

2. 求过点 $P_0(-3,1,-2)$ 和 x 轴的平面方程.

3. 平面过点 $P_1(1,1,1)$，$P_2(2,2,3)$，且垂直于平面 $x+2y-z=0$，求平面方程.

4. 指出下列各平面的特殊位置，并画出各平面.

(1) $y=0$；(2) $4y-3=0$；(3) $7y-6z-2=0$；(4) $7x+\sqrt{2}\,y=0$；(5) $x+2y=1$；

(6) $x-2z=0$；(7) $3x+2y-z=0$.

5. 自点 $P(1,-4,3)$ 分别向各坐标面（坐标轴）作垂线，求过三个垂足的平面方程.

6. 求通过 z 轴，且与平面 Π：$2x+y-\sqrt{5}z-7=0$ 的夹角为 $\frac{\pi}{3}$ 的平面方程.

7. 求平面 $2x-2y+z+5=0$ 与各坐标面的夹角的余弦.

8. 已知 $A(-5,-11,3)$，$B(7,10,-6)$ 和 $C(1,-3,-2)$. 求平行于 $\triangle ABC$ 所在平面方程且与它的距离等于 2 的平面的方程.

9. 求平行于平面 $6x+y+6z+5=0$ 且与三个坐标面所围成的四面体体积为一个单位的平面方程.

10. 求平分平面 $x+2y-2z+6=0$ 和平面 $4x-y+8z-8=0$ 的夹角的平面方程.

第五节　空间直线及其方程

一、空间直线的方程

1. 空间直线的一般方程

空间直线 L 可以看作是两平面 Π_1，Π_2 的交线，如图 5-32，设两平面方程

Π_1：$A_1x+B_1y+C_1z+D_1=0$，Π_2：$A_2x+B_2y+C_2z+D_2=0$，

那么直线 L 上任意一点坐标应同时满足这两个平面的方程，即应满足方程组

$$\begin{cases}A_1x+B_1y+C_1z+D_1=0\\A_2x+B_2y+C_2z+D_2=0\end{cases} \tag{5-6}$$

反之，如一个点不在直线 L 上，则它不可能同时在平面 Π_1 和 Π_2 上，它的坐标就不可能满足方程组（5-6），因此直线 L 可以用方程组（5-6）来表示，方程组（5-6）称为**空间直线的一般方程**.

由于通过直线 L 的平面有无穷个，从这无穷多个平面中任取两个不平行的平面，将它们的方程联立，就得到了直线 L 的一般方程，这就说明直线 L 的一般方程在形式上并不唯一，但都表示同一条直线.

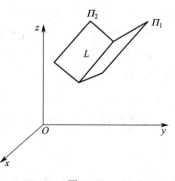

图 5-32

例如方程组 $\begin{cases} x+y=0 \\ x-y=0 \end{cases}$ 和方程组 $\begin{cases} x=0 \\ y=0 \end{cases}$，虽形式不同，但都表示 z 轴.

2. 空间直线的对称式方程与参数方程

如果一个非零向量平行于一条已知直线，这个向量就叫做这条直线的方向向量，显然，直线的方向向量有无穷多个.

我们知道，过空间一点可以作而且只能作一条直线平行于已知直线，因此当直线 L 上一点 $M_0(x_0, y_0, z_0)$ 和它的一个方向向量 $s=(m, n, p)$ 已知，直线 L 就可以完全确定，现在我们仍来建立该直线的方程，在 L 上任取一点 $M(x, y, z)$，作向量 $\overrightarrow{M_0 M}=(x-x_0, y-y_0, z-z_0)$，则由 $\overrightarrow{M_0 M} // s$，得

$$\frac{x-x_0}{m}=\frac{y-y_0}{n}=\frac{z-z_0}{p}. \tag{5-7}$$

反之，如点 M_1 不在 L 上，$\overrightarrow{M_0 M_1}$ 就不可能与 s 平行，M_1 的坐标就不满足方程（5-7），所以方程（5-7）就是直线 L 的方程，由于方程在形式上对称，我们称它为直线 L 的**对称式方程**，方向向量 s 的坐标 m，n，p 称为直线 L 的一组方向数，或点向式方程，方向向量 s 的方向余弦称为直线的方向余弦.

因 s 是非零向量，它的方向数 m，n，p 不会同时为零，但可能有其中一个或两个为零的情形. 例如当 $m=0$ 时，说明 s 在 x 轴上投影为 0，即 s 垂直于 x 轴，此时为了保持方程的对称式，我们仍写成 $\frac{x-x_0}{0}=\frac{y-y_0}{n}=\frac{z-z_0}{p}$，但这时方程应理解为

$$\begin{cases} x-x_0=0 \\ \dfrac{y-y_0}{n}=\dfrac{z-z_0}{p}. \end{cases}$$

而当 $m=n=0$ 时，方程应理解为 $\begin{cases} x=x_0 \\ y=y_0 \end{cases}$.

由直线的对称式方程可容易推得直线的参数式方程：

令 $\dfrac{x-x_0}{m}=\dfrac{y-y_0}{n}=\dfrac{z-z_0}{p}=t$，得

$$\begin{cases} x=x_0+mt \\ y=y_0+nt \\ z=z_0+pt \end{cases} \tag{5-8}$$

即直线 L 上动点的坐标 x，y，z 可表示为变量 t（称为参变量）的函数，当 t 取遍全体实数时，由方程（5-8）所确定的点 $M(x, y, z)$ 的轨迹就形成了直线 L，方程（5-8）称为**直线的参数方程**.

例 1 求过点（2，-1，4）且与平面 $7x+2y-3z=1$ 垂直的直线的参数方程及对称式方程.

解 由于所求直线与平面 $7x+2y-3z=1$ 垂直，故可取平面的法向量作为直线的方向向量，即取 $s=n=(7, 2, -4)$，可得直线的参数方程 $\begin{cases} x=2+7t \\ y=-1+2t \\ z=4-3t \end{cases}$ 及对称式方程

$$\frac{x-2}{7}=\frac{y+1}{2}=\frac{z-4}{-3}.$$

例 2 求与两平面 $x-4z=3$ 和 $2x-y-5z=1$ 的交线平行,且过点 (1,3,-2) 的直线方程.

解 所求直线的方向向量为

$$s=n_1\times n_2=\begin{vmatrix} i & j & k \\ 1 & 0 & -4 \\ 2 & -1 & -5 \end{vmatrix}=(-4,-3,-1),$$

则直线方程为 $\frac{x-1}{-4}=\frac{y-3}{-3}=\frac{z+2}{-1}$.

例 3 求直线 $\frac{x-2}{1}=\frac{y-3}{1}=\frac{z-4}{2}$ 与平面 $2x+y-2z-7=0$ 的交点.

解 化直线方程为参数方程 $\begin{cases} x=2+t \\ y=3+t \\ z=4+2t \end{cases}$.

代入平面 $2x+y-2z-7=0$ 得 $t=-8$,从而直线与平面交点为 $(-6,-5,-12)$.

例 4 求过点 $(2,1,3)$ 且与直线 $\frac{x+1}{3}=\frac{y-1}{2}=\frac{z}{-1}$ 垂直相交的直线的方程.

解 先作一平面过点 $(2,1,3)$ 且垂直于已知直线,那么该平面的方程应为 $3(x-2)+2(y-1)-(z-3)=0$,再求已知直线与这平面的交点. 已知直线的参数方程为 $x=-1+3t$,$y=1+2t$,$z=-t$ 代入平面方程中,求得 $t=\frac{3}{7}$,从而求得交点为 $(\frac{2}{7},\frac{13}{7},-\frac{3}{7})$.

以点 $(2,1,3)$ 为起点,点 $(\frac{2}{7},\frac{13}{7},-\frac{3}{7})$ 为终点的向量 $-\frac{6}{7}(2,-1,4)$ 是所求直线的一个方向向量,故所求直线方程为 $\frac{x-2}{2}=\frac{y-1}{-1}=\frac{z-3}{4}$.

例 5 求通过直线 $L_1:\begin{cases} x+2z-4=0 \\ 3y-z+8=0 \end{cases}$,而与直线 $L_2:\begin{cases} x=y+4 \\ z=y-6 \end{cases}$ 平行的平面方程.

解 这两条直线的方向向量为

$$s_1=\begin{vmatrix} i & j & k \\ 1 & 0 & 2 \\ 0 & 3 & -1 \end{vmatrix}=(-6,1,3),s_2=\begin{vmatrix} i & j & k \\ 1 & -1 & 0 \\ 0 & -1 & 1 \end{vmatrix}=(-1,-1,-1).$$

$M_0(0,-2,2)$ 为直线 L_1 上的一个点,过 M_0 且与 s_1,s_2 平行的平面方程为

$$\begin{vmatrix} x & y+2 & z-2 \\ -6 & 1 & 3 \\ -1 & -1 & -1 \end{vmatrix}=0,即\ 2x-9y+7z-32=0.$$

这就是通过 L_1 且与 L_2 平行的平面方程.

注 本题用了下列事实,当一个平面与直线平行且通过此直线上某一点时,则该平面就通过了此直线.

二、两直线的夹角、直线与平面的夹角

1. 两直线的夹角

两直线的方向向量的夹角（通常指锐角）称为**两直线的夹角**.

设 $S_1=(m_1,n_1,p_1),S_2=(m_2,n_2,p_2)$ 分别为直线 L_1，L_2 的方向向量，L_1 与 L_2 的夹角为 θ，故

(1) $\cos\theta=|\cos(\widehat{S_1,S_2})|=\left|\dfrac{S_1\cdot S_2}{|S_1||S_2|}\right|=\dfrac{|m_1m_2+n_1n_2+p_1p_2|}{\sqrt{m_1^2+n_1^2+p_1^2}\sqrt{m_2^2+n_2^2+p_2^2}}$;

(2) 直线 L_1，L_2 垂直的充要条件为 $S_1\cdot S_2=0$ 或 $m_1m_2+n_1n_2+p_1p_2=0$;

平行的充要条件为 $S_1\times S_2=\mathbf{0}$ 或 $\dfrac{m_1}{m_2}=\dfrac{n_1}{n_2}=\dfrac{p_1}{p_2}$;

(3) L_1 与 L_2 共面 $\Leftrightarrow[\overrightarrow{M_1M_2}S_1S_2]=0$，其中 $M_1(x_1,y_1,z_1)$ 为 L_1 上的点，$M_2(x_2,y_2,z_2)$ 为 L_2 上的点；L_1 与 L_2 为异面直线 $\Leftrightarrow[\overrightarrow{M_1M_2}S_1S_2]\neq0$.

例 6 求直线 L_1：$\dfrac{x-1}{1}=\dfrac{y}{1}=\dfrac{z+1}{-1}$，$L_2$：$\dfrac{x}{1}=\dfrac{y-1}{-1}=\dfrac{z+1}{0}$ 的夹角与交点.

解 L_1 的方向向量 $S_1=(1,1,-1)$，L_2 的方向向量 $S_2=(1,-1,0)$，

则 $\cos\theta=\dfrac{|1\times1+1\times(-1)+(-1)\times0|}{\sqrt{1^2+1^2+(-1)^2}\sqrt{1^2+(-1)^2+0^2}}=0$，

则 $\theta=\dfrac{\pi}{2}$，即 L_1 与 L_2 垂直相交.

将 L_1 参数方程 $\begin{cases}x=1+t\\y=t\\z=-1-t\end{cases}$ 代入 L_2 中，得 $t=0$，故交点坐标为 $(1,0,-1)$.

例 7 判定直线 $\begin{cases}x=t\\y=2t+1\\z=-t-2\end{cases}$ 与直线 $\dfrac{x-1}{4}=\dfrac{y-4}{7}=\dfrac{z+2}{-5}$ 是否共面.

解 取 $M_1(0,1,-2),S_1=(1,2,-1),M_2(1,4,-2),S_2=(4,7,-5)$，

因 $[\overrightarrow{M_1M_2}S_1S_2]=\begin{vmatrix}1&3&0\\1&2&-1\\4&7&-5\end{vmatrix}=0$，则两直线共面.

2. 直线与平面的夹角

直线和它在平面上的投影直线的夹角称为**直线与平面的夹角**（图 5-33）.

设 $s=(m,n,p)$ 为直线 L 的方向向量，$n=(A,B,C)$ 为平面 Π 的法向量，直线 L 与平面 Π 的夹角为 φ，则 $\varphi=\left|\dfrac{\pi}{2}-(\widehat{s,n})\right|$，故

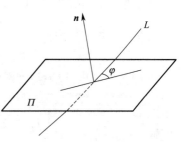

图 5-33

(1) $\sin\varphi=|\cos(\widehat{s,n})|=\dfrac{|Am+Bn+Cp|}{\sqrt{A^2+B^2+C^2}\sqrt{m^2+n^2+p^2}}$;

(2) $L \perp \Pi \Leftrightarrow \dfrac{A}{m} = \dfrac{B}{n} = \dfrac{C}{p}$;

(3) $L /\!/ \Pi \Leftrightarrow Am + Bn + Cp = 0$.

例 8 直线 $x = \dfrac{y+7}{2} = \dfrac{z-3}{-1}$ 上与点 $(3,2,6)$ 距离最近的点的坐标.

解 过点 $(3,2,6)$ 作已知直线的垂线, 则有

$(x-3) + 2(y-2) - (z-6) = 0$,

即 $x + 2y - z - 1 = 0$.

化直线方程为参数方程 $\begin{cases} x = t \\ y = -7 + 2t \\ z = 3 - t \end{cases}$, 代入垂线方程, 得 $t = 3$.

因此直线与垂线的交点 $(3, -1, 0)$ 即为直线上与点 $(3, 2, 6)$ 距离最近的点.

三、平面束

通过一直线可作无穷多个平面, 通过同一直线的所有平面构成一个平面束, 有时用平面束方法处理直线或平面问题, 会比较方便.

设空间直线 L 的一般方程为 $\begin{cases} A_1 x + B_1 y + C_1 z + D_1 = 0 \\ A_2 x + B_2 y + C_2 z + D_2 = 0 \end{cases}$, 其中 A_1, B_1, C_1 与 $A_2, B_2,$ C_2 不成比例.

则方程

$$A_1 x + B_1 y + C_1 z + D_1 + \lambda (A_2 x + B_2 y + C_2 z + D_2) = 0 \tag{5-9}$$

称为过直线 L 的**平面束方程**, 其中 λ 为任意常数, 容易验证方程 (5-9) 表示所有过直线 L 的平面 (除平面 $A_2 x + B_2 y + C_2 z + D_2 = 0$ 外).

例 9 求直线 $L: \begin{cases} x + y - 1 = 0 \\ y + z + 1 = 0 \end{cases}$ 在平面 $\Pi: 2x + y + 2z = 0$ 上的投影直线的方程.

解 只需求出过直线 L 且与平面 Π 垂直的平面 Π_1 的方程, 然后与平面 Π 的方程联立即得投影直线的一般方程.

设过直线 L 的平面束方程为 $x + y - 1 + \lambda(y + z + 1) = 0$, 即 $x + (1 + \lambda)y + \lambda z + (\lambda - 1) = 0$, 其中 λ 为待定常数, 该平面与平面 Π 垂直的充要条件为 $1 \times 2 + (1 + \lambda) \times 1 + \lambda \times 2 = 0$, 解得 $\lambda = -1$.

于是得与平面 Π 垂直且过直线 L 的平面 Π_1 的方程为 $x - z - 2 = 0$,

故投影直线方程为 $\begin{cases} x - z - 2 = 0 \\ 2x + y + 2z = 0 \end{cases}$.

例 10 求过点 $A(3, 1, -2)$ 且通过直线 $\dfrac{x-4}{5} = \dfrac{y+3}{2} = \dfrac{z}{1}$ 的平面方程.

解 化直线为一般方程 $\begin{cases} \dfrac{x-4}{5} = \dfrac{y+3}{2} \\ \dfrac{y+3}{2} = \dfrac{z}{1} \end{cases}$, 即 $\begin{cases} 2x - 5y - 23 = 0 \\ y - 2z + 3 = 0 \end{cases}$.

由过直线的平面束方程, 令所求平面 $2x - 5y - 23 + \lambda(y - 2z + 3) = 0$,

代入 $A(3,1,-2)$ 得 $\lambda = \dfrac{11}{4}$. 则所求平面方程为 $2x - 5y - 23 + \dfrac{11}{4}(y - 2z + 3) = 0$,

即 $8x - 9y - 22z - 59 = 0$.

习题 5-5

1. 求过点 $M_1(x_1, y_1, z_1), M_2(x_2, y_2, z_2)$ 的直线方程.

2. 用对称式方程及参数方程表示直线 $\begin{cases} x + y + z + 1 = 0 \\ 2x - y + 3z + 4 = 0 \end{cases}$.

3. 求过点 $(3, 2, -5)$ 且平行于直线 $\dfrac{x+1}{2} = \dfrac{y-3}{1} = \dfrac{z+2}{3}$ 的直线方程.

4. 过点 $(0, 2, 4)$ 且与两平面 $x + 2z = 1$ 和 $y - 3z = 2$ 平行的直线方程.

5. 求直线 $\begin{cases} 5x - 3y + 3z - 9 = 0 \\ 3x - 2y + z - 1 = 0 \end{cases}$ 与 $\begin{cases} 2x + 2y - z + 23 = 0 \\ 3x + 8y + z - 18 = 0 \end{cases}$ 的夹角.

6. 求直线 $\dfrac{x-1}{2} = \dfrac{y}{-1} = \dfrac{z+1}{2}$ 与平面 $x - y + 2z = 3$ 之间的夹角.

7. 试确定下列各组中直线和平面的关系.

(1) $\dfrac{x+3}{-2} = \dfrac{y+4}{-7} = \dfrac{z}{3}$ 和 $2x + y - 2z - 7 = 0$;

(2) $\dfrac{x}{3} = \dfrac{y}{-2} = \dfrac{z}{7}$ 和 $3x - 2y + 7z = 8$;

(3) $\dfrac{x-2}{3} = \dfrac{y+2}{1} = \dfrac{z-3}{-4}$ 和 $x + y + z = 3$.

8. 求点 $(-1, 2, 0)$ 在平面 $x + 2y - z + 1 = 0$ 的投影.

9. 求点 $P(1, 1, 4)$ 到直线 $L: \dfrac{x-2}{1} = \dfrac{y-3}{1} = \dfrac{z-4}{2}$ 的距离.

10. 已知直线 L 过点 $M(1, 1, 1)$ 且与直线 $L_1: x = \dfrac{y}{2} = \dfrac{z}{3}$ 相交, 又与直线 $L_2: \dfrac{x-1}{2} = \dfrac{y-2}{1} = \dfrac{z-3}{4}$ 垂直, 求 L 的方程.

11. 某直线与直线 $L_1: \begin{cases} x + y - 1 = 0 \\ x - y + z + 1 = 0 \end{cases}$ 及 $L_2: \begin{cases} 2x - y + z - 1 = 0 \\ x + y - z + 1 = 0 \end{cases}$ 都相交, 且在平面 $\Pi: x + y + z = 0$ 上, 求其方程.

12. 设 M_0 是直线 L 外一点, M 是直线 L 上任意一点, 且直线方向向量为 $\boldsymbol{S}$, 试证: 点 M_0 到直线 L 的距离为 $d = \dfrac{|\overrightarrow{M_0M} \times \boldsymbol{S}|}{|\boldsymbol{S}|}$.

13. 求过点 $A(-1, 0, 4)$ 且与直线 $L_1: \begin{cases} x + 2y - z = 0 \\ x + 2y + 2z + 4 = 0 \end{cases}$ 垂直, 又与平面 $\Pi: 3x - 4y + z - 10 = 0$ 平行的直线方程.

14. 求两直线 $L_1: \dfrac{x-1}{2} = \dfrac{y-2}{3} = \dfrac{z-2}{4}$ 和 $L_2: \dfrac{x-2}{3} = \dfrac{y-4}{4} = \dfrac{z-5}{5}$ 的公垂线方程.

第六节　曲面与曲线

一、空间曲面及其方程

在科学研究和日常生活中，我们常会遇到各种曲面．例如，反光镜面、圆柱面、球面、一些建筑物的表面等，与在平面解析几何中把平面曲线看作是动点的轨迹类似，在空间解析几何中，曲面也可看作是具有某种性质的动点的轨迹．

定义 1　如曲面 S 与三元方程 $F(x,y,z)=0$ 有下述关系：

（1）曲面 S 上任一点的坐标都满足方程 $F(x,y,z)=0$；

（2）不在曲面 S 上的点的坐标都不满足方程 $F(x,y,z)=0$，则方程 $F(x,y,z)=0$ 就叫做曲面 S 的方程，而曲面 S 就叫做方程 $F(x,y,z)=0$ 的图形，如图 5-34.

对于空间曲面的研究，我们要解决下面两个问题：

（1）已知作为具有某种性质的点的几何轨迹的曲面，建立该曲面的方程．

（2）已知曲面的方程，研究曲面的几何形状和性质．

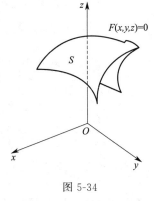

图 5-34

例 1　建立球心在点 $M_0(x_0,y_0,z_0)$，半径为 R 的球面方程．

解　设 $M(x,y,z)$ 是球面上任一点，则 $|M_0M|=R$，由于 $|M_0M|=\sqrt{(x-x_0)^2+(y-y_0)^2+(z-z_0)^2}$，所以

$$\sqrt{(x-x_0)^2+(y-y_0)^2+(z-z_0)^2}=R.$$

即 $(x-x_0)^2+(y-y_0)^2+(z-z_0)^2=R^2.$

特别地，如球心在原点，则球面方程为 $x^2+y^2+z^2=R^2$，而 $z=\sqrt{R^2-x^2-y^2}$ 表示上半球面，$z=-\sqrt{R^2-x^2-y^2}$ 表示下半球面．

例 2　设有点 $M_1(2,1,3)$ 与点 $M_2(0,1,4)$，求线段 M_1M_2 的垂直平分面．

解　由题意知，所求平面就是与 M_1 和 M_2 等距的点的轨迹，

设 $M(x,y,z)$ 为所求平面上任一点，由于 $|M_1M|=|M_2M|$，

所以 $\sqrt{(x-2)^2+(y-1)^2+(z-3)^2}=\sqrt{(x-0)^2+(y-1)^2+(z-4)^2}$，

化简得 $4x-2z+3=0.$

例 3　方程 $x^2+y^2+z^2-4x+8y=0$ 表示怎样的曲面？

解　通过配方，得 $(x-2)^2+(y+4)^2+z^2=20.$ 表示球心在点 $(2,-4,0)$，半径为 $\sqrt{20}$ 的球面．

注　一般的，设有三元方程 $Ax^2+Ay^2+Az^2+Dx+Ey+Fz+G=0$ $(A\neq0)$，这方程的特点是缺 xy，yz，zx 各项，且各平方项系数相同，可通过配方研究它的图形，其图形可能是球面，点或虚轨迹．

下面介绍两类特殊的空间曲面．

1. 柱面

定义 2　与一条定直线平行的直线 L，沿曲线 C 平行移动所生成的曲面称为柱面，其中

直线 L 称为柱面的母线，曲线 C 称为柱面的准线（图 5-35）．

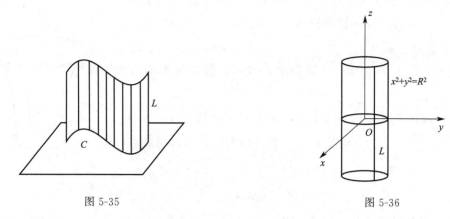

图 5-35

图 5-36

这里我们只讨论母线平行于坐标轴的柱面．

先来考察方程 $x^2 + y^2 = R^2$ 在空间中表示怎样的曲面．

在 xOy 面上，它表示圆心在原点 O、半径为 R 的圆；在空间直角坐标系中，方程中不含竖坐标 z，因此，对空间一点 (x,y,z)，不论其竖坐标 z 是什么，只要它的横坐标 x 和纵坐标 y 能满足方程，这一点就落到曲面上，即凡通过 xOy 面内圆 $x^2 + y^2 = R^2$ 上一点 M $(x,y,0)$，且平行于 z 轴的直线 L 都在该曲面上，因此，该曲面可以看作是平行于 z 轴的直线 L 沿 xOy 面上的圆 $x^2 + y^2 = R^2$ 移动而形成，称该曲面为圆柱面（图 5-36）．

一般地，只含 $x，y$ 而缺 z 的方程 $F(x,y) = 0$，在空间直角坐标系中表示母线平行于 z 轴的柱面，其准线为 xOy 面上的曲线 $F(x,y) = 0, z = 0$.

类似地，只含 $x，z$ 而缺 y 的方程 $G(x,z) = 0$ 与只含 $y，z$ 而缺 x 的方程 $H(y,z) = 0$ 分别表示母线平行于 y 轴和 x 轴的柱面．

例如 $\dfrac{x^2}{a^2} + \dfrac{y^2}{b^2} = 1$ 表示母线平行于 z 轴的椭圆柱面（图 5-37）；$z = x^2$ 表示母线平行于 y 轴的抛物柱面（图 5-38）；$x - y = 0$ 表示母线平行于 z 轴的柱面（图 5-39）．

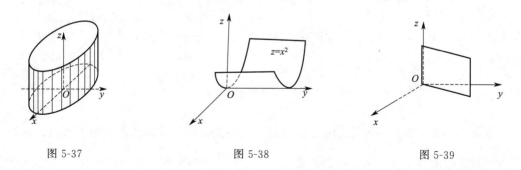

图 5-37

图 5-38

图 5-39

2. 旋转曲面

定义 3 平面上的曲线 C 绕该平面上一条定直线 L 旋转而形成的曲面叫做旋转曲面．该平面曲线 C 叫做旋转曲面的母线，定直线 L 叫做旋转曲面的轴．

设 C 为 yOz 面上的已知曲线，曲线 C 的方程为 $f(y,z) = 0$，曲线 C 围绕 z 轴旋转一周得一旋转曲面（图 5-40）．

下面我们来推导这个旋转曲面的方程.

设 $M(x,y,z)$ 为曲面上任一点，则该点是由 yOz 平面上曲线 C 上一点 $M_0(0,y_0,z_0)$ 绕 z 轴旋转得到，$M(x,y,z)$ 与 $M_0(0,y_0,z_0)$ 的坐标关系是 $z=z_0$，$\sqrt{x^2+y^2}=|y_0|$ 而点 M_0 在 C 上，故有 $f(x_0,y_0)=0$. 于是将 z_0 及 y_0 的表达式代入，得旋转曲面方程 $f(\pm\sqrt{x^2+y^2},z)=0$.

一般地，若在曲线 C 的方程 $f(y,z)=0$ 中 z 保持不变，而将 y 改写成 $\pm\sqrt{x^2+y^2}$，就得到曲线 C 绕 z 轴旋转而成的旋转曲面方程 $f(\pm\sqrt{x^2+y^2},z)=0$.

若 $f(y,z)=0$ 中 y 保持不变，将 z 改写成 $\pm\sqrt{x^2+z^2}$，就得到曲线 C 绕 y 轴旋转而成的曲面的方程 $f(y,\pm\sqrt{x^2+z^2})=0$.

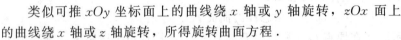

图 5-40

类似可推 xOy 坐标面上的曲线绕 x 轴或 y 轴旋转，zOx 面上的曲线绕 x 轴或 z 轴旋转，所得旋转曲面方程.

例如 zOx 面的双曲线 $\dfrac{x^2}{a^2}-\dfrac{z^2}{c^2}=1$. 绕 z 轴旋转，得旋转曲面 $\dfrac{x^2+y^2}{a^2}-\dfrac{z^2}{c^2}=1$，其为 **旋转单叶双曲面**（图 5-41）. 绕 x 轴旋转，得旋转曲面 $\dfrac{x^2}{a^2}-\dfrac{y^2+z^2}{c^2}=1$，其为 **旋转双叶双曲面**（图 5-42）.

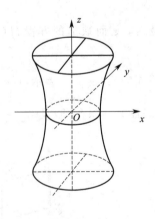

图 5-41

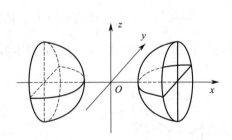

图 5-42

例 4 直线 L 绕另一条与 L 相交的直线旋转一周，所得旋转曲面叫做圆锥面，两直线的交点叫做圆锥面的顶点，两直线的夹角 α（$0<\alpha<\dfrac{\pi}{2}$）叫做圆锥面的半顶角，试建立顶点在坐标原点 O，轴为 z 轴，半顶角为 α 的圆锥面方程（图 5-43）.

解 在 yOz 坐标面上，直线 L 的方程为 $z=y\cot\alpha$，因为轴为 z 轴，所以圆锥面方程为 $z=\pm\sqrt{x^2+y^2}\cot\alpha$ 或 $z^2=a^2(x^2+y^2)$，其中 $a=\cot\alpha$.

3. 二次曲面

称三元二次方程所表示的曲面为二次曲面. 下面给出几种常见的二次曲面的标准方程, 并用平面截痕法来讨论它们的形状.

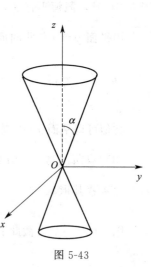

（1）椭球面. $\dfrac{x^2}{a^2}+\dfrac{y^2}{b^2}+\dfrac{z^2}{c^2}=1(a>0,b>0,c>0)$ 表示的曲面称为椭球面.

下面用截痕法考察它的形状.

由方程知 $|x|\leqslant a$，$|y|\leqslant b$，$|z|\leqslant c$，这就说明椭球面包含在由 $x=\pm a$，$y=\pm b$，$z=\pm c$ 围成的长方体内. 先考虑椭球面与三个坐标面的截痕.

$$\begin{cases}\dfrac{x^2}{a^2}+\dfrac{y^2}{b^2}=1\\ z=0\end{cases},\quad \begin{cases}\dfrac{y^2}{b^2}+\dfrac{z^2}{c^2}=1\\ x=0\end{cases},\quad \begin{cases}\dfrac{x^2}{a^2}+\dfrac{z^2}{c^2}=1\\ y=0\end{cases}$$ 这些截痕均为椭圆.

再用平行于 xOy 面的平面 $z=h(0<|h|<c)$ 去截这个曲面，所得截痕方程为 $\begin{cases}\dfrac{x^2}{a^2}+\dfrac{y^2}{b^2}=1-\dfrac{h^2}{c^2}\\ z=h\end{cases}$. 此截痕也为椭圆，易见，当

图 5-43

$|h|$ 由 0 变到 c 时，椭圆由大变小，最后缩成一点 $(0,0,\pm c)$.

同样地用平行于 yOz 面或 zOx 面的平面去截这个曲面，也有类似的结果，由此得椭球面（图 5-44）.

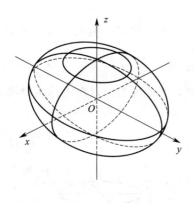

图 5-44

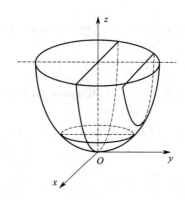

图 5-45

在椭球面方程中，a、b、c 按其大小，分别称为椭球面的长半轴、中半轴、短半轴. 如有两个半轴相等，如 $a=b$，则 $\dfrac{x^2}{a^2}+\dfrac{y^2}{b^2}+\dfrac{z^2}{c^2}=1$ 为旋转椭球面. 如 $a=b=c$，则 $x^2+y^2+z^2=a^2$ 表示一球面.

（2）椭圆抛物面. 方程 $\dfrac{x^2}{a^2}+\dfrac{y^2}{b^2}=\pm z$ 所表示的曲面称为椭圆抛物面. 用平面 $z=0$ 截此曲面，截痕为原点.

用平面 $z=h(h>0)$ 截此曲面，截痕为椭圆 $\begin{cases}\dfrac{x^2}{a^2}+\dfrac{y^2}{b^2}=h \\ z=h\end{cases}$. 当 $h\to0$ 时，截痕退缩为原点；当 $h<0$ 时，截痕不存在，原点称为椭圆抛物面的顶点.

用平面 $y=0$ 截此曲面，截痕为抛物线 $\begin{cases}x^2=a^2z \\ y=0\end{cases}$；用 $y=k$ 截此曲面，截痕也为抛物线 $\begin{cases}x^2=a^2\ (z-\dfrac{k^2}{b^2}) \\ y=k\end{cases}$.

类似可得平面 $x=0$ 及平面 $x=1$ 截此曲面的截痕，由此可得椭圆抛物面形状（图 5-45）.

（3）双曲抛物面. 方程 $\dfrac{x^2}{a^2}-\dfrac{y^2}{b^2}=\pm z$ 所表示的曲面叫做双曲抛物面，设方程右端取正号，现考察其形状.

用平面 $z=h$ 去截此曲面，得截痕 $\begin{cases}\dfrac{x^2}{a^2}-\dfrac{y^2}{b^2}=h \\ z=h\end{cases}$，当 $h>0$ 时，截痕为双曲线，其实轴平行于 x 轴；当 $h=0$ 时，截痕为 xOy 面上两条相交于原点的直线 $\dfrac{x}{a}\pm\dfrac{y}{b}=0(z=0)$；当 $h<0$ 时，截痕为双曲线，其实轴平行于 y 轴.

用平面 $x=k$ 去截此平面，截痕方程为 $\begin{cases}\dfrac{y^2}{b^2}=\dfrac{k^2}{a^2}-z \\ x=k\end{cases}$，当 $k=0$ 时，截痕是 yOz 面上顶点在原点且开口向下的抛物线；当 $k\neq0$ 时，截痕为开口向下抛物线，抛物线顶点随 $|k|$ 增大而升高.

用平面 $y=l$ 去截此平面，截痕方程为 $\begin{cases}\dfrac{x^2}{a^2}=z+\dfrac{l^2}{b^2} \\ y=l\end{cases}$，此截痕为开口向上的抛物线.

综上，得双曲抛物面（图 5-46），其也叫马鞍面.

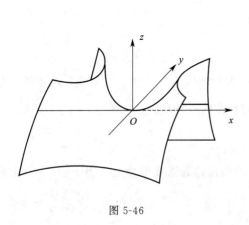

图 5-46

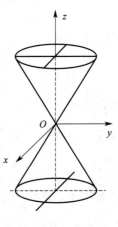

图 5-47

（4）椭圆锥面 $\dfrac{x^2}{a^2}+\dfrac{y^2}{b^2}=z^2$（图 5-47）.

（5）单叶双曲面 $\dfrac{x^2}{a^2}+\dfrac{y^2}{b^2}-\dfrac{z^2}{c^2}=1$（图 5-48）.

（6）双叶双曲面 $\dfrac{x^2}{a^2}-\dfrac{y^2}{b^2}-\dfrac{z^2}{c^2}=1$（图 5-49）.

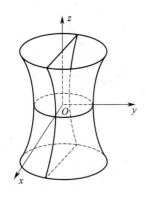

图 5-48

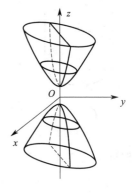

图 5-49

二、空间曲线的方程

1. 曲线的一般方程

空间曲线可看作两曲面的交线，设有两个曲面 $F(x,y,z)=0$ 和 $G(x,y,z)=0$，其交线 C 中的点坐标满足方程组

$$\begin{cases} F(x,y,z)=0 \\ G(x,y,z)=0 \end{cases}.$$ (5-10)

反之，若点 M 不在曲线 C 上，它不可能同时在两曲面上，则它的坐标不满足方程组（5-10），因此，曲线 C 可以用方程组（5-10）来表示，此方程组（5-10）称为空间曲线 C 的一般方程．例如，方程组 $\begin{cases} x^2+y^2=1 \\ 2x+3z=6 \end{cases}$ 表示圆柱面与平面的交线（图 5-50），方程组 $\begin{cases} z=\sqrt{a^2-x^2-y^2} \\ (x-\dfrac{a}{2})^2+y^2=\dfrac{a^2}{4} \end{cases}$ 表示上半球面与圆柱面的交线（图 5-51）.

2. 曲线的参数方程

曲线 C 上动点的坐标 x,y,z 用参数 t 的函数表示

$$\begin{cases} x=x(t) \\ y=y(t) \\ z=z(t) \end{cases}.$$ (5-11)

当给定 $t=t_1$ 时，就得到 C 上的一个点 (x_1,y_1,z_1)，随着 t 的变动，即可得到曲线 C 上的全部点，方程组（5-11）称为空间曲线的参数方程.

例5 若空间中的点 M 在圆柱面 $x^2+y^2=a^2$ 上以角速度 w 绕 z 轴旋转，同时又以线

速度 v 沿平行于 z 轴的正方向上升（其中 w，v 为常数），则点 M 构成的图形称为螺旋线，试建立其参数方程.

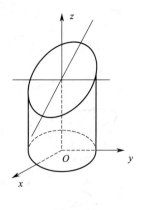

图 5-50

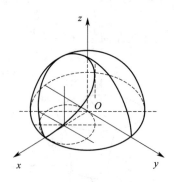

图 5-51

解 取时间 t 为参数，当 $t=0$ 时，动点在 $A(a,0,0)$ 处，假设在时刻 t 动点位置为 $M(x,y,z)$（图 5-52）. 点 M 在 xOy 面上投影点为 M'，则 $M'(x,y,0)$，从点 A 到点 M 动点转过的角度为 $\theta=\omega t$，上升高度为 $|MM'|=vt$，故有 $\begin{cases} x=a\cos\omega t \\ y=a\sin\omega t \\ z=vt \end{cases}$，这就是螺旋线的参数方程.

3. 空间曲线在坐标面上的投影

设有空间曲线 C 的一般方程 $\begin{cases} F_1(x,y,z)=0 \\ F_2(x,y,z)=0 \end{cases}$，将两方程联立消 z，得 $G(x,y)=0$.

$G(x,y)=0$ 表示一柱面，此柱面以 C 为准线，以平行于 z 轴的直线为母线，我们称这一柱面为曲线 C 到 xOy 面上的投影柱面. 平面曲线 $\begin{cases} G(x,y)=0 \\ z=0 \end{cases}$ 称为曲线 C 在 xOy 面上的投影曲线.

同样可得曲线 C 在 zOx 面与 yOz 面上的投影曲线：$\begin{cases} H(x,z)=0 \\ y=0 \end{cases}$ 与 $\begin{cases} Q(y,z)=0 \\ x=0 \end{cases}$.

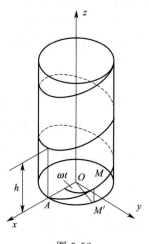

图 5-52

例 6 求曲线 P：$\begin{cases} x^2+y^2+z^2=36 \\ y+z=0 \end{cases}$ 在 xOy 面上和 yOz 面上的投影曲线.

解 消 z 得 $x^2+2y^2=36$，故 P 在 xOy 面上投影曲线方程为 $\begin{cases} x^2+2y^2=36 \\ z=0 \end{cases}$.

又由于 P 的第二个方程 $y+z=0$ 不含 x，故 $y+z=0$ 即为所求，它在 yOz 面上表示一条直线，而 P 在 yOz 面上的投影只是该直线的一部分，即

$$\begin{cases} y+z=0 \quad (-3\sqrt{2} \leqslant y \leqslant 3\sqrt{2}) \\ x=0 \end{cases}.$$

例 7 设一个立体由两椭圆抛物面 $z=2x^2+y^2$ 与 $z=3-x^2-2y^2$ 所围成，求它在 xOy 面上的投影区域.

解 两曲面的交线为 $P\begin{cases} z=2x^2+y^2 \\ z=3-x^2-2y^2 \end{cases}$，消 z 得 $x^2+y^2=1$.

P 在 xOy 面上的投影曲线为 $\begin{cases} x^2+y^2=1 \\ z=0 \end{cases}$，

于是所求立体在 xOy 面上的投影区域为 $\begin{cases} x^2+y^2 \leqslant 1 \\ z=0 \end{cases}$.

习题 5-6

1. 求与 Z 轴和点 $A(1,3,-1)$ 等距的点的轨迹方程.

2. 求过点 $A(-1,1,2)$ 且与三个坐标都相切的球面方程.

3. 指出下列方程在平面解析几何与空间解析几何中分别表示什么几何图形.

(1) $y=0$；(2) $x-y=1$；(3) $x^2+y^2=6$；

(4) $x^2-2y^2=2$；(5) $z^2-x=0$；(6) $4x^2+9y^2=36$.

4. 求 xOy 坐标面上的抛物线 $y^2=4x$ 绕 x 轴旋转一周所形成的旋转曲面方程.

5. 求 zOx 平面上双曲线 $4x^2-9z^2=36$ 绕 z 轴旋转一周所形成的旋转曲面方程.

6. 说明下列旋转曲面是怎样形成的.

(1) $\dfrac{x^2}{9}+\dfrac{y^2}{4}+\dfrac{z^2}{4}=1$；(2) $x^2-\dfrac{y^2}{16}+z^2=1$；

(3) $x^2-y^2-z^2=1$；(4) $(z-a)^2=x^2+y^2$.

7. 母线平行于 z 轴且过曲线 $\begin{cases} x^2+y^2+4z^2=1 \\ x^2-y^2-z^2=0 \end{cases}$ 的柱面方程.

8. 求空间曲线 $\begin{cases} x^2+(y-1)^2+(z-1)^2=1 \\ x^2+y^2+z^2=1 \end{cases}$ 在三坐标平面上的投影曲线.

9. 求螺旋曲线 $\begin{cases} x=a\cos\theta \\ y=a\sin\theta \\ z=b\theta \end{cases}$ 在三坐标平面上的投影曲线.

10. 设一立体由 $z=\sqrt{4-x^2-y^2}$ 及 $z=\sqrt{3(x^2+y^2)}$ 所围，求它在 xOy 面上的投影.

 本章小结 【知识目标】 会画空间直角坐标系并辨认卦限；能正确表示向量并能正确做其运算；可说出两个向量垂直、平行的条件；熟练求出平面方程、直线方程；会利用平面、直线的相互关系（平行、垂直、相交等）解决有关问题；可辨认常见的曲面方程；会求以坐标轴为旋转轴的旋转曲面及母线平行于坐标轴的柱面方程；可辨别空间曲线的参数方程和一般方程，以及空间曲线在坐标面上的投影.

【能力目标】 培养空间想象能力和运用解析方法研究几何问题以及在实际中应用这一方法的能力；用空间观点和结构观点解决数学中问题的能力．

【素质目标】 通过空间解析几何内容的学习，使学生感受几何的直观，体会到数学的图形美；通过代数方程表达复杂的曲线、曲面，使学生体会数学的简洁美．

□ 目标测试

记忆层次：

1. 设有点 $P(x,y,z)$，则有 xOy 平面与 P 对称的点为_____；关于 yOz 平面与 P 对称的点为_____；关于 zOx 平面与 P 对称点为_____；关于坐标原点与 P 对称的点为_____．

2. 设 $a=i-j+2k$，$b=3i+2j-k$，则 $b\times a=$（　　　　　　）．

3. xOy 面上曲线 $\dfrac{x^2}{a^2}-\dfrac{y^2}{b^2}=1$ 绕 x 轴旋转一周所生成的曲面方程．

理解层次：

4. 设 a、b 为非零向量，则 a、b 在什么条件下，下列式子成立？
(1) $|a+b|=|a-b|$；(2) $|a+b|>|a-b|$；(3) $|a+b|<|a-b|$．

5. 设有非零且不平行的向量 a，b，则有 a，b 的夹角平行线上的一个向量为_____．

6. 若已知向量的方向余弦分别满足
(1) $\cos\alpha=0$；(2) $\cos\beta=1$；(3) $\cos\alpha=\cos\beta=0$．
则这些向量与坐标轴或坐标面的关系如何？

应用层次：

7. 已知 $a=(1,5,3),b=(6,-4,-2),c=(0,-5,7),d=(-20,27,-35)$．求数 x,y,z 使向量 xa，yb，zc 及 d 可构成封闭折线．

8. 向量 $\overrightarrow{OM}$ 与 x 轴成 $45°$，与 y 轴成 $60°$，它的长度等于 6，它在 z 轴上的坐标是负的，求向量 $\overrightarrow{OM}$ 坐标及沿 $\overrightarrow{OM}$ 方向的单位向量．

9. 设 $a=(1,0,2),b=(1,1,3),d=a+\lambda(a\times b)\times a$，若 $b/\!/d$，则常数 λ 为_____．

10. 设向量 x 垂直于向量 $a=(2,3,-1)$ 和 $b=(1,-2,3)$，且与 $c=(2,-1,1)$ 的数量积等于 -6，则向量 x 为_____．

11. 已知 a，b，c 为单位向量，且满足 $a+b+c=0$，求 $a\cdot b+b\cdot c+c\cdot a$．

12. $|a|=4$，$|b|=3,(a\widehat{}b)=\dfrac{\pi}{6}$，求 $a+2b$ 和 $a-3b$ 为边的平行四边形面积．

13. 过点 $(2,-3,4)$ 且垂直于直线 $x-2=1-y=\dfrac{z+5}{2}$ 和直线 $\dfrac{x-4}{3}=\dfrac{y+2}{-2}=z-1$ 的直线方程．

14. 过点 $P(0,-1,4)$ 和直线 $\dfrac{x+2}{2}=\dfrac{y}{5}=\dfrac{1-z}{-1}$ 的平面方程.

15. 两直线 $x=-1+t$，$y=5-2t$，$z=-8+t$ 和 $\begin{cases} x-y=6 \\ 2y+z=3 \end{cases}$ 的夹角.

16. 曲线 $\begin{cases} x^2+4y^2-z^2=16 \\ 4x^2+y^2+z^2=4 \end{cases}$ 在 xOy 面上投影曲线.

17. 求直线 l_1：$\dfrac{x-1}{2}=\dfrac{y-2}{-2}=\dfrac{z-3}{0}$ 与直线 l_2：$\begin{cases} y+3z=4 \\ 3y-5z=1 \end{cases}$ 的距离.

18. 已知 $\boldsymbol{a}=(2,-1,-2),\boldsymbol{b}=(1,1,z)$，问 z 为何值时 $(\widehat{\boldsymbol{a},\boldsymbol{b}})$ 最小？并求出最小值.

19. 求通过点 $A(3,0,0)$ 和 $B(0,0,1)$ 且与 xOy 面夹角为 $\dfrac{\pi}{3}$ 的平面方程.

20. 设一平面垂直于平面 $z=0$，并通过从点 $M=(1,1,-1)$ 到直线 l：$\begin{cases} y-z+1=0 \\ x=0 \end{cases}$ 的垂线，求该平面方程.

21. 求直线 $\dfrac{x-1}{0}=\dfrac{y}{1}=\dfrac{z}{1}$ 绕 z 轴旋转所得旋转面方程.

22. 求锥面 $z=\sqrt{x^2+y^2}$ 与柱面 $z^2=2x$ 所围立体在三个坐标面上投影.

23. 求过点 $(-1,0,4)$，且平行平面 $3x-4y+z-10=0$，又与直线 $\dfrac{x+1}{1}=\dfrac{y-3}{1}=\dfrac{z}{2}$ 相交的直线的方程.

数学文化拓展

数学家华罗庚简介

华罗庚，中国现代数学家，1910 年 11 月生于江苏省金坛县（现金坛市），1985 年 6 月在日本东京逝世。

华罗庚家境贫寒，读完初中后辍学在家，但他没有放弃，仍刻苦自修数学。1930 年，他在《科学》杂志上发表了关于代数方程式解法的文章——《苏家驹之代数的五次方程式解法不能成立之理由》，因此轰动数学界，受到时任清华大学数学系主任的熊庆来的重视，被邀到清华大学图书馆工作。在杨武之的指引下，华罗庚开始了数论的研究，1934 年，华罗庚成为中华教育文化基金会研究员，1936 年作为访问学者去英国剑桥大学工作，1938 年回国受聘为西南联合大学教授，1946 年应邀到苏联、美国访问与研究，并在普林斯顿大学执教，1948 年，任伊利诺伊大学教授。新中国成立不久，先生毅然决然地放弃了在美国的优厚待遇，携夫人、子女返回祖国，回国途中写下了《致中国全体留美学生的公开信》，信中说道："梁园虽好，非久居之乡，归去来兮。""科学没有国界，科学家是有自己的祖国的。"这充分体现了一位科学巨匠对祖国的切切之情。华罗庚先后担任清华大学教授、中国科学技术大学数学系主任、副校长、中国科学院数学研究所所长、中国科学技术院副院长等职，还担任过多届中国数学会理事长。此外华罗庚还是第一届至第五届全国人大常委会委员和中国政治协商会议第六届全国委员会副主席。

华罗庚是国际上享有盛名的数学家，他被选为美国科学院国外院士，第三世界科学院院士，联邦德国巴伐利亚科学院院士，还被授予法国南锡大学、香港中文大学与美国伊利诺伊大学荣誉博士。

华罗庚是中国解析数论、矩阵几何学、典型群、自守函数论等多方面研究的创始人和开拓者。在代数方面，他证明了历史长久遗留的一维射影几何的基本定理，还给出了"体的正规子体一定包含在它的中心之中"这个结果的一个简单而直接的证明，这个结果被称做嘉当-布饶尔-华定理。华罗庚一生留下了十余部巨著，其中八部被多国翻译出版，被列为20世纪数学的经典著作。此外，他还发表学术论文及科普论文300余篇。

华罗庚先生一生致力于数学的研究与发展，为祖国的建设和人才的培养付出了毕生的精力。他被誉为"中国现代数学之父""中国数学之神""人民数学家"等。

参 考 文 献

[1] 同济大学数学系.高等数学：上册.7版.北京：高等教育出版社，2014.
[2] 吴传生.经济数学 微积分.3版.北京：高等教育出版社，2015.
[3] 侯风波.高等数学.5版.北京：高等教育出版社，2015.
[4] 徐建豪，刘克宁.经济应用数学：微积分.北京：高等教育出版社，2003.
[5] 毛京中.高等数学学习指导.北京：北京理工大学出版社，2000.
[6] 刘光旭，张效成，赖学坚.高等数学.北京：高等教育出版社，2008.
[7] 马军，许成锋.微积分.北京：北京邮电大学出版社，2009.
[8] 陈克东.高等数学：上册.北京：中国铁道出版社，2008.
[9] 王晓威.高等数学.北京：海潮出版社，2000.
[10] 吴赣昌.高等数学：上册.5版.北京：中国人民大学出版社，2017.
[11] 刘长文，张超.高等数学.3版.北京：中国农业出版社，2017.
[12] 刘玉琏，傅沛仁，刘伟，等.数学分析讲义.6版.北京：高等教育出版社，2019.
[13] 喻德生，郑华盛.高等数学学习引导.2版.北京：化学工业出版社，2003.
[14] 陈纪修，於崇华，金路.数学分析：上册.3版.北京：高等教育出版社，2019.
[15] 吴良大.高等数学教程：上册.北京：清华大学出版社，2007.
[16] 张国楚，王向华，武女则，等.大学文科数学.3版.北京：高等教育出版社，2015.
[17] 萧树铁，扈志明.微积分：上.北京：清华大学出版社，2007.
[18] 周建莹，李正元.高等数学解题指南.北京：北京大学出版社，2002.
[19] 北京联合大学数学教研室.高等数学：上.北京：清华大学出版社，2007.
[20] 何春江，等.高等数学.3版.北京：中国水利水电出版社，2015.
[21] 同济大学数学系.高等数学：下册.7版.北京：高等教育出版社，2014.
[22] 吴赣昌.高等数学：下册.5版.北京：中国人民大学出版社，2017.
[23] 陈纪修，於崇华，金路.数学分析：下册.3版.北京：高等教育出版社，2019.
[24] 吴良大.高等数学教程：下册.北京：清华大学出版社，2007.